·高等学校虚拟现实技术系列教材·

计算机图形学应用基础

彭群生 金小刚 冯结青 陈为 编著

清华大学出版社
北京

内容简介

本书是一本为涉及虚拟现实应用的各专业本科生开设"计算机图形学"课程而编写的教材。与国内现有的大多数图形学教材不同，本书以通俗易懂的方式介绍计算机图形生成的基本概念、基本原理和基本技术。本书的主要内容有绪论、物体的几何表示、变换与裁剪、光栅转换与消隐、真实感图形、计算机动画、数据可视化、虚拟现实与增强现实、图形软件支撑平台和常用软件简介。本书叙述力求简明，概念力求准确，内容力求新颖，应用力求具体，可供36学时讲授。本书配套教学课件及部分应用实例、参考程序等。

本书包含近年来最新的图形学的进展，省略具有难度和深度的阐述，适合作为公共选修课教材，对于报考相关专业研究生的考生可作为复习参考书，对于对图形、动漫感兴趣的读者可作为自学参考书。

图书在版编目(CIP)数据

计算机图形学应用基础/彭群生等编著. —北京：清华大学出版社，2023.6（2025.4重印）
高等学校虚拟现实技术系列教材
ISBN 978-7-302-63089-0

Ⅰ.①计… Ⅱ.①彭… Ⅲ.①计算机图形学—高等学校—教材 Ⅳ.①TP391.41

中国国家版本馆CIP数据核字(2023)第047327号

责任编辑：安 妮 李 燕
封面设计：刘 键
责任校对：郝美丽
责任印制：刘海龙

出版发行：清华大学出版社
网 址：https://www.tup.com.cn，https://www.wqxuetang.com
地 址：北京清华大学学研大厦A座 **邮 编**：100084
社 总 机：010-83470000 **邮 购**：010-62786544
投稿与读者服务：010-62776969，c-service@tup.tsinghua.edu.cn
质量反馈：010-62772015，zhiliang@tup.tsinghua.edu.cn
课件下载：https://www.tup.com.cn，010-83470236
印 装 者：三河市人民印务有限公司
经 销：全国新华书店
开 本：185mm×260mm **印 张**：12 **字 数**：292千字
版 次：2023年8月第1版 **印 次**：2025年4月第2次印刷
印 数：1501～2000
定 价：59.00元

产品编号：098680-01

前言

PREFACE

自人类文明出现以来，图形便和语言、文字一道成为了人类交流思想、传递信息的有力工具。事实上，最早出现的象形文字就是一种图形。刻在山崖上的古代壁画记录了古代人生活、劳作的情景，在各种流传的典籍中，人们也广泛采用插图展示书中描绘的精彩情节，激发读者对故事的兴趣。在制造、建筑、土木等工程技术领域，计算机图形技术可以将抽象的产品数字模型转换为具有真实感的图像，设计人员可以通过形象直观的方式从产品形状、结构、功能等多方面检查、验证设计方案的合理性；在互联网领域，顾客可以通过虚拟试衣系统观察自己在穿着所选款式、颜色、尺码的衣服后具有真实感的着装效果，从而避免线下购物时现场试衣的麻烦；在文化旅游领域，遗址公园可以通过三维重建技术在游客眼前重现文物的原貌，展现其背后的历史风云，为游客提供深入的文化体验；在数字城市领域，可通过单击二维城市地图，实时呈现该处的三维景观及用户感兴趣的相关信息；在地质和石油勘探领域，通过对地质勘探数据的三维重建及可视化，技术人员可以更清晰地看到地下矿藏的分布。类似的例子不胜枚举。在信息技术高度发展的今天，图形已成为应用最为广泛的信息载体。计算机图形成为许多学科进行研究和开发的基础性工具，从 2000 年起，教育部已将“计算机图形学”列为高校本科生的公共选修课之一。

目前，大多数计算机、机械、化工、建筑、土木、生物、医学、地矿等专业的本科生或研究生学习计算机图形学不是为了去研究图形学算法本身，而是为了运用图形学已有的研究成果为其科研和教学服务。尽管如今走进书店，有关图形学的教科书和各种图形软件使用的工具书琳琅满目，但它们大多是面向从事图形学研究的研究生和专业人员编写的，书中过于详细的算法描述、严谨复杂的数学推导使许多初学者望而却步。

本书是一本为涉及虚拟现实应用的各专业本科生开设“计算机图形学”课程而编写的教材。与国内现有的大多数图形学教材不同，本书以通俗易懂的方式介绍计算机图形生成的基本概念、基本原理和基本技术。由于本科生和研究生的教学要求不同，本书不会详述图形表示的数学原理及形形色色的图形加速算法，而将重点放在现有图形软件的应用上。本书叙述力求简明，概念力求准确，内容力求新颖，应用力求具体，可供 36 学时讲授。

本书共 9 章。第 1 章，首先通过一个实例，即在 Windows 环境下生成简单图形，让读者对图形生成有一个直观的了解。在此基础上，介绍光栅图形显示的基本原理、图形的基本数据结构、帧缓存，以及点、线、圆、字符的生成方法，然后引入 RGB 颜色系统和色彩概念。在“图”和“形”中，“形”是“图”的基础，“图”是“形”的反映。第 2 章介绍了几何物体在计算机内的表示方法，包括网格曲面、参数曲面、隐式曲面及各种自然景物。第 3 章着重讨论场景造型和图形生成中常用的各种变换和裁剪技术。第 4 章叙述表面着色和消隐算法，重点介绍了二维区域种子填充算法、多边形扫描转换算法、z 缓冲器消隐算法和画家算法。前 4 章的内容是全书的基础。与一般图形学教科书不同的是，本书并没有专辟章节单独介绍直线、圆弧生成算法，以及各种线、面裁剪算法。随着计算机图形显示技术的发展，这些基础性算法已经非常成熟，许多算法已经由硬件实现，对于大多数从事图形学应用的人员，只需要熟练地调用相应子程序即可。

本书第5～9章全面介绍计算机图形技术的发展和应用，包括真实感图形、计算机动画、数据可视化、虚拟现实等。第5章介绍了生成真实感图形的各种局部和整体光照明模型、光线跟踪和光能辐射度两大主流绘制技术及增添场景真实感的纹理映射技术，并简要讨论了可表现不同艺术风格的非真实感图形绘制技术和面向视觉仿真的大规模场景实时绘制技术。第6章介绍了计算机动画生成的基本原理和基本技巧，包括关键帧动画、关节动画、过程动画、行为动画、Flash动画、渐变技术、运动捕获技术、抠像技术、网络游戏和虚拟演播室等。数据可视化为不同领域的科技人员运用计算机图形显示技术揭示和理解各种应用数据中所蕴含的规律开辟了新的前景。第7章讲述可视化的基本理念、基础流程、编码与设计方法，围绕不同的数据类型阐述相应的可视化方法，概述了代表性可视化软件与系统。第8章介绍了近年来日趋火热的虚拟现实技术，讨论了虚拟现实与增强现实的联系与区别，其主要内容包括虚拟现实的系统组成、立体视觉的生成原理及呈现设备、虚拟现实交互技术及相关设备、增强现实技术的特点及应用等。为了便于读者运用图形软、硬件支撑平台进行进一步的科研开发，第9章介绍了几个目前流行的具有代表性的图形编程环境 OpenGL、Direct 3D、VRML、Unity 及三维动画软件 3ds Max 等。在本书有限的篇幅内，详细介绍这些软件和平台的功能及编程方法是不可能的，但我们力求为读者提供一个入门的向导。

本书的编者都是长期从事计算机图形学教学、科研的教师，其中部分编者曾参与《计算机图形学教程》（修订版）（科学出版社，2000年）、《计算机真实感图形的算法基础》（科学出版社，1999年）、《数据可视化的基本原理与方法》（科学出版社，2013年）、《增强现实算法基础》（清华大学出版社，2022年）的编写。尽管如此，为非图形专业的本科生编写一本面向应用的计算机图形学教材对我们来说仍然是一个巨大的挑战。我们以对相关软件的介绍贯穿全书，并为开设此课的教师提供了36学时课件。课件中附有各种示范性实例和实现这些实例的源程序，可供读者揣摩和练习。

本书由彭群生制定编写大纲，金小刚负责第1、6章的撰写，冯结青负责第2～4章的撰写，万华根负责第5章的撰写，陈为负责第7章的撰写，秦学英负责第8章的撰写，钟凡负责第9章的撰写，缪永伟参与了第2章部分内容的撰写。全书由彭群生统稿。秦学英参与了部分书稿的编辑和排版工作。

限于编者的水平，书中的疏漏之处在所难免，恳请读者批评指正。

编　者

2023年4月

目录
CONTENTS

第1章 绪论

CHAPTER 1

1.1 计算机图形学概述

计算机图形学(Computer Graphics,CG)是一门研究如何利用计算机表示、生成、显示和处理图形的学科。图形通常由点、线、面、体等几何属性和颜色、纹理、线型、线宽等非几何属性组成。从生成技术来看,图形主要分为两类:一类是基于线条信息表示的,如工程图、等高线地图、曲面的线框图等;另一类是真实感图形。要生成真实感图形,首先必须建立画面场景的几何表示,再用某种光照模型计算场景在假想的光源、纹理、材质属性下的光照明效果。计算机图形学与计算机辅助几何设计有着密切的关系。事实上,图形学也把表示几何场景的曲线曲面造型技术和实体造型技术作为其研究内容之一。同时,由于真实感图形计算的结果是以数字图像的方式提供的,因此计算机图形学与图像处理也有着密切的关系。图形与图像是密切相关但又不同的两个概念。图像是事物的视觉表示,在计算机内通常以颜色和亮度的形式存储;而图形则由场景的几何模型和物理属性共同描述。

由于给人们提供了一种直观的信息交流的工具,计算机图形已被广泛地用于各个领域,如影视特效、计算机游戏、虚拟现实、元宇宙、社交媒体、工业设计、科学研究、艺术、医学、广告、教育、培训、军事等。应用的需求反过来推动了计算图形学的发展,计算机图形已经形成了一个巨大的产业。下面将介绍一些具有代表性的应用领域。

1.1.1 影视特技

看过《魔鬼终结者2》的读者,一定会对片中那个打不死的液态金属人T1000留下极深刻的印象。由科技创造出来的角色成了好莱坞大片的票房卖点,并成为观众观赏电影的主要驱动力之一。这个计算机特效在电影中成功应用的典范,带动了二十世纪九十年代美国电影广泛导入计算机科技的潮流。好莱坞的导演们丰富的想象力借助计算机图形技术在《阿凡达》《复仇者联盟4》《变形金刚》《泰坦尼克号》《星球大战:原力觉醒》《侏罗纪公园》《狮子王》《冰雪奇缘2》等优秀电影中得到了充分淋漓的发挥。计算机图形学技术也给《战狼2》《长津湖》《哪吒之魔童降世》《流浪地球》《红海行动》《美人鱼》等国产电影带来了一场场视觉盛宴。人们常常被高科技电影中那些惊险刺激的特技镜头所震撼,其中的奥秘就是计算机图形以假乱真的造型和叹为观止的动画效果。反过来,影视业的高质量画面、高艺术水准、大胆的想象、大投资、紧迫的拍摄进度等极大地刺激了计算机图形学研究的进一步深入。

1.1.2 计算机游戏

计算机游戏是一种新兴的娱乐形式。计算机游戏产业与计算机硬件、计算机软件和互联网的发展有很大的关系，其巨大的市场已经超过电影业。尤其是随互联网发展起来的网络游戏，已经成为一种人们休闲娱乐的重要文化平台。计算机游戏为游戏参与者提供了一个虚拟的空间，从一定程度上让人可以摆脱现实中的自我，在另一个世界中扮演真实世界中扮演不了的角色，因而吸引了众多的玩家。计算机游戏是计算机图形学发展的另一个重要推动力。计算机游戏的核心技术之一是计算机图形学，如地形生成、建模、角色动画、自然现象模拟、交互技术、实时绘制等。

1.1.3 计算机辅助设计和计算机辅助制造

计算机图形学的一个很大的应用领域是计算机辅助设计和计算机辅助制造。计算机辅助设计已经广泛地用于建筑、汽车、飞机、船舶、纺织品、太空船、家用电器等的设计中，如图 1.1 和图 1.2 所示，以降低设计成本，缩短开发周期。在设计过程中，通常先用线画图的方式显示设计对象，以便快速观察其整体形状和内部结构。当设计接近结束时，再采用真实感图形绘制，得到接近真实的产品外观效果。在计算机辅助制造中，图形技术可用来模拟工具加工路径，并进行干涉检查。

图 1.1 汽车外形设计示例

图 1.2 机械产品设计示例

1.1.4 科学计算可视化

计算机图形学还可以帮助科技人员更直观形象地理解大规模数据所蕴含的科学现象和规律。数值仿真、气象卫星、石油勘探、遥感卫星、医学影像、蛋白质分子结构等都会产生大量的数据，即使是专业人员也很难从一大堆枯燥乏味的数字中迅速发现其内在规律和变化趋势。计算机图形学通过将科学计算过程中产生的数据和计算结果转换为图像或动画，来启迪科技人员更深入地理解这些数据的内涵，如图 1.3 所示。通过对医学数据的可视化，医生可以用直观的图形进行临床诊治，如图 1.4 所示，提高人们的生存质量。

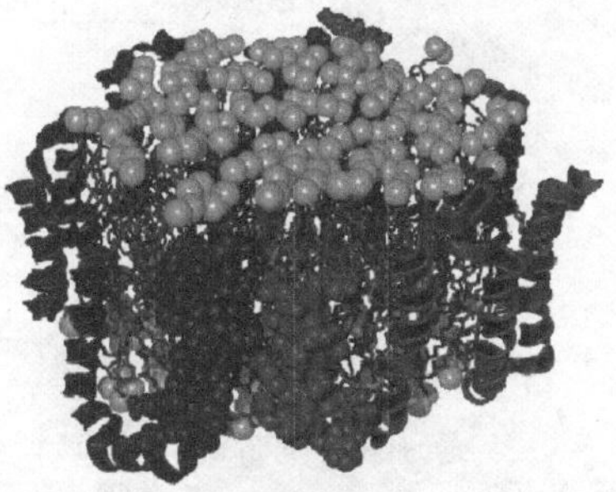

图 1.3　蛋白质结构的显示

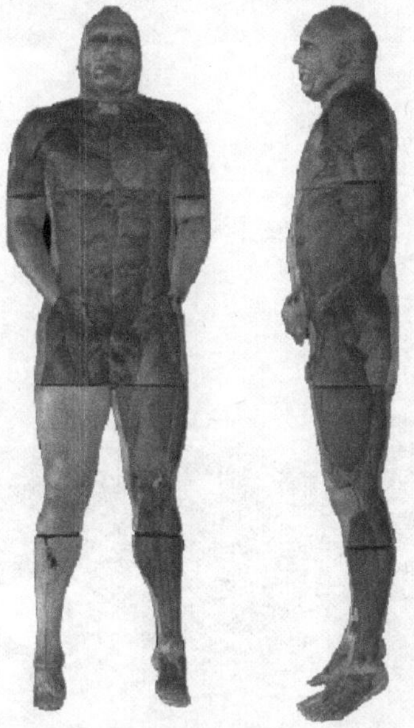

图 1.4　可视人

1.1.5　图形用户界面

绝大部分应用软件提供了友好的图形用户界面(Graphical User Interface，GUI)，如图 1.5 所示。用户界面由窗口、光标、图标等图形元素组成，其中窗口管理器允许用户在屏幕上开设多个称为显示窗口的工作区域，如图 1.6 所示。每个区域既可以显示图形信息，也可以显示非图形信息。采用鼠标等交互式点击输入设备，可以把光标移到某个显示窗口内并单击来激活窗口。图形界面的另一个特色是图标，它是表示某种选项的形象直观的图形符号。与文本描述相比，图标具有占据屏幕空间小、易于理解等优点，因而被大量采用。

1.1.6　计算机艺术

计算机艺术是科学和艺术相结合的一门学科，如图 1.7 所示。计算机图形生成技术可以用于绘画、书法、雕刻等艺术创作，生成新的艺术效果。由于可以采用专用硬件和专业绘画软件进行艺术创作，即使是非专业人士也能像艺术家一样借助计算机来实现自己的创意和构思，从而使得艺术更贴近普通人。计算机艺术不需要传统的纸和笔等材料，所有的创作都在电子画布上实现，如图 1.8 所示。许多绘画软件(如 Adobe 公司的 Photoshop)提供了丰富的绘画工具，如软硬铅笔、炭笔、彩色铅笔、色粉笔、钢笔、签字笔、油画棒、毛笔、水彩笔、油画笔、喷笔等，还提供了色彩丰富的调色板和各式各样的笔触。Wacom 公司的数位板和无线压感笔则有效地解决了电脑笔输入的难题，使得艺术创作能以接近传统的方式进行。

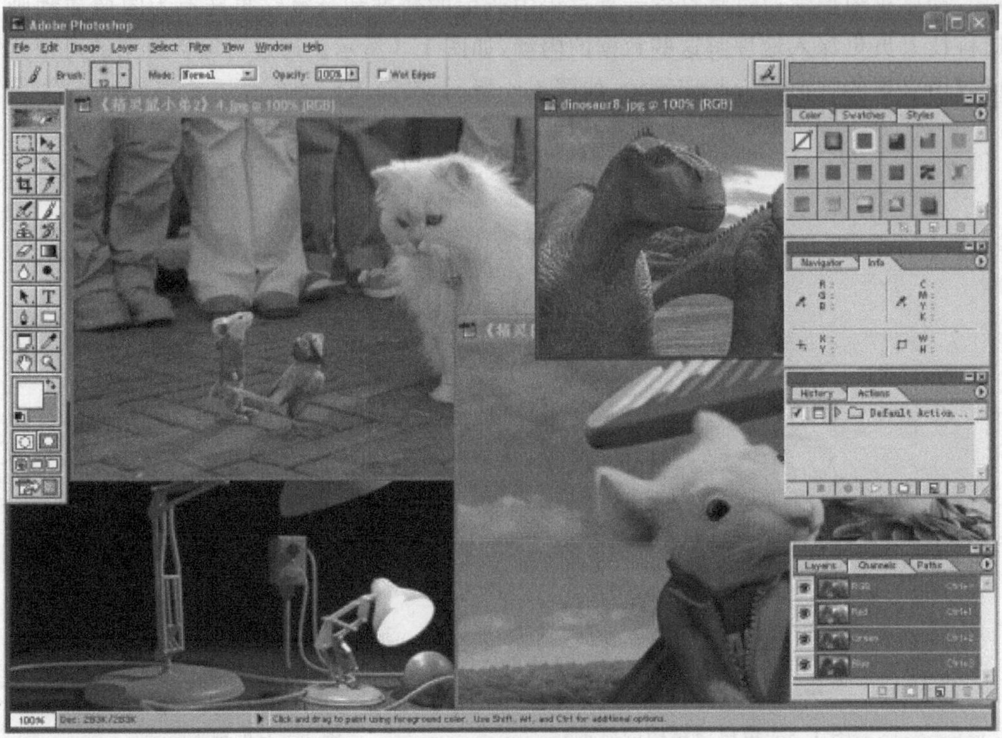

图 1.5　Photoshop 的图形用户界面

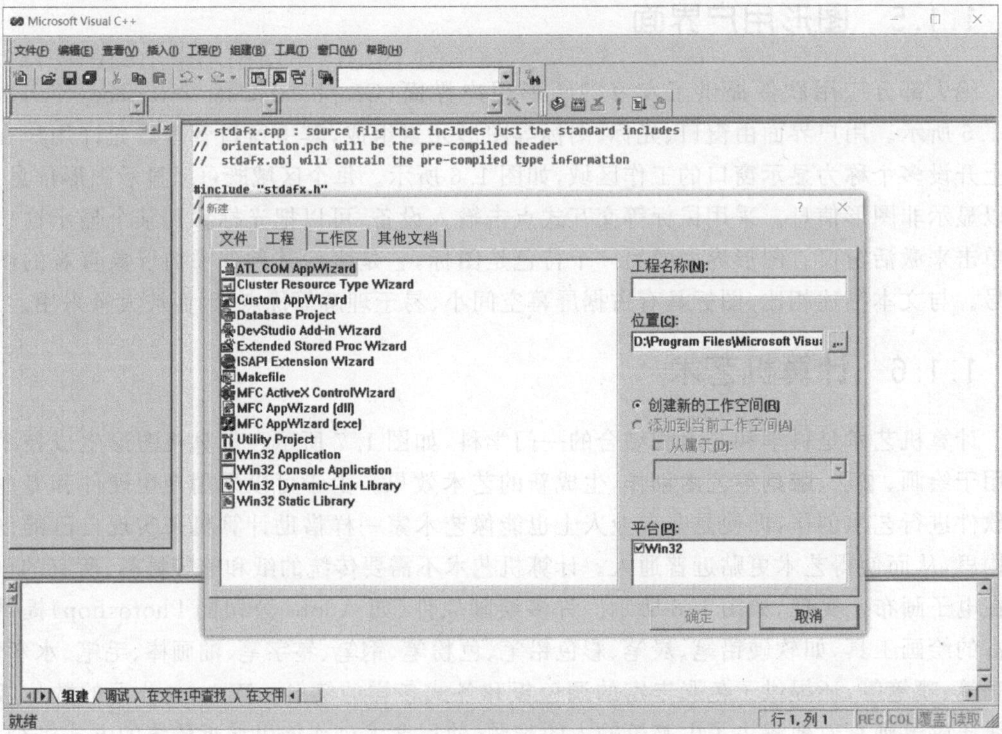

图 1.6　Microsoft Visual C++的图形用户界面

图 1.7 计算机艺术

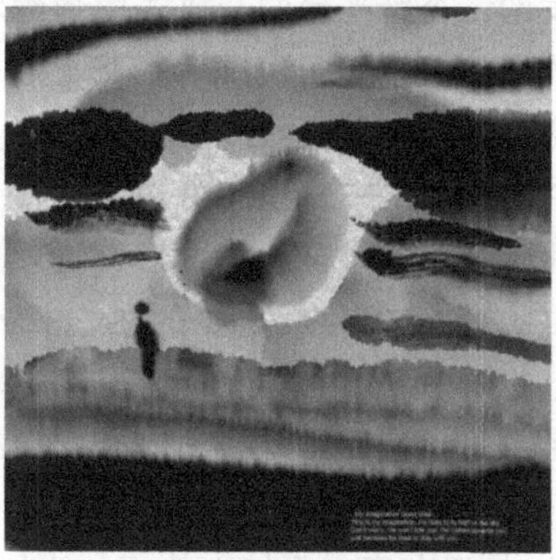

图 1.8 水墨画艺术

1.1.7 移动图形学

移动设备是指智能手机、平板电脑、便携式游戏设备等。2022 年的智能手机用户已经超过 40 亿,是世界上个人计算机数目的两倍,因此智能手机形成了一个无处不在的图形平台。虽然目前移动设备的图形处理、人机交互、计算能力和网络性能越来越高,但这类设备仍具有一些与台式计算机不同的内在特点,即显示屏较小、计算速度较慢、显示分辨率较低、运行和存储程序的内存较小、无线网络带宽受限制、电池提供的电能受限等。移动图形学是指针对移动设备的这些特点而设计的图形表示、显示、计算和处理的学科。

移动设备提供的数字娱乐内容是推动移动图形学发展的主要原因。可缩放矢量图形(Scalable Vector Graphic,SVG)是一个表示二维分层动画的文件格式标准。SVG 支持高质量的二维几何基本元素,如 Bézier 曲线、由这些曲线形成的任意多边形、各种属性和风格的线段等。由于原始的 SVG 标准对于移动设备过于庞大,因此设计了针对手机的紧凑的子集 SVG Tiny,针对智能手机和 PDA 的 SVG Basic。三维移动图形的应用程序接口(Application Program Interface,API)主要有 OpenGL ES、Vulkan、M3G 和 Direct3D Mobile。OpenGL ES 主要针对嵌入式系统,是 OpenGL 的一个子集,它删除了 OpenGL 中不必要和很少使用的组件,并且基于移动设备的特点进行了修改,这使得开发者可以更底层地接轨硬件,在游戏开发中获得了更高的性能。M3G(原来称 JSR 184)主要针对 J2ME(Java 2 platform Micro Edition)。Direct3D Mobile 是微软针对移动设备开发的 Direct3D 简化版。Vulkan 是一个跨平台的 2D 和 3D 绘图应用程序接口,最早由 Khronos Group 在 2015 年的游戏开发者大会上发布。

图 1.9 移动设备游戏

虽然移动设备在计算性能方面处于劣势,但移动设备的优点在于它的移动性,不像台式计算机那样需要放在办公室。因为移动设备的便携性,用户可以随时随地使用移动设备上网、玩游戏,如图 1.9 所示。

1.2 在 Windows 环境下生成图形的一个简单例子

OpenGL 是 SGI 公司开发的一个跨平台的开放式图形编程工具,用户可以很方便地利用它开发出有多种特殊视觉效果的三维图形。作为图形硬件的软件接口,OpenGL 集成了所有曲面造型、图形变换、光照、材质、纹理、融合、反走样等复杂的计算机图形学算法,将用户从具体的硬件和操作系统中解放了出来。程序员们只要按规定的格式书写应用程序,就可以在任何支持该语言的硬件平台上创作自己的图形,而不需要去理会系统结构或算法实现等方面的细节。现在 OpenGL 已经成为最主要的二、三维交互式图形应用程序开发环境。基于它开发的各种平台上的图形应用软件大量地涌现出来。微软公司最早将 OpenGL 集成到其 Windows NT 操作系统中,随后推出的 Windows 98 及 Windows 98 以上操作系统均允许用户免费使用 OpenGL 进行图形编程。OpenGL 本身是一个底层库,在编程实践中还需要一些能简化编程任务、易于在窗口系统上执行的高层库。能够直接被 Windows 平台所支持的 OpenGL 库函数主要有 OpenGL 核心函数、OpenGL 实用库函数、辅助库函数、Windows 专用函数、Win32 API 函数。

1. OpenGL 核心函数

OpenGL 核心函数以 gl 开头,主要实现创建二维和三维几何形体,设置视点,几何变换,设置颜色及材质、灯光,纹理映射,反走样,雾化场景,位图和文字处理等基本功能,可以运行于任何 OpenGL 工作平台。

2. OpenGL 实用库函数

实用库函数带有 glu 前缀,是基于 OpenGL 核心函数且比其更高一层的函数。它们提供了对辅助函数特性的支持,并且执行了核心的 OpenGL 交互,因此更加具有通用性。像核心函数一样,它们也可以运行于任何 OpenGL 平台。

3. 辅助库函数

这是一类特殊的 OpenGL 函数,以 aux 开头,可帮助初学者尽快进入 OpenGL 编程做简单练习之用。由于做了大量简化,因此它支持的平台较少,并不适合正式产品的开发。

4. Windows 专用函数

以 wgl 开头,用于连接 OpenGL 和 Windows 窗口系统。用它们可以管理着色描述表及显示列表、扩展功能、管理字体位图等。

5. Win32 API 函数

共 6 个 Win32 API 函数,用于处理像素格式及缓冲。

在 Windows 中,相关的库以动态链接库的形式存在,opengl32. lib、glu32. lib、glaux. lib 分别表示核心库、实用库和辅助库,相应的头文件分别是 gl. h、glu. h 及 glaux. h。除了以上 3 个库以外,比较常用的还有 OpenGL 实用工具库 GLUT。这是一个横跨平台 Windows/Linux/UNIX/Mac 的 OpenGL 辅助开发包,非常适合算法研究。要在 Windows 下使用该包中的函数进行编程,需要另外下载 glut32. dll、glut32. lib 以及 glut. h 三个文件分别放入系统的相应目录。

在正式开始学习计算机图形学理论之前,先看一段在 Windows 环境下利用 OpenGL 工具生成图形的简单程序 Teapot. cpp,C++代码如下:

```
#include <GL/glut.h>

void init(void)
{
    glEnable(GL_DEPTH_TEST);

    GLfloatposition[] = {1.0, 1.0, 1.0, 0.0};
    glLightfv(GL_LIGHT0, GL_POSITION, position);
    glEnable(GL_LIGHTING);
    glEnable(GL_LIGHT0);

    GLfloatambient[] = {0.0, 0.0, 0.0, 1.0};
    GLfloatdiffuse[] = {0.5, 0.5, 0.5, 1.0};
    GLfloatspecular[] = {1.0, 1.0, 1.0, 1.0};
    glMaterialfv(GL_FRONT, GL_AMBIENT, ambient);
    glMaterialfv(GL_FRONT, GL_DIFFUSE, diffuse);
    glMaterialfv(GL_FRONT, GL_SPECULAR, specular);
    glMaterialf(GL_FRONT, GL_SHININESS, 50.0);
}

void display(void)
{
    glClear(GL_COLOR_BUFFER_BIT | GL_DEPTH_BUFFER_BIT);

    glNewList(1, GL_COMPILE);
        glutSolidTeapot(0.5);
    glEndList();
    glCallList(1);

    glFlush();
}

void reshape(GLsizei w, GLsizei h)
{
    glViewport(0, 0, w, h);
    glMatrixMode(GL_PROJECTION);
    glLoadIdentity();
    glOrtho(-1.0, 1.0, -1.0, 1.0, -1.0, 1.0);
    glMatrixMode(GL_MODELVIEW);
}

int main(int argc, char ** argv)
```

```
{
    glutInit(&argc, argv);
    glutInitDisplayMode(GLUT_SINGLE | GLUT_RGB | GLUT_DEPTH);
    glutInitWindowPosition(0, 0);
    glutInitWindowSize(300, 300);
    glutCreateWindow(argv[0]);
    init();
    glutReshapeFunc(reshape);
    glutDisplayFunc(display);
    glutMainLoop();
    return 0;
}
```

该程序举例说明了如何利用 OpenGL 实用工具库 GLUT 中的函数 glutSolidTeapot()在屏幕上生成一个茶壶。首先，main()函数对 GLUT 库进行初始化，然后设定窗口的显示模式、初始位置与大小，即位于屏幕左上角，长宽各为 300。紧随其后的 glutCreateWindow()语句创建了这个窗口。为了反映三维模型的真实效果，在 init()函数中一共做了如下 3 步工作：

(1) 启动深度测试。

(2) 为场景添加一个光源。

(3) 定义物体的材质属性。

图 1.10 OpenGL 实用工具库函数生成的茶壶

reshape()函数负责在每次窗口移动或改变大小时重新定义视点与投影变换的方式，display()函数则实现了窗口的重绘，其所包含语句的具体含义在此不做详述。最后，glutMainLoop()语句启动 GLUT 的主事件循环，在用户结束程序的运行之前，它将负责处理所有的 GLUT 事件。最终的运行结果如图 1.10 所示。

在上述例子中，如果采用 Visual C++作为编程工具，为使该程序正确运行，首先需要建立一个 Win32 Console Application 属性的空白工程，在工程中添加 Teapot. cpp 文件。接着，选择 Project→Settings 菜单项，在弹出的对话框中选择 Link 标签，在 Object/Library Modules 栏中增加 OpenGL32. lib 及 glut32. lib 两个文件。它们表示这个工程将要访问 OpenGL 函数和 OpenGL 实用工具库函数。出于同样的目的，注意 Teapot. cpp 必须包含头文件 GL/glut. h。以上注意事项对于后面的例子同样适用。

1.3 光栅图形显示的基本原理

20 世纪 70 年代初，基于电视技术发展起来的光栅图形显示技术对于计算机图形学的发展产生了巨大的推动作用。由于光栅显示器价格低廉，又具有良好的填充及操作性能等众多适合现代应用的特点，它已经成为目前的主流显示技术。下面介绍光栅图形设备上图形显示的基本原理，以及一些简单二维图形与字符的生成方法。

1.3.1 光栅图形显示技术

光栅显示器上的图像是由光栅(Raster)形成的。光栅是一组互相平行的水平扫描线,每行扫描线是由大小一致的显示单元组成的显示序列,每一个显示单元称为一个像素,可显示给定的颜色和灰度。所以,光栅存储为一个代表了整个屏幕区域的像素矩阵。光栅显示器上显示的任何一个图形,实际上都是具有某种颜色和灰度的像素的集合。光栅显示器将显示图元(Primitive),如线、文字、填充颜色或图案区域等,以像素的形式存储到一个刷新缓冲器中。在某些光栅显示器中,有一个硬件显示控制器,它接收和解释输出命令序列;而在简单、常用的系统(如个人计算机)中,显示控制器仅以图形库软件包的软件组件形式出现,刷新缓冲器仅仅是CPU内存中的片段,它能够被图像显示子系统(通常称为视频控制器)读出,在屏幕上产生实际的图像。整幅图像由视频控制器按照从上到下、从左至右的顺序逐行扫描,如图1.11所示。在每个像素上,电子束的亮度反映了像素的亮度;在彩色系统中,三个电子束分别对应红、绿、蓝三原色,使之与每个像素值的三个颜色分量值相一致。

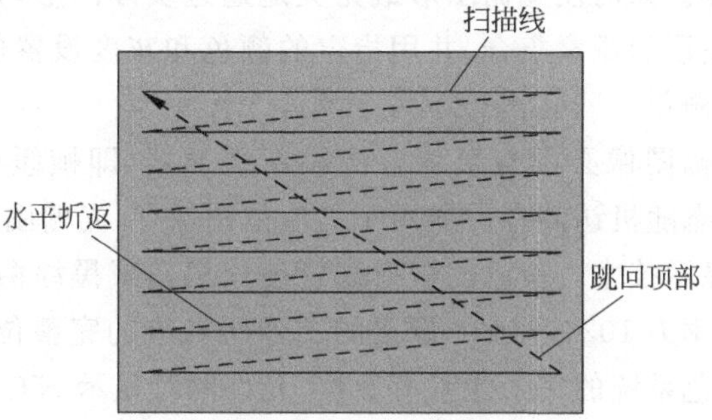

图 1.11 光栅扫描

随机扫描是与光栅扫描相对应的另一种扫描方式,曾经被使用在20世纪60年代中期开发的一种称为向量显示器的显示设备上。到了今天,向量显示器的应用范围已经十分局限,在电学实验中仍然在使用的示波器就是其中之一。随机扫描技术的本质是按照显示命令的任意顺序,将电子束从一个端点移动到另一个端点。图1.12说明了它和光栅扫描在显示一个如图1.12(a)所示的二维鼠标箭头形状时的差别。在该图中,填充了灰色的矩形表示屏幕的白色背景,图像用黑色画在背景上。在图1.12(b)中,向量弧线段标上了箭头,表示电子束的随机偏转轨迹。虚线表示电子束的空偏转,其偏转向量不画在屏幕上。图1.12(c)表示光栅扫描生成的鼠标箭头,而图1.12(d)是一个箭头内部填充后的版本。区域填充是一种极为有力的信息交流手段,对于显示三维真实感图形尤为重要。与矢量图形相比,光栅图形的主要优点之一就是具有对显示区域填充颜色或图案的能力:既可以用同一种颜色均匀填充区域,也可以用具有多种颜色的重复图案填充区域。而向量显示器最多只能用空间中平行的向量序列来模拟区域填充的效果。除此之外,光栅显示器存储的图像更加易于操作:既可对单独的像素进行读或写的操作,也可复制或移动图像中的任意部分。

与向量系统相比,光栅系统难以画出边界光滑清晰的斜线和曲线。仔细观察图1.12,可观察到光栅扫描的鼠标图像中直线的锯齿形状,如图1.12(c)和图1.12(d)所示。这是由于任何一个光栅显示器所包含的像素个数是有限的,像素的颜色和灰度等级也是有限的,所生成的光栅图形只是实际图形的近似。向量系统能够随机控制电子束的偏转,在屏幕上任

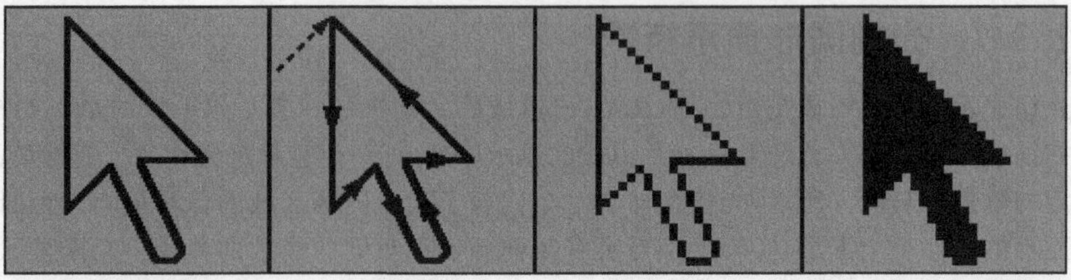

图 1.12　随机扫描与光栅扫描

一点与其他点之间画连续的、光滑的直线，如图 1.12(b)所示；而对于光栅系统来说，只能用光栅网格上的像素近似地描绘平滑的直线、多边形和如圆、椭圆等曲线图元的边界。这就引起了图中看到的锯齿状与阶梯状的问题，在信号处理中称为走样(Aliasing)。当用离散采样点来逼近一个亮度急剧变化的连续函数时，就会出现这种现象。用于减少或消除这种现象的技术称为反走样。如何使光栅图形最完美地逼近实际图形，是光栅图形学要研究的内容。确定最佳逼近图形的像素集合，并用指定的颜色和灰度设置像素的过程叫作图形的扫描转换，或者称作光栅化。

在光栅系统里，整幅图像必须直接保存到刷新缓冲器，即帧缓存中。20 世纪 70 年代初，随着价格低廉的固态随机访问存储器用于二值位图保存，光栅图形逐渐取代随机向量显示成为占主导地位的显示技术。单色阴极射线管使用黑白或黑绿两色绘图，每个像素只占用单独一位，一个分辨率为 1024×1024 像素的图像所对应的完整位图仅有 220 位，即大约 128 000 字节。低端彩色系统的每个像素有 8 位，允许同时显示 256 种颜色；较高级的系统每个像素占用 24 位，可供选择的颜色在 1600 万种以上。

图 1.13 是最简单和最普通的光栅显示系统的结构。它的内存和 CPU 之间的关系同其他非图形计算机系统一样，但内存的一部分被用来充当帧缓存。视频控制器显示帧缓存中定义的图像，按照光栅扫描频率的规定通过一个独立的访问端口访问内存。在一些系统中，有一部分固定内存永久地分配给帧缓存，而另一些系统设有几个相同功能的内存区域(在个人计算机中有时称为页)，其他的系统则可以通过寄存器指定任意一部分内存作为帧缓存。扫描转换过程通常由软件实现，CPU 负责处理所有的图形。当应用程序调用图形软件包中的子程序时，软件包计算并确定帧缓存中每一像素的显示值。

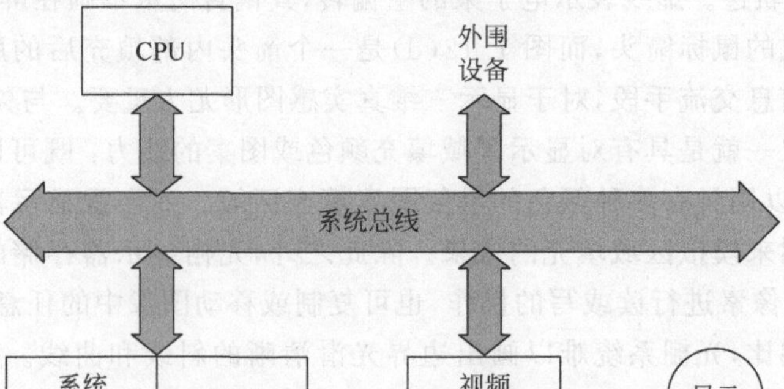

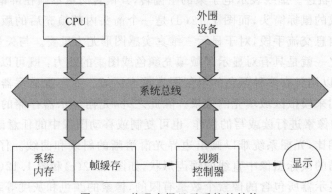

图 1.13　普通光栅显示系统的结构

前面所说的简单光栅显示系统多用在价格便宜的个人计算机或低端工作站中。虽然其系统造价较低，但基于软件的扫描转换速度较慢，导致其图形生成和显示性能下降。现在大多数光栅显示器都添加了一个专门的硬件，用来加速扫描转换，并在帧缓存中执行移动、复制、修改像素或者像素块等光栅操作，该硬件称作图形显示处理器。显示系统间最基本的不同就在于显示处理器所能实现的功能。显示处理器可以是完全独立的，拥有自己的内存和帧缓存，也可以是集成的，与 CPU、视频控制器同时连接在系统总线上，共享系统内存与帧缓存。后者的结构称为单地址空间(Single-Address-Space)显示系统体系结构。虽然该结构具有一定的复杂性，但越来越多的光栅显示系统已经使用了单地址空间结构。这是由于其允许 CPU 和显示处理器用统一的方式访问内存的任何部分，且编程简单。

1.3.2 简单二维图元的生成方法

1.3.1 节简单介绍了光栅显示系统的体系结构以及光栅图形设备上图形显示的基本原理。现在基于上述介绍重新认识 OpenGL。作为图形硬件的软件接口，OpenGL 最主要的工作就是将二维及三维物体绘制到帧缓存。这些物体由一系列描述物体几何形状的顶点和反映其光照属性的颜色纹理所定义。OpenGL 执行一系列的操作把这些数据最终转换成帧缓存中的像素数据。OpenGL 可以在具有不同图形能力和性能的图形工作站平台及微机上运行，它的绘制过程主要有以下 3 步：

(1) 定义几何要素(点、线、多边形、图像、位图)，构建物体在计算机内的表示。确定各物体在三维空间中的方位，选取场景观察点。

(2) 计算物体表面显示的颜色，这些颜色可以直接赋值，或根据光照条件及表面纹理计算得到。

(3) 光栅化，把物体的几何描述和颜色信息转换为屏幕的像素。

因为本节的内容仅涉及简单二维图形的绘制，所以下面的 OpenGL 环境下点的绘制例子 Point.cpp 简化了茶壶例子的程序构造，省去了其中的深度测试以及光照、材质设定，并采用 OpenGL 默认的颜色(背景为黑色，绘图颜色为白色)和投影方式(二维平行投影)，使讨论集中于 OpenGL 的绘图描述与光栅化操作。

```
#include <GL/glut.h>

void display(void)
{
    glClear(GL_COLOR_BUFFER_BIT);

    //绘制图形
    glPointSize(3.0);
    glBegin(GL_POINTS);
        glVertex2f(0.0, 0.0);
    glEnd();

    glPointSize(6.0);
    glBegin(GL_POINTS);
        glVertex2f(0.5, 0.5);
        glVertex2f(-0.5, 0.5);
        glVertex2f(0.5, -0.5);
```

```
        glVertex2f( - 0.5, - 0.5);
    glEnd();

    glFlush();
}

int main(int argc, char ** argv)
{
    glutInit(&argc, argv);
    glutInitDisplayMode(GLUT_SINGLE | GLUT_RGB);
    glutInitWindowPosition(0, 0);
    glutInitWindowSize(240, 240);
    glutCreateWindow(argv[0]);
    glutDisplayFunc(display);
    glutMainLoop();
    return 0;
}
```

OpenGL 中简单二维图元的绘制机制通过 glBegin()函数与 glEnd()函数配对实现。glBegin()函数有一个类型为 GLenum 的参数，它只能取 10 种不同的常量值，比如 GL_POINTS 表示在 glBegin()和 glEnd()函数对间绘制点。glEnd()函数标志着形状定义的结束，该函数没有参数。这两个函数必须配对使用。

在 OpenGL 中，点通过坐标来描述，用 glVertex()函数来完成其图形学表示。例中的 glVertex2f()表示所定义的点是二维的。如果需要定义三维的点，则可以采用 glVertex3f()等其他形式的函数(此时输入的参数为 3 个或者更多)。OpenGL 全局坐标系是一个右手坐标系，其初始设置为 x 轴沿屏幕水平方向向右，y 轴沿屏幕垂直方向向上，z 轴则垂直屏幕向外指向用户。视点和视窗的大小可以通过重新定义 reshape()函数来调整，本例中在 x 轴和 y 轴方向的显示范围均为 $-1.0 \sim 1.0$。

必须指出，glVertex()函数定义的点只具有数学意义。在屏幕上显示的点往往都比较大，原因是：第一，浮点运算的精度是有限的，计算生成的点的坐标存在误差；第二，显示设备的分辨率是有限的。点或由点构成的线最后都将通过离散的像素来显示，而一个像素的位置和尺寸决定于屏幕显示的分辨率，这就决定了实际显示的点与数学意义上的点有所差别，使显示点时出现走样。为了克服这些困难，OpenGL 做了一些优化处理，允许采用 glPointSize()函数由用户自定义点在屏幕上的显示尺度(默认宽度为 1.0)。本例子在窗口中心绘制了一个宽度为 3.0 的点，又在其四周绘制了 4 个宽度为 6.0 的点，其结果如图 1.14 所示。

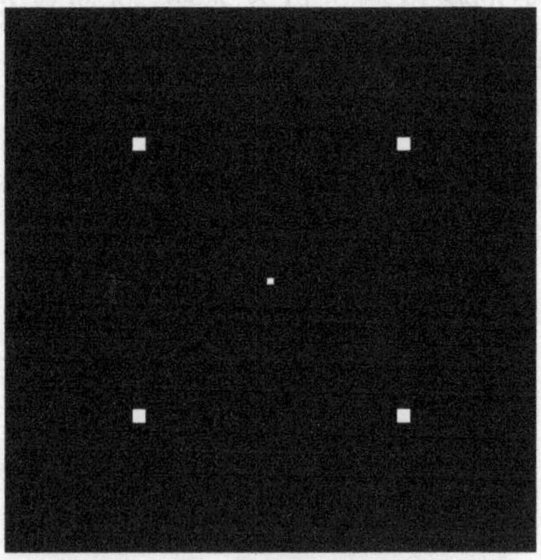

图 1.14 绘制点

OpenGL 允许对点进行反走样处理，以 POINT_SMOOTH 为参数的 Enable()和 Disable()语句可以切换反走样的状态。在默认状态(无反走样)下，一个点的光栅化可通过将其屏幕坐标(x_w, y_w)转换成整数来实现。用户定义的点显示的实际宽度首先被四舍五

入成一个整数值，使该值不超过设备支持的点的最大宽度；0 宽度则当作 1 来处理。假如获得的宽度为奇数，则取

$$(x,y)=\left(\lfloor x_w\rfloor+\frac{1}{2},\lfloor y_w\rfloor+\frac{1}{2}\right)$$

为中心的方形区域表示该点；假如结果为偶数，则以坐标

$$(x,y)=\left(\left\lfloor x_w+\frac{1}{2}\right\rfloor,\left\lfloor y_w+\frac{1}{2}\right\rfloor\right)$$

为中心的方形区域表示该点。注意光栅像素是位于 1/2 整数屏幕坐标位置上的，如图 1.15 所示，其中虚线表示像素栅格，实心圆分别是转换奇宽度点和偶宽度点所显示的像素，以图中的方形半透明区域为其中心。

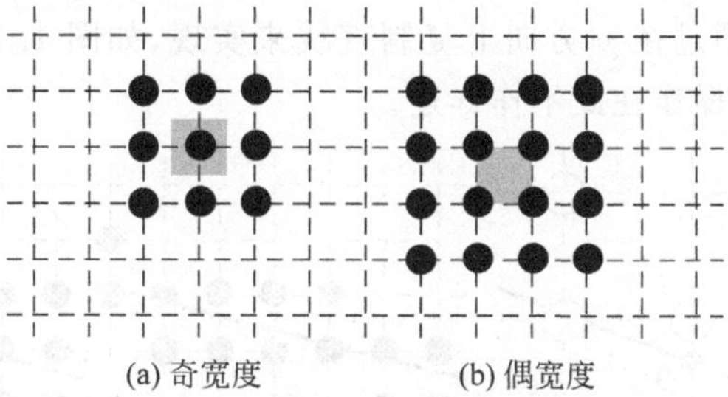

图 1.15　未经反走样处理的点的光栅化

直线由两个端点定义。只要把 glBegin()的参数设为 GL_LINES，OpenGL 即可通过 glBegin()和 glEnd()函数对来绘制直线。此时函数对中的第一个顶点为第一条直线的起点，第二个顶点为该直线的终点，第三个顶点则为第二条直线的第一个顶点，以此类推。在 glBegin()和 glEnd()函数对中可以定义任意数目的直线，如：

```
glBegin(GL_LINES);
    glVertex2f(0.5, 0.0);
    glVertex2f(-0.5, 0.5);
    glVertex2f(0.0, -0.5);
    glVertex2f(-0.5, -0.5);
glEnd();
```

将程序 Point.cpp 的"绘制图形"注释与 glFlush()语句之间的内容替换为上述语句，就可以在窗口内绘制两条直线。

直线的扫描转换算法有基本增量算法(DDA)、中点线算法和 Bresenham 算法等，其中 Bresenham 算法是计算机图形学领域使用最为广泛的直线扫描转换算法。OpenGL 所采用的直线绘制方法与 Bresenham 算法基本类似，即按照直线从起点到终点的顺序计算直线与像素栅格线的交点，然后确定该列(行)像素中与此交点最近的像素。该算法的巧妙之处在于采用增量计算，使得对于每一列(行)，只要检查一个误差项的符号，就可以确定该列(行)所求的像素。

在下面的讨论中，先假定直线斜率 k 为 0～1。对于其他斜率的情况，可通过 x 轴、y 轴的变换用同一方法处理。假设直线的左下端点为(x_0,y_0)，右上端点为(x_1,y_1)，则直线方程为 $y_1=y_0+k(x_1-x_0)$。

考察图 1.16(a)中的线，黑色的圆表示已被选择的像素，当前被选中的像素后面的两个空

心圆表示下一步可用来显示直线的候选像素。假设当前选中像素为(x_p, y_p)，由于假定待绘制直线的斜率为0～1，下一步的候选像素可能是其右边水平方向的第一个像素$E(x_p+1, y_p)$，也可能是其右上的第一个像素$NE(x_p+1, y_p+1)$。假设$Q(x_p+1, y_q)$是直线与栅格线$x=x_p+1$的交点，误差项$d=y_q-y_p$，则y坐标是否增1取决于误差项d的值。d的初值$d_0=0$，x坐标每增加1，d的值相应递增k。一旦$d \geqslant 1$，就把它减去1，这样可以保证d为0～1。当$d \geqslant 0.5$时，直线与栅格线$x=x_p+1$的交点Q较接近右上方像素NE；而当$d<0.5$时，Q较接近右方像素E。为方便计算，令$e=d-0.5$，e的初值为-0.5，增量为k。当$e \geqslant 0$时，取当前像素P的右上方像素(x_p+1, y_p+1)；而当$e<0$时，取P的右方像素(x_p+1, y_p)。

与对点的操作一样，OpenGL可以用glLineWidth()函数定义直线的宽度。带宽度直线的光栅化（无反走样）可通过在y方向上复制直线来实现，如图1.16(b)所示。绘制原理与点的光栅化类似，其具体操作在此不作详述。

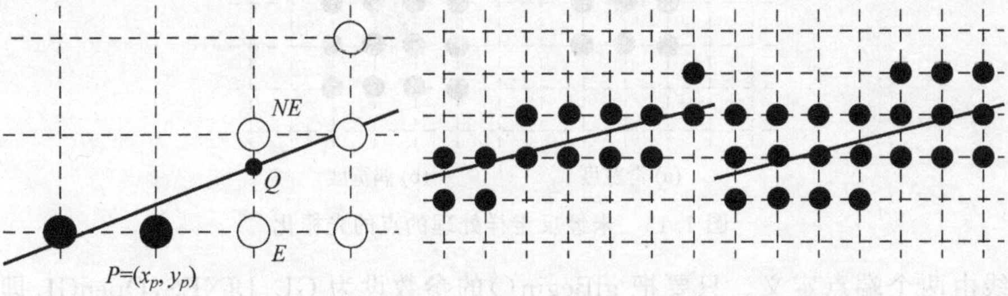

(a) 直线的Bresenham算法　　(b) 带宽度直线的无反走样光栅化

图1.16　直线的绘制

下面为用C语言实现直线的Bresenham算法。

```
void BresenhamLine (int x0, int y0, int x1, int y1, int color)
{
    int x = x0, y = y0, dx = x1 - x0, dy = y1 - y0;
    float k = dy / dx, e = -0.5;
    while (x < x1)
    {
        drawpixel (x, y, color);
        x++; e = e + k;
        if (e >= 0)
        {
            y++; e = e - 1;
        }
    }
}
```

圆并不属于最基本的几何图元。虽然OpenGL提供了一些绘制曲线的函数，但是用于画圆就显得太复杂了。比较直接的画圆方法是将θ一步一步地从0°增长到360°，并逐点$(R\cos\theta, R\sin\theta)$连接，使其在形状上接近圆。例如，可将Point.cpp的“绘制图形”注释与glFlush()语句之间的内容替换为如下语句：

```
GLdouble radius = 0.5, step = 0.1, twoPi = 2.0 * 3.141592654 + step;
glBegin(GL_LINE_STRIP);
    for (GLdouble theta = 0.0; theta <= twoPi; theta += step)
```

```
    glVertex2f(radius * cos(theta), radius * sin(theta));
glEnd();
```

其中,GLdouble 是 OpenGL 定义的一种等价于 double 的数据类型,glBegin()的参数 GL_LINE_STRIP 表示所要绘制的是折线段,step 为 θ 每一步的增量。运行该程序后发现,当 step 取 0.1 时,所生成的图形已经与标准的圆没有什么区别了。

关于圆的扫描转换也有与直线的中点算法和 Bresenham 算法相类似的中点圆算法,其效率要高于上面讨论的方法。另外,利用圆的八方向对称性,可以将整个圆的扫描转换简化为八分之一圆弧的扫描转换,从而进一步提高效率。

最后介绍字符的生成。生成字符有两种基本的方法。第一种方法是将每个字符定义为一条曲线或多边形的轮廓,然后进行扫描转换,计算开销很大。第二种方法则较为简单,对于给定某种字体的每一个字符,生成一个小型的矩形位图。位图中该位为 1 表示字符的笔画经过此位,对应于此位的像素应置为字符颜色;该位为 0 表示字符的笔画不经过此位,对应于此位的像素应置为背景颜色。然后,在产生字符时,只需简单地从字库中将它的位图检索出来,再复制到目标位置的帧缓存中。OpenGL 可以直接处理单色位图。如果按每行 8 位扫描,则按数组{0x00,0x00,0xfe,0xc7,0xc3,0xc3,0xc7,0xfe,0xc7,0xc3,0xc3,0xc7,0xfe}所生成的位图是字母 B,如图 1.17 所示。

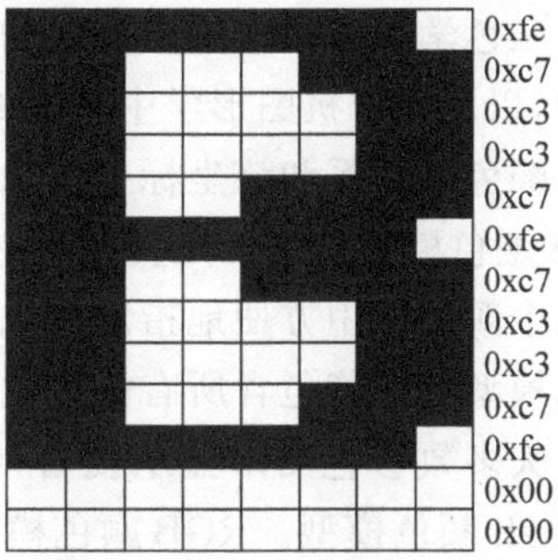

图 1.17 字符 B

要输出位图,还需要调用 glBitmap()函数把位图按指定的位置显示在屏幕上。在例 Point.cpp 的 display()函数体中输入下面的代码,就可以在窗口的左下方输出字符串 OPENGL。

```
GLubyteletters[ ][13] ={
   {0x00, 0x00, 0x7e, 0xe7, 0xc3, 0xc3, 0xc3, 0xc3, 0xc3, 0xc3, 0xc3, 0xe7, 0x7e},
   {0x00, 0x00, 0xc0, 0xc0, 0xc0, 0xc0, 0xc0, 0xfe, 0xc7, 0xc3, 0xc3, 0xc7, 0xfe},
   {0x00, 0x00, 0xff, 0xc0, 0xc0, 0xc0, 0xc0, 0xfc, 0xc0, 0xc0, 0xc0, 0xc0, 0xff},
   {0x00, 0x00, 0xc7, 0xc7, 0xcf, 0xcf, 0xdf, 0xdb, 0xfb, 0xf3, 0xf3, 0xe3, 0xe3},
   {0x00, 0x00, 0x7e, 0xe7, 0xc3, 0xc3, 0xcf, 0xc0, 0xc0, 0xc0, 0xc0, 0xe7, 0x7e},
   {0x00, 0x00, 0xff, 0xc0, 0xc0, 0xc0, 0xc0, 0xc0, 0xc0, 0xc0, 0xc0, 0xc0, 0xc0},
};
glPixelStorei(GL_UNPACK_ALIGNMENT, 1);
for (int i = 0; i< 6; i++)
    glBitmap(8, 13, 0.0, 0.0, 10.0, 0.0, letters[i]);
```

在实际应用中,一般不用这种手动的方式逐个生成字符位图,而是让 OpenGL 直接使用 Windows 已有字库中的字体来制作文本。

1.4 RGB 颜色系统

颜色是光射入人眼刺激人的视觉器官所产生的主观感觉。物体的颜色不仅取决于物体本身,还与光照、周围环境光的颜色以及观察者的视觉系统有关系。从视觉的角度出发,颜色包括三个要素:色调(Hue)、饱和度(Saturation)和亮度(Lightness)。所谓色调,是一种颜色区别于其他颜色的因素，也就是平常所说的红、绿、蓝、紫等；饱和度是指颜色的纯度，如鲜红色饱和度高，而粉红色的饱和度低。

在物理学上对光与颜色的研究发现，颜色具有恒常性，即人们可以根据物体的固有颜色来感知它们，而不会受外界条件变化的影响。颜色之间的对比效应能够使人区分不同的颜色。人眼可分辨大约35万种颜色，28种不同的色彩。颜色还具有混合性。近代的三色学说研究认为，人眼的视网膜中存在着三种锥体细胞，它们包含不同的色素，对光的吸收和反射特性不同，对于不同的光产生不同的颜色感觉。研究发现，一种锥体细胞专门感受红光，另外两种锥体细胞则分别感受绿光和蓝光。三者共同作用，使人们产生不同的颜色感觉。例如，当黄光刺激眼睛时，将会引起红、绿两种锥体细胞几乎相同的反应，而只引起蓝细胞很小的反应，这三种不同锥体细胞不同程度的兴奋结果在人眼中产生了黄色的感觉。

三色学说是真实感图形学的生理视觉基础，是颜色视觉的基本理论。采用的RGB颜色模型，以及计算机图形学中其他的颜色模型都是源于这个学说。一个颜色模型定义了一个三维颜色坐标系和该坐标系的一个可见颜色子集，该子集与一个特定的颜色域对应。例如，RGB颜色模型就是三维直角坐标颜色系中的一个单位立方子集。定义颜色模型的目的是在某个颜色域中方便地指定颜色。由于每一个颜色域都是可见颜色的子集，因此任何一个颜色模型都不能包含所有的可见颜色。

大多数彩色图形显示设备(特别是CRT等光栅显示器)都采用红、绿、蓝三原色，即使用RGB颜色模型。RGB颜色模型通常采用图1.18(a)所示的单位立方体来表示。在正方体的主对角线上，各原色的强度相等，产生由暗到明的非彩色，也就是不同的灰度值。(0,0,0)为黑色，(1,1,1)则为白色。正方体的其他6个顶点分别为红、黄、绿、青、蓝和品红。红、绿、蓝为加性原色，它们叠加在一起产生复合色，如图1.18(b)所示。需要注意的一点是，RGB颜色模型所覆盖的颜色域取决于显示设备荧光点的颜色特性，是与硬件相关的。

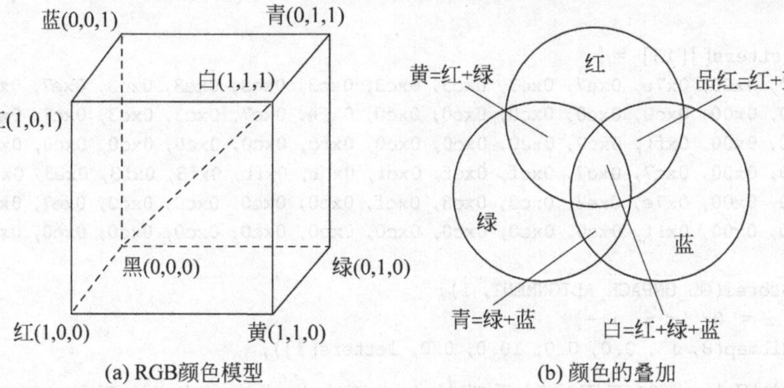

图1.18 RGB颜色模型

OpenGL可以采用RGB颜色模型。OpenGL通过glColor()函数来设定当前的物体绘制颜色，并用颜色缓存(Color Buffer)来存储颜色。glColor()函数共有32种不同的形式，如glColor3f()有3个类型为GLfloat的参数，依次表示该颜色的红色、绿色、蓝色成分。这3个参数的值为0.0～1.0。值为0.0时，表示合成的颜色中没有该分量颜色的成分；值为1.0时，表示该分量颜色取最大值。一旦设定了物体的绘制颜色，以后OpenGL绘制的所有物体均为这种颜色，直到重新设置该函数。颜色缓存实际上是一块内存区，它保存了将在屏幕上显示的图像的颜色信息。Teapot. cpp 和 Point. cpp 中的 glClear()语句都使用 GL_COLOR_BURRER_BIT 通知 OpenGL 用当前设置的背景颜色清除颜色缓存。该函数还可以用其他的标识操作相应的缓存,例如 Teapot. cpp 中的深度缓存。可以用 glClearColor()函数设置当前的背景色。该函数有 4 个参数,其中前 3 个的含义与 glColor3f()参数的含义相同。第 4 个参数为 Alpha 参数,即颜色的透明性,可用它来产生颜色融合等特殊效果。Alpha 值与背景颜色无关。

习题

1. 图形学有哪些应用？图形学在你所学的专业有哪些应用？
2. 用 OpenGL 实现一个生成茶壶的程序。

第 2 章 物体的几何表示

CHAPTER 2

本章主要介绍如何在计算机内对一个三维场景进行几何描述和定义。由于场景中物体的表示与采用的坐标系密切相关,为此首先引入局部坐标系和世界坐标系的概念;然后着重介绍几种常用的物体表示方法,包括物体的网格模型表示、参数曲线曲面表示、细分曲面表示、隐式曲面表示、CSG 树表示等;最后介绍自然景物的表示方法。

2.1 局部坐标系和世界坐标系

在计算机图形学中,点的空间位置常采用直角坐标系表示。在空间直角坐标系下,一个顶点 P 的位置可用 3 个坐标分量 (x, y, z) 唯一表示。空间直角坐标系可分为右手坐标系和左手坐标系,如图 2.1 所示。由于目前多数图形应用系统都采用右手坐标系,为保持一致性,在本书中也采用右手坐标系。

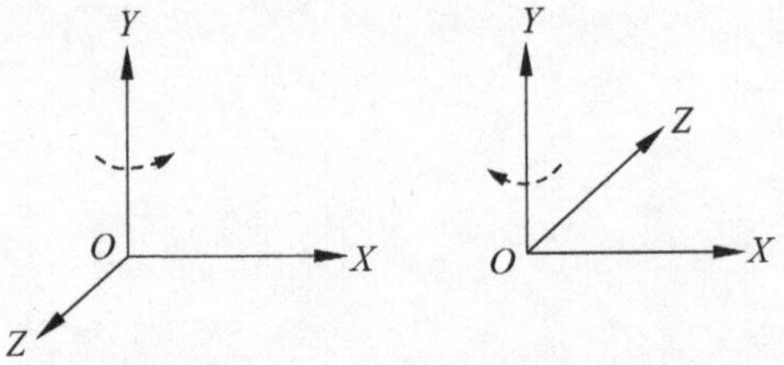

(a) 右手坐标系　　(b) 左手坐标系

图 2.1　两种空间直角坐标系

在计算机中,为了得到尽可能简单的物体表示形式,通常会考虑选择某个可以简化物体表示的特殊空间坐标系,作为该物体的局部坐标系。例如一个单位立方体,其局部坐标系原点可取立方体的中心或者某一个顶点,其 3 个坐标轴方向则平行于立方体的棱边,如图 2.2 所示。

位于同一场景中的物体共享同一空间。为了描述这些物体在场景中的相对位置和各自的形状,需要建立一个统一的整体坐标系,即世界坐标系。与世界坐标系相比,局部坐标系由于有利于表达各个物体的内在几何特征,因而物体的几何可以表示成较为简单的形式。此外,在局部坐标系中容易实现物体绕自身轴线的旋转和各种调节形状的缩放变换,而在世界坐标系中实现这些效果可能复杂得多,如图 2.3 所示。注意,场景中可能有部分物体,它们的形状相同,只是位置和参数尺寸不同,这些物体可以由局部坐标系中的同一基本几何体经过不同的几何变换后置入世界坐标系而生成。

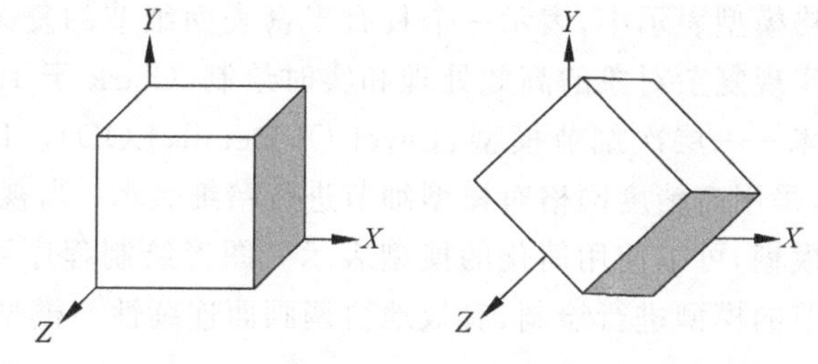

(a) 局部坐标系 (b) 世界坐标系

图 2.2 定义在局部坐标系和世界坐标系中的单位立方体

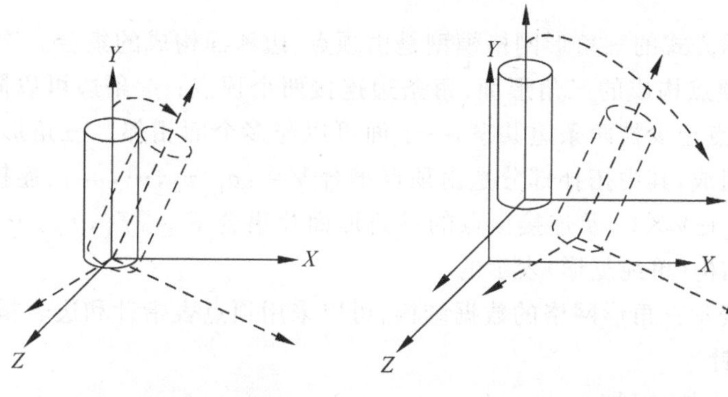

(a) 局部坐标系中的变换 (b) 世界坐标系中的变换

图 2.3 在局部坐标系和世界坐标系中旋转一个圆柱面

2.2 网格模型表示

在三维形状的表示中，除了规则形状(如球面、柱面、锥面等)外，三维形状表面通常较复杂。对于这类难以用数学公式直接描述的三维物体表面，一种常用的方法是采用三维数字化仪或者三维激光测距装置直接对物体表面进行离散采样，获取各采样点的空间位置数据，由相邻采样点组成的多边形网格构成对物体外形的近似表示。在计算机图形学中，这种表示方法称为多边形网格模型表示。网格模型表示中的多边形平面片通常取三角形或四边形，其中三角形网格表示是最为常见的三维形状表示方式，并可通过图形硬件来加速绘制。图 2.4 是一个由 72 027 个顶点、144 046 000 个三角形面片表示的斯坦福 Bunny 造型。

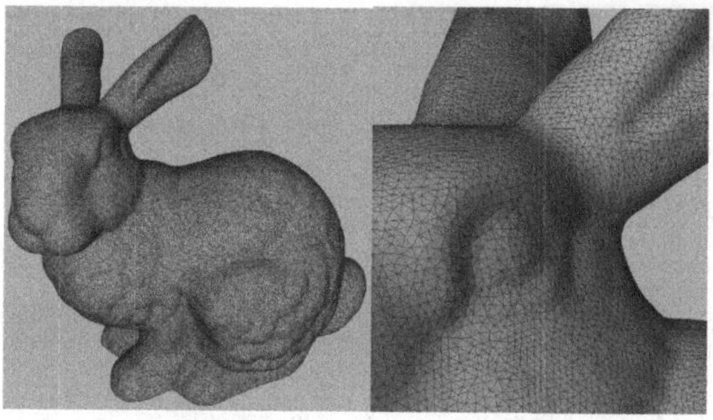

(a) 完整模型 (b) 模型放大图

图 2.4 斯坦福 Bunny 造型

在三维形状的网格模型表示中，表示一个具有丰富表面细节的复杂物体通常需要大量的三角形面片。为了实现复杂对象的高效处理和实时绘制，Clark 于 1976 年提出了一种实时三维计算机图形技术——层次细节模型（Level Of Detail，LOD）。LOD 的基本思想为，当视点离物体较近时，采用高精度网格对模型细节进行精细表示；当视点远离模型时，可观察到的模型细节逐渐模糊，可以使用简化的模型表示。图形绘制程序可根据模型离视点的远近选择相应层次细节的模型进行绘制，有效地协调画面连续性与模型分辨率之间的关系，提高渲染帧率。

2.2.1 网格模型表示数据结构

作为主流表示方式的三角形网格模型是由顶点、边和面构成的集合。这些面彼此相连，每个面是由 3 个顶点构成的三角形面，每条边连接两个顶点；一条边可以同属两个相邻的三角形面，一个顶点至少被两条边共享，一个面可以与多个面相邻。三角形网格 M 由几何部分和拓扑部分组成，其中拓扑部分是由顶点集合 $V=\{\boldsymbol{v}_1,\boldsymbol{v}_2,\cdots,\boldsymbol{v}_V\}$、连接顶点的边 $\boldsymbol{E}=\{e_1,e_2,\cdots,e_E\}(e_i\in V\times V)$ 及连接顶点的三角形面片集合 $F=\{f_1,f_2,\cdots,f_F\}(f_i\in V\times V\times V)$ 组成的图结构（单纯复形）表示的。

为了更好地表示三角形网格的数据结构，可以采用顶点表指针和边表指针数据结构。

1. 顶点表指针

网格模型的顶点序列 $V=\{\boldsymbol{v}_1(x_1,y_1,z_1),\boldsymbol{v}_2(x_2,y_2,z_2),\cdots,\boldsymbol{v}_V(x_V,y_V,z_V)\}$ 存储模型各顶点的空间位置信息，为方便起见，可以利用指针分别指向各顶点的位置存储单元。由于每个三角形由 3 个顶点定义，因此可以利用顶点表指针定义各三角形面片，如图 2.5 所示。例如，如果一个三角形面 f 由顶点 $\boldsymbol{v}_1$、$\boldsymbol{v}_3$、$\boldsymbol{v}_4$ 构成，则可以表示为 $f=(\boldsymbol{v}_1,\boldsymbol{v}_3,\boldsymbol{v}_4)$。

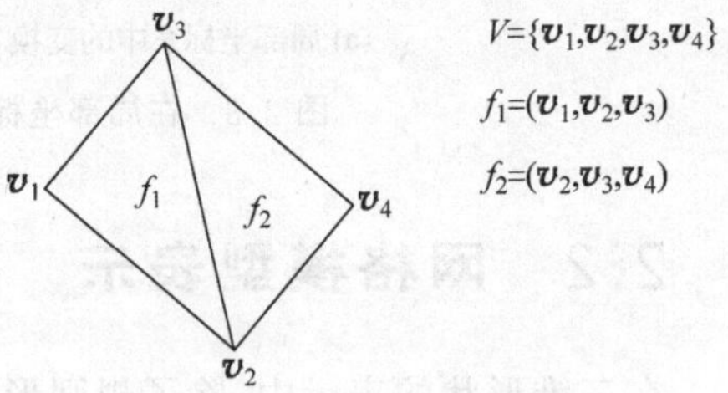

图 2.5 顶点表指针

2. 边表指针

在网格模型的边序列 $E=\{e_1,e_2,\cdots,e_E\}$ 中，每条边出现一次，边序列中的每条边都指向定义该边的顶点序列中的两个顶点，同时可以指向该边所属的三角形面片。如图 2.6 所示，由顶点 $\boldsymbol{v}_2$ 和 $\boldsymbol{v}_3$ 定义的一条边可以表示为 $e_2=(\boldsymbol{v}_2,\boldsymbol{v}_3,f_1,f_2)$（如果一条边仅属于一个三角形面，则 f_1 或 f_2 为空值 $\varnothing$），利用边表指针定义一个三角形则表示为 $f_1=(e_1,e_2,e_5)$。

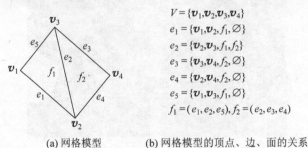

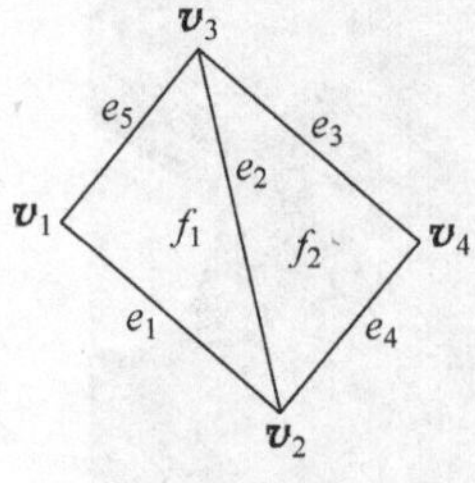

(a) 网格模型

$V=\{\boldsymbol{v}_1,\boldsymbol{v}_2,\boldsymbol{v}_3,\boldsymbol{v}_4\}$

$e_1=\{\boldsymbol{v}_1,\boldsymbol{v}_2,f_1,\varnothing\}$

$e_2=\{\boldsymbol{v}_2,\boldsymbol{v}_3,f_1,f_2\}$

$e_3=\{\boldsymbol{v}_3,\boldsymbol{v}_4,f_2,\varnothing\}$

$e_4=\{\boldsymbol{v}_2,\boldsymbol{v}_4,f_2,\varnothing\}$

$e_5=\{\boldsymbol{v}_1,\boldsymbol{v}_3,f_1,\varnothing\}$

$f_1=(e_1,e_2,e_5),f_2=(e_2,e_3,e_4)$

(b) 网格模型的顶点、边、面的关系

图 2.6 边表指针

当需要查找顶点、边、面间的相邻关系时，直接利用顶点表指针和边表指针表示将变得比较困难，这是因为需要进行大量边和面的检查和搜索。为了克服该问题，20 世纪 80 年代提出的半边数据结构(Half Edge Data Structure)以网格模型中的边为核心，每一条边表示为方向相反的两条有向半边，每条半边记录如下指针信息：指向半边终点的顶点指针、指向沿顺时针方向的同一面上的下一条半边的指针、指向方向相反的相邻半边指针、指向半边所在的面指针(按逆时针走向)。半边数据结构在拓扑上是由体、面、环、半边、顶点 5 个层次构成的结构，即实体由三角形面的组合表示，三角形面由内环和外环组合而成，环则是由半边构成的序列，每条半边由两个顶点构成，同时可以规定所有的外环均为逆时针顺序，内环均为顺时针顺序。半边的使用增强了三维形状表示中的拓扑属性和层次感，从而使形状表示和图元邻接关系的查询变得方便、高效。

2.2.2 网格模型顶点法向量的计算

在三维形状的网格模型表示中，顶点法向量和面片法向量在形状几何处理、形状造型和真实感绘制中起到十分重要的作用。

一般来说，设三角形面 f 由顶点 $\boldsymbol{v}_1$、$\boldsymbol{v}_2$、$\boldsymbol{v}_3$ 构成 $f=(\boldsymbol{v}_1,\boldsymbol{v}_2,\boldsymbol{v}_3)$，顶点 $\boldsymbol{v}_i$ 的坐标为 $\boldsymbol{v}_i(x_i,y_i,z_i)$，则三角形面 f 的法向量可以计算如下：

$$\begin{aligned}\boldsymbol{n}_f=\boldsymbol{v}_1\boldsymbol{v}_2\times\boldsymbol{v}_1\boldsymbol{v}_3&=\begin{vmatrix}\boldsymbol{i} & \boldsymbol{j} & \boldsymbol{k}\\ x_2-x_1 & y_2-y_1 & z_2-z_1\\ x_3-x_1 & y_3-y_1 & z_3-z_1\end{vmatrix}\\&=\boldsymbol{n}_x\boldsymbol{i}+\boldsymbol{n}_y\boldsymbol{j}+\boldsymbol{n}_z\boldsymbol{k}=(\boldsymbol{n}_x,\boldsymbol{n}_y,\boldsymbol{n}_z)\end{aligned} \tag{2.1}$$

其中，$\boldsymbol{n}_x=(y_2-y_1)(z_3-z_1)-(y_3-y_1)(z_2-z_1)$

$\boldsymbol{n}_y=(z_2-z_1)(x_3-x_1)-(z_3-z_1)(x_2-x_1)$

$\boldsymbol{n}_z=(x_2-x_1)(y_3-y_1)-(x_3-x_1)(y_2-y_1)$

根据计算得到的模型各三角形面片的法向，可以进一步计算模型顶点的法向量。在网格模型顶点的法向量计算中，一种方式是采用模型顶点相邻面片的法向进行加权平均计算，如果顶点 $\boldsymbol{v}$ 与三角形面片 f_1、f_2、…、f_k 相邻，则顶点 $\boldsymbol{v}$ 的法向量 $\boldsymbol{n}_v$ 可计算为：

$$\boldsymbol{n}_v=(w_1\boldsymbol{n}_{f_1}+w_2\boldsymbol{n}_{f_2}+\cdots+w_k\boldsymbol{n}_{f_k})/(w_1+w_2+\cdots+w_k) \tag{2.2}$$

其中，$\boldsymbol{n}_{f_j}$ 为三角形面片 f_j 的法向量；w_j 为相应权值(这里可以以面片面积作为权值，也可以取均匀权值)。

另一种方式是利用曲面局部拟合模型顶点及其相邻顶点，并利用拟合曲面在该点的法向作为顶点的法向量。后一种方式通常计算复杂，但计算得到的模型顶点法向量较精确。

2.2.3 模型顶点的纹理坐标

在计算机图形学中，三维形状的表面细节可以通过纹理映射生成，纹理映射的目的是建立纹理图的像素点和模型表面点之间的对应关系，利用该对应关系将纹理图片上的像素点颜色值赋予模型表面对应点的颜色，从而生成具有高度真实感的三维形状，如图 2.7 所示。

如果纹理图案定义在纹理空间的正交坐标系中，三维形状定义在景物空间的正交坐标系中，进行纹理映射时，需建立纹理空间和景物空间点之间的对应关系，则三维网格模型顶

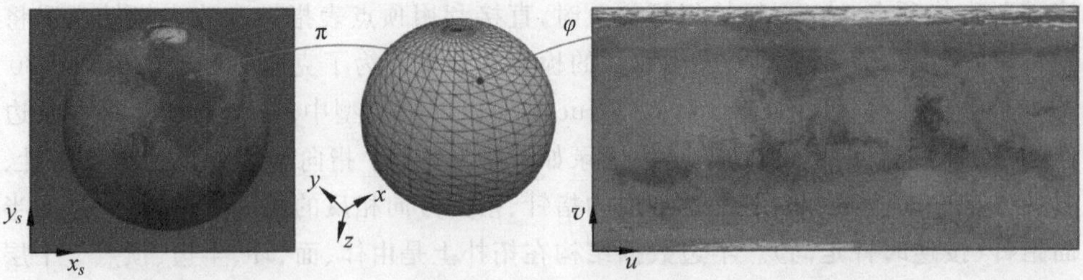

(a) 图像空间 (b) 景物空间 (c) 纹理空间

图 2.7 纹理映射

点(x,y,z)的纹理坐标可以定义为其在纹理空间对应点的坐标(u,v)。例如，从矩形纹理区域$(u,v)\in[0,1]\times[0,1]$到单位球面（第一卦限）的参数映射化可以分两步定义如下：

$$\begin{cases} x=\sin\theta\cos\varphi \\ y=\sin\theta\sin\varphi \\ z=\cos\theta \end{cases} \quad \left(0\leqslant\theta\leqslant\frac{\pi}{2},0\leqslant\varphi\leqslant\frac{\pi}{2}\right)$$

和

$$\begin{cases} \theta=\dfrac{\pi}{2}u \\ \varphi=\dfrac{\pi}{2}v \end{cases} \quad (0\leqslant u\leqslant 1,0\leqslant v\leqslant 1)$$

在纹理映射过程中，利用网格模型各顶点对应的纹理坐标可以将纹理图像上的对应像素点颜色赋予相应顶点颜色，对于三角形面片上内部点的纹理颜色，则可以利用面片顶点的颜色进行插值得到。

2.2.4 网格模型表示的优点

在许多工业应用和商业软件（如 Maya 和 3ds Max 等）中，三角形网格模型是目前最常用的三维物体表面的表达形式，特别是在处理性能要求较高的应用中，三角形网格模型已成为三维形状表示的主流形式，主要原因如下：

(1) 三角形网格表示具有强大的物体表面表达能力，其形状表示简单，便于进行计算和处理，可以表示具有复杂拓扑和任意形状的三维物体表面。

(2) 三角形网格模型只需存储各面片顶点的位置坐标及属性信息即可表示三维物体，作为三维形状的离散近似，网格模型能以任意精度逼近曲面物体。

(3) 在造型和绘制中，对网格模型的处理可采用硬件加速技术实现。对三角形面片的几何处理和绘制目前已得到高速图形硬件的支持。

2.3 参数曲线和曲面

2.3.1 参数曲面及张量积曲面

在三维形状表示中，网格模型作为形状的一种离散近似能够逼近曲面物体，但不可避免会产生逼近误差，为了精确表示计算机辅助设计（CAD）中的光滑曲面，需要采用能够表示几何外形的参数曲面及张量积曲面。

在微分几何中，曲面可以表示为定义在二维参数域 $D\subset[U_1,U_2]\times[V_1,V_2]$ 上的双参数 u 和 v 的矢量值函数：

$$\boldsymbol{R}=\boldsymbol{R}(u,v)\quad (u,v)\in D \tag{2.3}$$

其等价于：

$$\begin{cases}x=x(u,v)\\ y=y(u,v)\quad (u,v)\in D\\ z=z(u,v)\end{cases}$$

称为曲面的参数方程。在曲面的参数方程定义中，如果双参数 u 和 v 的变化区域由参数平面上的一个矩形区域 $U_1\leqslant u\leqslant U_2, V_1\leqslant v\leqslant V_2$ 给出，则相应得到具有 4 条边界的曲面，即四边曲面。一般来说，除了奇点以外，定义曲面的参数域内的点 (u,v) 与曲面上的点 $\boldsymbol{R}(u,v)$ 构成一一对应的映射关系。

在参数曲面 $\boldsymbol{R}=\boldsymbol{R}(u,v)$ 上，如果固定其中一个参数如 $v=v_0$，则 $\boldsymbol{R}(u,v_0)$ 就成为单参数 u 的矢量值函数，其表示曲面上一条以 u 为参数的曲线，简称 u 线；同理，如果固定参数 $u=u_0$，则 $\boldsymbol{R}(u_0,v)$ 就成为单参数 v 的矢量值函数，其表示曲面上一条以 v 为参数的曲线，简称 v 线。由此可知，在参数曲面上存在两族等参数(Isoparametric)曲线，即一族 u 线和一族 v 线。

具体地说，在参数 u 的定义区间 $[U_1,U_2]$ 和参数 v 的定义区间 $[V_1,V_2]$ 上分别取分点：

$$u=u_1=U_1, u=u_2, u=u_3, \cdots, u=u_{K-1}, u=u_K=U_2 \tag{2.4}$$
$$v=v_1=V_1, v=v_2, v=v_3, \cdots, v=v_{S-1}, v=v_S=V_2$$

将得到等参数族 $\boldsymbol{R}(u_i,v), i=1,2,3,\cdots,K$ 和等参数线族 $\boldsymbol{R}(u,v_j), j=1,2,3,\cdots,S$，该两族相交的等参数线将张成一张参数曲面，称为张量积参数曲面，如图 2.8 所示。

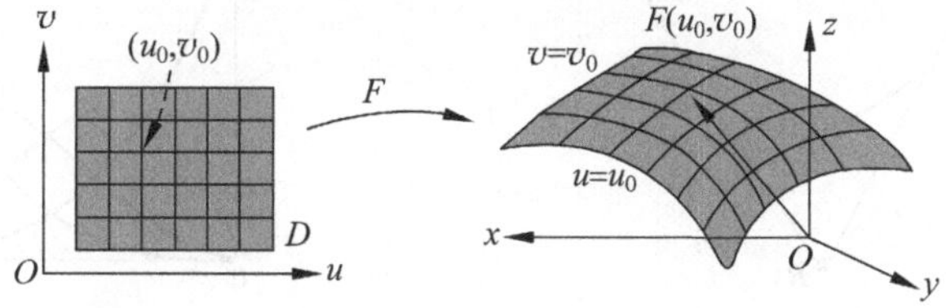

图 2.8 张量积参数曲面

为了讲述张量积参数曲面的性质，我们首先需要分析等参数曲线的性质，即分析单参数曲线的性质。在几何造型中，常用的参数曲线包括 Bézier 曲线、B-样条曲线和非均匀有理 B-样条(Non-Uniform Rational B-Spline, NURBS)曲线。

2.3.2 Bézier 曲线和 B-样条曲线

在图形学和计算机辅助设计中，为了便于造型和绘制，通常采用如下形式的参数曲线表示：

$$\boldsymbol{R}(t)=\sum_{i=0}^{n}\boldsymbol{R}_i N_{i,k}(t) \tag{2.5}$$

其中，$\boldsymbol{R}_i (i=0,1,2,\cdots,n)$ 称为控制顶点，控制顶点依次相连形成的折线称为控制多边形；$N_{i,k}(t)(i=0,1,2,\cdots,n)$ 称为基函数或混合函数，其形式为多项式或者有理多项式，k 为曲线次数。基函数通常满足：

$$N_{i,k}(t) \geqslant 0 \quad 且 \quad \sum_{i=0}^{n} N_{i,k}(t) \equiv 1 \tag{2.6}$$

满足式(2.6)的基函数所定义的参数曲线具有许多良好的性质，如直线再生性、控制多边形的凸包性等。下面介绍 3 种常用的参数曲线。

1. Bézier 曲线

Bézier 曲线采用由控制顶点序列组成的多边形来控制曲线的几何形状。它是由法国工程师 P. Bézier 于 20 世纪 50 年代在雷诺(Renault)汽车公司研究外形设计时率先提出的。后来，英国学者 A. R. Forrest 等改写了它的最初表达式，使曲线的表示更为直观和易于交互。

图 2.9 所示为一条三次 Bézier 曲线，$\boldsymbol{R}_0$、$\boldsymbol{R}_1$、$\boldsymbol{R}_2$、$\boldsymbol{R}_3$ 构成曲线的控制多边形。一般情况下，一条 n 次 Bézier 曲线可以表示为：

$$\boldsymbol{R}(t) = \sum_{i=0}^{n} \boldsymbol{R}_i B_{i,n}(t) \quad 0 \leqslant t \leqslant 1 \tag{2.7}$$

式(2.7)中，多项式$\{B_{i,n}(t)\}$称为 Bernstein 基函数，其定义如下：

$$B_{i,n}(t) = \mathrm{C}_n^i (1-t)^{n-i} t^i \tag{2.8}$$

其中，C_n^i 为二项式系数 $n!/(i!(n-i)!)$。

图 2.10 给出了 4 个三次 Bernstein 基函数示例，其满足 $\sum_{i=0}^{3} B_{i,3}(t) \equiv 1 (0 \leqslant t \leqslant 1)$。

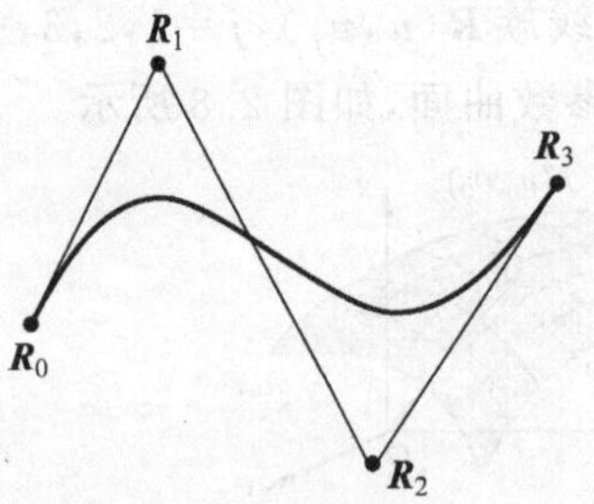

图 2.9　三次 Bézier 曲线及控制多边形

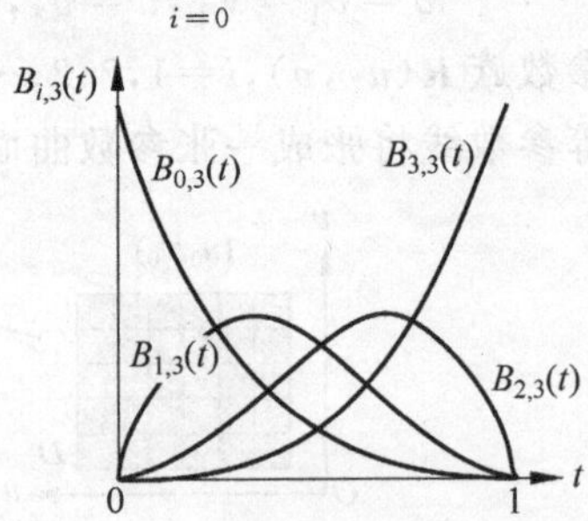

图 2.10　4 个三次 Bernstein 基函数

Bernstein 基函数具有良好的性质，据此可得到 Bézier 曲线的下列特点：

(1) 端点插值：$\boldsymbol{R}(0)=\boldsymbol{R}_0$，$\boldsymbol{R}(1)=\boldsymbol{R}_n$。

(2) 端点切向：$\boldsymbol{R}'(0)=n(\boldsymbol{R}_1-\boldsymbol{R}_0)$，$\boldsymbol{R}'(1)=n(\boldsymbol{R}_n-\boldsymbol{R}_{n-1})$。

(3) 对称性：$\sum_i \boldsymbol{R}_{n-i} B_{i,n}(t) = \sum_i \boldsymbol{R}_i B_{i,n}(t)$，即曲线的控制顶点的几何地位是对称的。

另外，Bézier 曲线位于控制多边形形成的凸包内，即具有凸包性；而且 Bézier 曲线定义是坐标无关的，它仅与控制多边形的形状有关，而与坐标系的选取无关，即具有几何不变性。因此，Bézier 曲线非常适合进行工程设计与绘制。图 2.11 分别给出了三次 Bézier 曲线和七次 Bézier 曲线示例。

然而，从 Bézier 曲线的定义可知，当移动一个控制顶点时，整条曲线的形状都会发生改变，这说明 Bézier 曲线不具有局部性。在实际应用中，经常需要对曲线的形状进行局部调整，希望移动一个控制顶点时，只影响该控制顶点附近区域内曲线的形状。下面介绍的

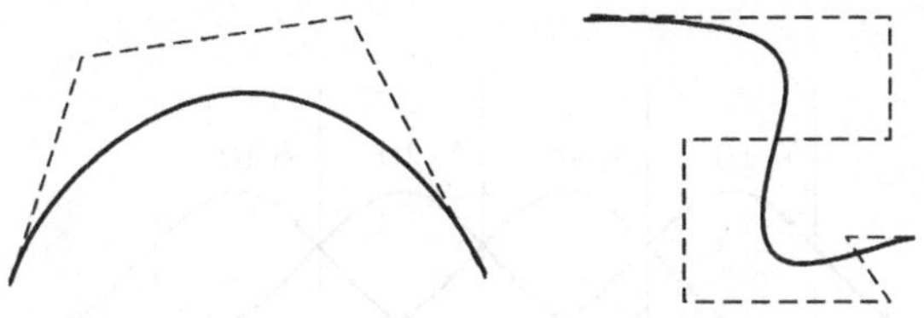

图 2.11　Bézier 曲线示例

B-样条曲线就具有这种性质。

2. B-样条曲线

B-样条曲线是分段连续的多项式曲线，下文以 u 表示曲线的参变量。与 Bézier 曲线的定义方式不同，除了控制顶点对结果曲线的影响外，B-样条曲线还与给定的节点向量密切相关。一条定义在节点向量$\boldsymbol{u}=(u_0,u_1,\cdots,u_i,\cdots,u_{n+k+1})$上的 k 次($k+1$ 阶)、具有$(n+1)$个控制顶点的 B-样条曲线为：

$$\boldsymbol{R}(u)=\sum_{i=0}^{n}\boldsymbol{R}_i N_{i,k}(u),\quad u\in[u_k,u_{n+1}] \tag{2.9}$$

其中，$\{\boldsymbol{R}_i\}$为控制顶点，$\{N_{i,k}(u)\}$为单位化的 B-样条基函数，它可以通过下面的递归定义得到：

$$\begin{cases} N_{i,0}(u)=\begin{cases}1 & \text{当 } u_i\leqslant u<u_{i+1}\\ 0 & \text{其他}\end{cases}\\ N_{i,k}(u)=\dfrac{u-u_i}{u_{i+k}-u_i}N_{i,k-1}(u)+\dfrac{u_{i+k+1}-u}{u_{i+k+1}-u_{i+1}}N_{i+1,k-1}(u)\end{cases} \tag{2.10}$$

在递推式(2.10)中，为防止除以零，若某一项分母为零，则该项为零。类似于 Bézier 曲线，B-样条曲线也具有凸包性和几何不变性。

不同于 Bézier 曲线，节点向量对 B-样条曲线的形状影响甚为重要。它实际上是一种局部曲线形状的权重控制。一般而言，在上述的 B-样条曲线定义中，给定节点向量 $\boldsymbol{u}=(u_0,u_1,\cdots,u_i,\cdots,u_{n+k+1})$，当调整两个相邻节点值 u_i 和 u_{i+1} 使之相接近时，对应的曲线段就会变得尖锐起来，而局部曲线更加靠近相应的控制多边形。反之，若调整两个相邻节点值使之彼此拉大差距，则对应的曲线段就会舒缓和圆滑起来，局部曲线形状会远离相应的控制多边形。进一步，当相邻两个节点取值相同时，则出现所谓的重节点。在重节点处，曲线的可微性降低。当曲线(2.9)的两个端节点的重复度是 $k+1$ 时，B-样条曲线具有类似于 Bézier 曲线的端点插值性质和端点切向性质；当 $n=k+1$ 时，B-样条曲线转换为 Bézier 曲线。

当节点均匀等距分布时，所构造的曲线称为均匀 B-样条曲线。根据递推式(2.10)容易验证，当选取节点向量 $\boldsymbol{u}=(-3,-2,-1,0,\cdots,n)$时，二次(三阶)均匀 B-样条曲线表达式为：

$$\boldsymbol{R}(u)=\frac{1}{2}\begin{pmatrix}1 & (u-i) & (u-i)^2\end{pmatrix}\begin{pmatrix}1 & 1 & 0\\ -2 & 2 & 0\\ 1 & -2 & 1\end{pmatrix}\begin{pmatrix}\boldsymbol{R}_i\\ \boldsymbol{R}_{i+1}\\ \boldsymbol{R}_{i+2}\end{pmatrix},\quad \begin{matrix}u\in[i,i+1]\\ i=0,1,\cdots,n-1\end{matrix} \tag{2.11}$$

图 2.12 给出了 4 个二次(三阶)均匀 B-样条基函数示例，其满足 $\sum_{i=0}^{3}N_{i,3}(t)\equiv 1(1\leqslant t\leqslant 5)$。

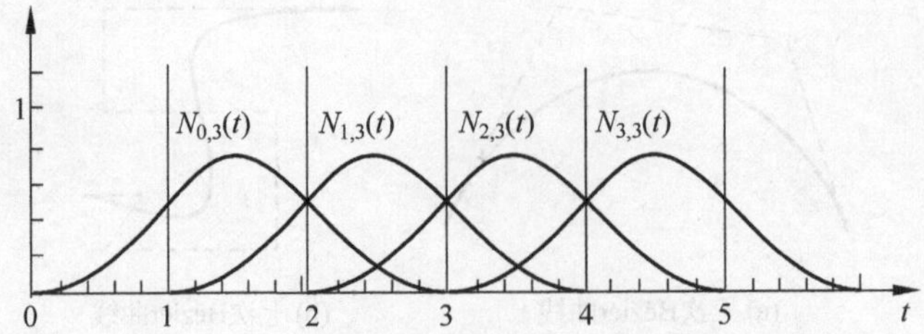

图 2.12 4 个二次(三阶)均匀 B-样条基函数

当选取节点向量 $\boldsymbol{u}=(-4,-3,-2,-1,0,\cdots,n)$ 时,可构造三次(四阶)均匀 B-样条曲线:

$$\boldsymbol{R}(u)=\frac{1}{6}\begin{pmatrix}1 & (u-i) & (u-i)^2 & (u-i)^3\end{pmatrix}\begin{bmatrix}1 & 4 & 1 & 0\\ -3 & 0 & 3 & 0\\ 3 & -6 & 3 & 0\\ -1 & 3 & -3 & 1\end{bmatrix}\begin{bmatrix}\boldsymbol{R}_i\\ \boldsymbol{R}_{i+1}\\ \boldsymbol{R}_{i+2}\\ \boldsymbol{R}_{i+3}\end{bmatrix}$$

$$u\in[i,i+1] \qquad (2.12)$$

$$i=0,1,\cdots,n-1$$

注意,定义一条 k 次($k+1$ 阶)、具有($n+1$)个控制顶点的均匀 B-样条曲线需要 $n+k+2$ 个节点值。

与 Bézier 曲线相比,B-样条曲线的最大优点是其具有局部性,即当移动一个控制顶点时,只会影响曲线的一部分,而不是整条曲线。图 2.13 显示的是一条三次 B-样条曲线的局部性质。

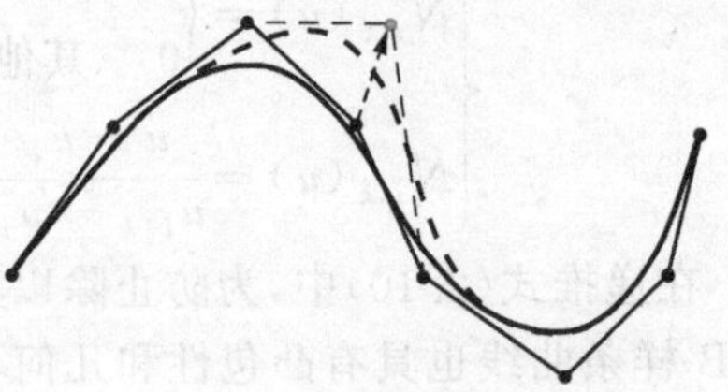

图 2.13 三次 B-样条曲线的局部性质

虽然 B-样条曲线具有强大的外形描述功能,但是它不能精确描述二次曲面与平面的交线,如圆锥曲线等。为此,有必要引入描述能力更强的曲线——NURBS 曲线。NURBS 曲线以 B-样条曲线为特例,其不仅具有 B-样条曲线的形状局部修改性质,同时由于引入了权因子,从而为曲线形状设计和造型提供了更多的灵活性。

2.3.3 Bézier 曲面和 B-样条曲面

由 2.3.1 节可知,在计算机图形学和几何造型中常用的参数曲面为张量积形式,其可以描述为:

$$\boldsymbol{R}(u,v)=\sum_{i=0}^{n_u}\sum_{j=0}^{n_v}\boldsymbol{R}_{ij}N_{i,k_u}(u)N_{j,k_v}(v) \qquad (2.13)$$

其中,$N_{i,k_u}(u)$、$N_{j,k_v}(v)$ 称为张量积基函数或混合函数,它的形式一般为多项式或者有理多项式,$k_u\times k_v$ 为曲面次数,$n_u\times n_v$ 为控制顶点的个数。控制顶点 $\{\boldsymbol{R}_{ij}\}$ 依次相连形成矩形控制网格。类似于曲线情形,控制网格大致反映了曲面的形状。下面介绍 Bézier 曲面、B-样条曲面以及 NURBS 曲面。

1. Bézier 曲面

Bézier 曲面是 Bézier 曲线的张量积形式推广。一个 $m\times n$ 次的 Bézier 曲面可以表示为：

$$\boldsymbol{R}(u,v)=\sum_{i=0}^{m}\sum_{j=0}^{n}\boldsymbol{R}_{ij}B_{i,m}(u)B_{j,n}(v) \tag{2.14}$$

其中，$B_{i,m}(u)$和 $B_{j,n}(v)$为 Bernstein 基函数，其定义见式(2.8)。

图 2.14 给出了一张 3×3 次的 Bézier 曲面示例。

类似于曲线情形，可以通过编辑 Bézier 曲面控制顶点来实现对曲面形状的修改。Bézier 曲面在 4 个角点处具有一些良好的性质：

首先，曲面通过 4 个角点处的控制顶点，即：

$$\begin{aligned}&\boldsymbol{R}(0,0)=\boldsymbol{R}_{00}\quad \boldsymbol{R}(1,0)=\boldsymbol{R}_{m0}\\&\boldsymbol{R}(0,1)=\boldsymbol{R}_{0n}\quad \boldsymbol{R}(1,1)=\boldsymbol{R}_{mn}\end{aligned} \tag{2.15}$$

图 2.14 双三次 Bézier 曲面

其次，在角点处曲面与控制多边形相切，以参数(0,0)处为例：

$$\boldsymbol{R}_u(0,0)=m(\boldsymbol{R}_{10}-\boldsymbol{R}_{00})\quad \boldsymbol{R}_v(0,0)=n(\boldsymbol{R}_{01}-\boldsymbol{R}_{00}) \tag{2.16}$$

此外，类似于 Bézier 曲线的情形，可以用加密的控制网格来逼近显示 Bézier 曲面。

与 Bézier 曲线相似，Bézier 曲面的弱点在于不具有形状调控的局部性：当移动一个控制顶点的位置时，整个曲面的形状会发生改变，这对于外形设计是很不方便的。B-样条曲面可以较好地解决这个问题。

2. B-样条曲面

B-样条曲面是B-样条曲线的张量积形式推广，所以一张 B-样条曲面的定义是与两个节点向量相关的。一个次数为 $k_u \times k_v$、控制顶点个数为$(n_u+1)\times(n_v+1)$、定义在如下两个节点向量$\boldsymbol{u}=(u_0,u_1,\cdots,u_i,\cdots,u_{n_u+k_u+1})$和$\boldsymbol{v}=(v_0,v_1,\cdots,v_j,\cdots,v_{n_v+k_v+1})$上的B-样条曲面为：

$$\boldsymbol{R}(\boldsymbol{u},\boldsymbol{v})=\sum_{i=0}^{n_u}\sum_{j=0}^{n_v}\boldsymbol{R}_{ij}N_{i,k_u}(\boldsymbol{u})N_{j,k_v}(\boldsymbol{v}) \tag{2.17}$$

其中，$\{\boldsymbol{R}_{ij}\}$为控制顶点；$N_{i,k_u}(\boldsymbol{u})$和 $N_{j,k_v}(\boldsymbol{v})$分别为定义在节点向量 $\boldsymbol{u}$ 和 $\boldsymbol{v}$ 上的规范化 B-样条基函数，它们的定义如式(2.10)。

当节点向量 $\boldsymbol{u}$ 和 $\boldsymbol{v}$ 在端点处分别取 k_u+1 和 k_v+1 重节点时，B-样条曲面具有类似于 Bézier 曲面的角点插值性质。如图 2.15 所示，图中采用了 6×6 个控制顶点构造 3×3 片双三次曲面。图 2.15(a)采用了均匀节点向量 $\boldsymbol{u}=\boldsymbol{v}=[-4,-3,-2,-1,0,1,2,3,4,5]$，所构造的曲面并不插值角点。图 2.15(b)所示为一个双三次、具有角点插值性质的 B-样条曲面，采用了具有端点处 4 阶重节点的节点向量 $\boldsymbol{u}=\boldsymbol{v}=[0,0,0,0,1,2,3,3,3,3]$构造角点插值的曲面。图 2.15(c)采用了与图 2.15(b)相同的节点向量，扰动顶点 $\boldsymbol{R}_{44}$ 的位置后，其形状变化的曲面的右上角区域局限于变动顶点的邻域中。

与 Bézier 曲面相比，B-样条曲面的最大优点是：当移动某个控制顶点时，曲面的变化是局部的，参见图 2.15(c)，可支持用户对曲面形状的局部修改。给定次数的 Bézier 曲面的控制顶点个数是确定的。如果想要描述复杂的曲面形状，只能升高曲面的次数或者用多片 Bézier 曲面光滑拼接起来，这在实际应用中会增大计算量并使算法变得复杂。而 B-样条曲面可以较好地解决这个问题，对于给定的曲面次数，B-样条曲面的控制顶点数目可根据曲面

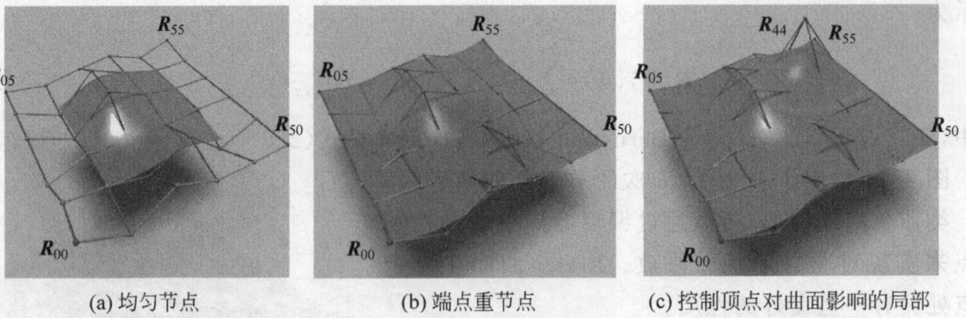

图 2.15 双三次 B-样条曲面

的形状由用户决定，与此同时，可保持曲面处处光滑。实际上，B-样条曲面可以看作无重节点的多片 Bézier 曲面的光滑连接，因此在曲面造型方面具有更大的灵活性。

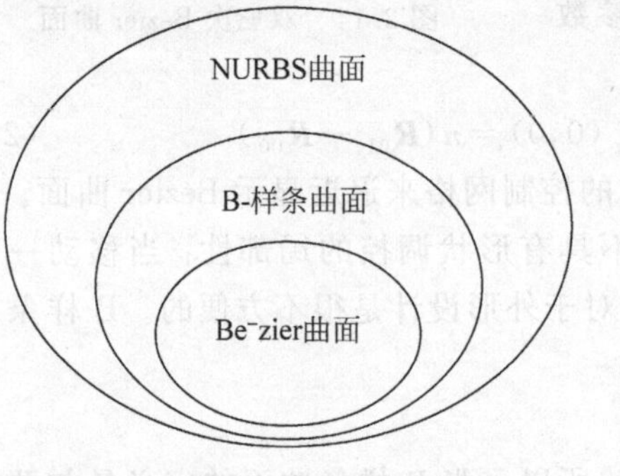

图 2.16 三种参数曲面之间的关系

但是 B-样条曲面亦有不足。例如，它不能精确表示常用的二次曲面，即便是一个简单的球面。为此，需引入 NURBS(非均匀有理 B-样条)曲面。与 B-样条曲面相比，NURBS 曲面增加了权因子作为形状控制手段。由于 NURBS 曲面的定义中包含 B-样条曲面和 Bézier 曲面，如图 2.16 所示，并且可以精确表示机械零件中常用的二次曲面，因此在 1991 年国际颁布的工业产品几何定义 STEP 标准中，自由曲线曲面采用 NURBS 表示方法。

NURBS 方法在计算机辅助设计(CAD)、计算机辅助制造(CAM)和计算机图形学领域得到了越来越广泛的应用，这是因为，正如 Piegl 所概括的那样，其具有如下优点：

(1) NURBS 方法为标准解析形状(如球面、圆柱面、圆锥面等)和自由型曲面的精确表示与设计提供了一个统一的数学表示形式，因而一个统一的数据库就能够存储这两类形状信息。

(2) 在形状设计中，NURBS 方法提供了操纵控制顶点和调整权因子等多种手段，从而为形状造型和设计提供了充分的灵活性。NURBS 方法计算稳定且高效。

(3) NURBS 表示具有明显的几何解释。

(4) NURBS 方法具有强有力的几何配套技术，如节点插入技术、曲面剖分技术、曲面升阶技术等，能用于形状设计、分析与处理等各个环节。

(5) NURBS 表示在平移、旋转、缩放以及平行投影和透视投影变换下保持不变。

(6) NURBS 表示是非有理 B-样条形式的推广，同时也是有理和非有理 Bézier 形式的推广。

2.4 细分曲面

细分曲面(Subdivision Surface)又称子分曲面或剖分曲面。它实际是基于一组拓扑规则和几何规则对初始多边形网格递归地剖分其极限形式构成的曲面。

该方法最早可追溯至 1950 年左右 G. de Rham 用以描述光滑曲线的割角细分思想。1974 年，G. Chaikin 基于这一思想提出了一个曲线生成方法——Chaikin 算法。而后，E. Catmull 和 J. Clark 于 1978 年由双三次均匀 B-样条曲面的递推性质生成了任意拓扑网格上的 Catmull-Clark 细分曲面。同期，D. Doo 和 M. Sabin 对双二次均匀 B-样条曲面细分方法进行了推广，提出了 Doo-Sabin 细分曲面，如图 2.17 所示。Dyn 与 Levin 等基于四点插值曲线构造方法提出了蝶形细分规则。Loop 则在稍后提出了适用于三角网格的 Loop 型细分曲面方法，该方法是 Box-样条的推广。

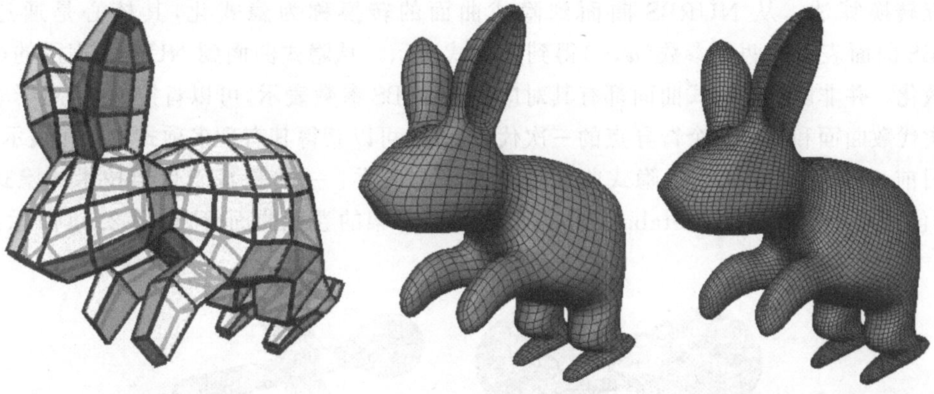

(a) 原始控制网格　(b) 细分两次之后的网格模型　(c) 细分三次之后的网格模型

图 2.17　Doo-Sabin 曲面示例

细分方法经过多年发展，在细分规则的构造、细分曲面性质分析及其在多分辨率表示中的应用等方面的研究都取得了极大的进展，已经成为图形学的一个标准造型技术，并被工业界广泛接受。例如，Maya、Softimage、Pixar Renderman 等一些著名的 3D 造型与绘制系统都提供了细分曲面功能支持。

2.5　隐式曲面

虽然 NURBS 曲面具有强大的外形描述功能，但是在构建物体表示时，有时仍然感到不方便。例如，用 NURBS 精确地表示一个单位球面时，需要指定一组特殊的节点向量、权值和控制顶点，此外在球面的两个极点处会发生退化情形。实际上，由空间解析几何，一个球面可以简单地表示为：

$$x^2+y^2+z^2=1 \tag{2.18}$$

不难发现，球面的这种表示方法与参数表示之间有一个本质区别：NURBS 表示是显式的，而式(2.18)的表示是隐式的。一般情况下，隐式曲面可记为：

$$\{(x,y,z):f(x,y,z)=0\} \tag{2.19}$$

它表示的曲面由满足 $f(x,y,z)=0$ 的点组成。其中 $f(x,y,z)$ 称为隐式函数，它可以是任意形式的数学表达式，也可以是过程定义的函数。式(2.19)是定义在三维空间中的一个二维曲面。当 $f(x,y,z)$ 为多项式函数时，隐式曲面也称为代数曲面。

与基于参数表示的 NURBS 曲面相比，隐式曲面有许多优点。隐式曲面可以表示具有复杂拓扑的形状，而 NURBS 曲面只能表示拓扑等价于矩形的四边曲面；隐式曲面比

NURBS 曲面更适合进行曲面布尔运算、曲面光线跟踪显示、点集判断等。

不过，隐式曲面也具有一些缺点。首先，隐式曲面表示不直观，难以对外形进行交互修改。而 NURBS 曲面的节点向量、权值和控制顶点均可以作为曲面外形的控制手段，而且非常直观。其次，隐式曲面没有边界，而 NURBS 曲面具有显式的边界。此外，难以对隐式曲面进行剖分和多边形逼近，而 NURBS 曲面容易通过对参数空间的剖分实现对曲面的剖分，生成曲面的逼近多边形表示，进而进行绘制。

正是由于隐式曲面和 NURBS 曲面之间具有互补的特性，因此很多学者研究两者之间的相互转换算法。从 NURBS 曲面到隐式曲面的转换称为隐式化，其核心是通过消除 NURBS 曲面表示的两个参数(u,v)得到其隐式表示。从隐式曲面到 NURBS 表示的过程称为参数化。并非所有的隐式曲面都有其对应的 NURBS 参数表示，可以肯定的是，对于非退化的二次代数曲面和具有一个奇异点的三次代数曲面，可以获得其有理多项式参数化表示。

目前，在图形学中常用的隐式曲面造型技术有两类：一类是基于骨架技术的隐式曲面造型，包括基于点骨架的 Metaball 方法，以及基于骨架的卷积曲面等，如图 2.18 所示。

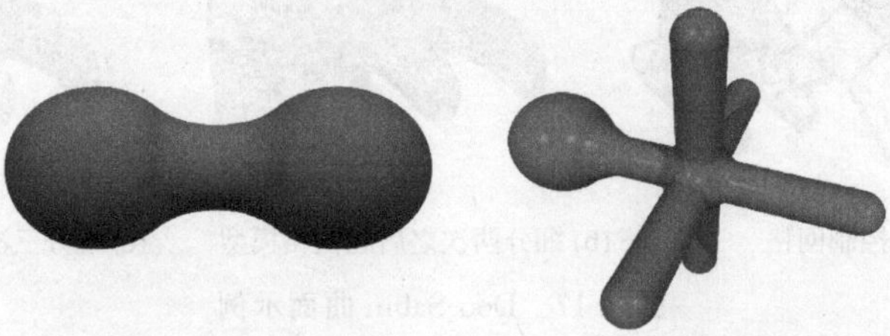

图 2.18　基于点骨架的 Metaball 以及基于直线骨架的隐式曲面

另一类是代数曲面片造型，包括二次代数曲面、A-Patch 方法等，如图 2.19 所示。

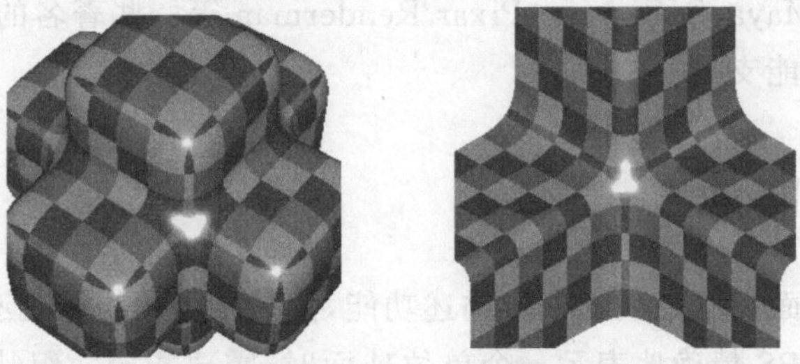

图 2.19　代数曲面片造型

隐式曲面的绘制方法主要有两类：多边形化和光线跟踪算法。由于目前所有的绘制系统都直接支持多边形的显示，因此多边形化是显示隐式曲面的主要方法。多边形化的核心思想是用线性的平面多边形去逼近复杂的隐式曲面，典型的算法是 Marching Cube 方法。但要想生成高质量的隐式曲面图像，需要采用光线跟踪算法，这将在后续章节予以介绍。

2.6 物体的 CSG 树表示

物体的多边形、参数以及隐式曲面表示是一种边界表示方法。在图形学和 CAD/CAM 中，为了更直观地表示一个机械零件的构形，常采用物体的 CSG(Constructive Solid Geometry) 树表示。在 CSG 树表示中，定义了一些形状简单、规则的物体，如长方体、圆柱、球、圆锥等，作为构形的基本单元,称为体素。形状复杂的物体可通过对所选取的基本体素施行一系列几何操作得到。与边界表示相比,CSG 树表示的不仅仅是物体的外表面,而且包括物体的内部。

在 CSG 树中,树的叶节点为一些几何体素,中间节点存储的是用户选定的几何操作,这里几何操作包括布尔运算、几何变换等。所以,CSG 树表示不但定义了物体的外形,而且记录了造型的过程。这样,物体的生成和表示就统一起来了。图 2.20 所示的是由 3 个基本体素构建复杂物体 CSG 树表示的过程。

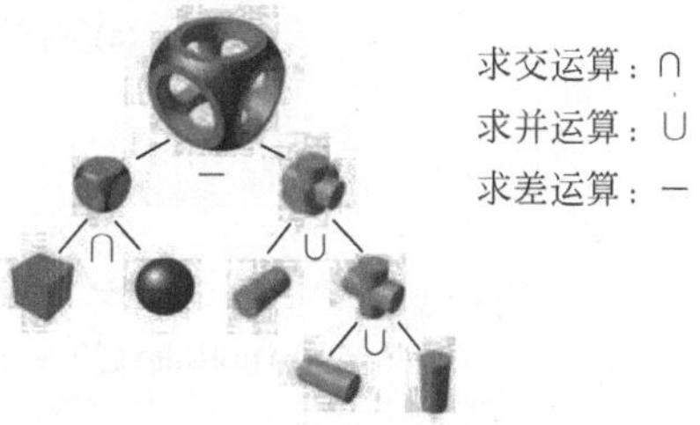

图 2.20 CSG 树表示的例子

物体的 CSG 树表示也有缺点。首先,CSG 树的绘制很耗时;其次,CSG 树是一种结构化表示,物体的局部外形修改很难通过布尔运算来实现。为了克服这些缺点,很多造型系统将物体的边界表示和布尔运算结合起来,形成一种介于边界表示和 CSG 实体表示之间的混合表示方法。

2.7 自然景物表示方法

前面介绍了一些物体的几何造型方法,然而,现实世界中有许多自然现象难以用上述几何物体描述,如山、树木、火焰、云等。它们要么具有丰富的细节,要么具有动态变化的形状,需要用新的造型手段描述自然场景。与具有通用性的多边形和曲面表示不同,不同的自然景物有不同的造型方法。本节将简要介绍描述地貌的分形模型、描述植物生长的 L-系统和描述动态景象的粒子系统。

1. 分形模型

分形(Fractal)有两个主要特征:自相似性和无穷细节性。所谓自相似性,就是分形物体的任何一个部分都和物体整体具有某种程度的相似。Koch 雪花曲线是一个典型的例子,如图 2.21 所示。每次迭代,曲线上的每一根线段均被缩小的原始曲线所代替。这样无论进行多少次迭代,所得到的曲线的每一个部分都具有原始曲线的特征。无穷细节指当无限地放大分形物体时,物体的每一个局部总是含有细节,而不是像欧氏空间的物体那样最终呈现出光滑性。

分形的这两个特征被证明非常适合描述自然界中具有不规则形态的景物和现象。下面介绍一种用分形方法生成山的算法。为了简化起见,先介绍一维的分形算法。假设初始直线段位于 x 轴上,如图 2.22(a)所示,记(x_i,y_i)、(x_{i+1},y_{i+1})为直线段的两个端点。如果将线段在中点剖分并将中点沿 y 方向移动一段距离,则剖分后新生成的点(x_{new},y_{new})为:

$$x_{new}=\frac{1}{2}(x_i+x_{i+1})$$

$$y_{new}=\frac{1}{2}(y_i+y_{i+1})+P(x_{i+1}-x_i)\mathrm{Random}(x_{new}) \tag{2.20}$$

其中,Random(•)为一个介于 0 和 1 的随机数,P(•)为一个控制随机量大小的函数。将剖分生成的新点与原直线段的两个端点连接,用折线取代原来的直线段。对折线上的每一

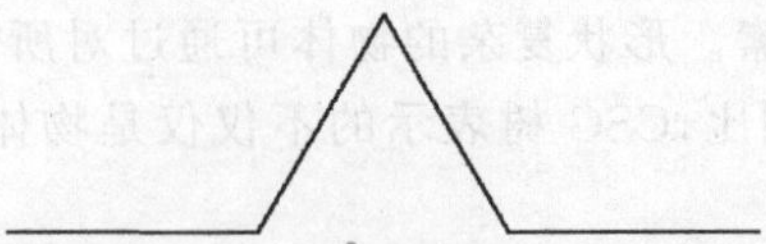

(a) 直线线段的中间部分形变为折线段

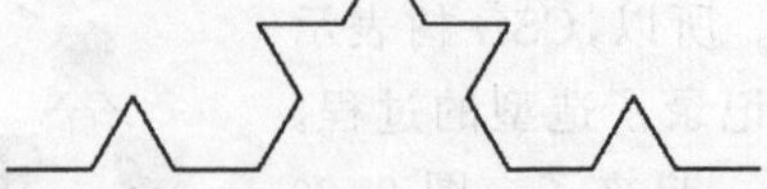

(b) (a)中曲线的每一个线段的中间被1/3大小的原始曲线所替代

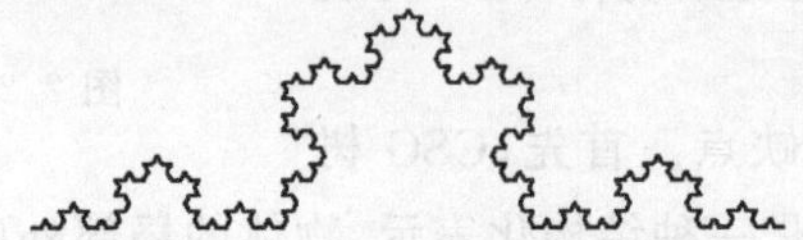

(c) (b)中曲线的每一个线段又是中间曲线的一种缩小后的替代

图 2.21 Koch 雪花曲线

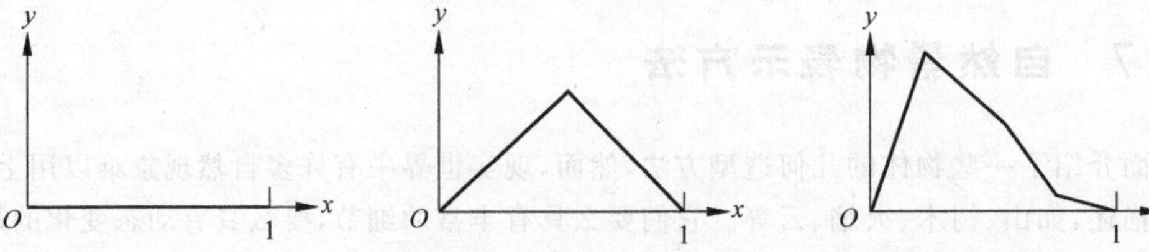

(a) 在x轴上的直线段　(b) 直线段的中点沿y方向移动一个随机量　(c) 进一步迭代的结果

图 2.22 一维分形山的生成过程

个直线段递归应用上述算法，即可生成一条分形曲线。二维分形算法可进行类似设计。以三角形为例，每一次剖分均产生 4 个新的三角形。剖分过程如图 2.23 所示。

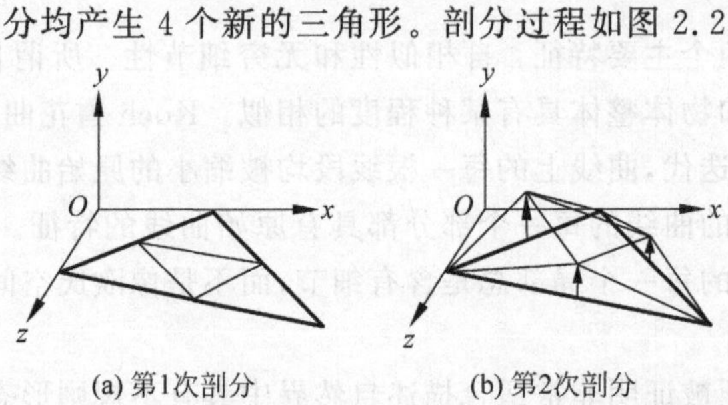

(a) 第1次剖分　(b) 第2次剖分

图 2.23 三角片的剖分

理论上，分形模型包含无限步的迭代；在实际应用中，经过有限步的迭代后，就可以生成在视觉上较为满意的结果。图 2.24 为一个通过分形迭代得到的山的造型。

图 2.24 用分形方法生成的山模型

2. L-系统

基于语法规则的 L-系统通常用于植物模拟。L-系统造型的核心是语法规则与字符解释，对所给字符根据语法规则进行迭代，可生成新的字符串，每次迭代结果称为一代。然后将字符串中的字符解释为适当的几何体素，就可以得到一个基于语法规则生成的物体。下面给出一个简单的例子。假设字符集中有：

$$\{A,B,[,],(,)\}$$

制定语法规则如表 2.1 所示。

表 2.1　字符 *A* 与 *B* 的迭代规则

序　号	规　则	序　号	规　则
1	$A \rightarrow AA$	2	$B \rightarrow A[B]AA(B)$

那么如果以 A 为初始字符，通过迭代得到的结果是 A，AA，$AAAA$，…；如果初始字符是 B，则迭代结果更加复杂，它的 1 代和 2 代结果如表 2.2 所示。

表 2.2　字符 *B* 的 1 代与 2 代迭代结果

序　号	字 符 串
0	B
1	$A[B]AA(B)$
2	$AA[A[B]AA(B)]AAAA(A[B]AA(B))$

若对上述字符集中的字符赋予具体的几何含义，例如 A 表示一个主干，B 表示一个分支，[]表示分支向左 45°，()表示分支向右 45°，就可以得到如图 2.25 所示的结果。

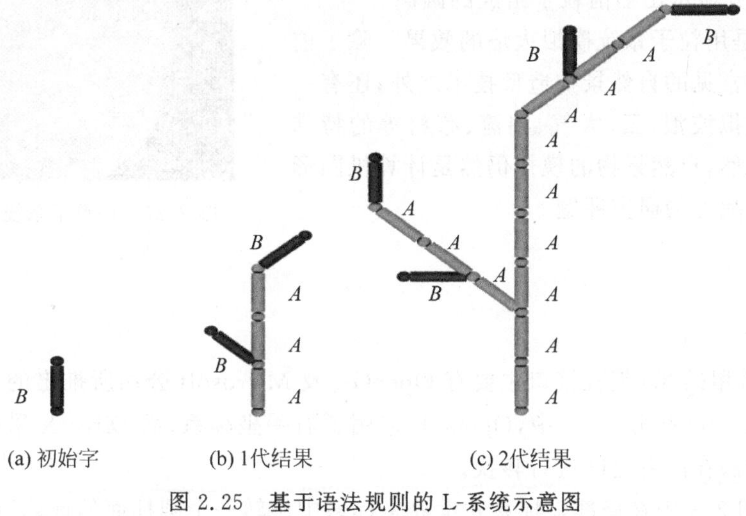

图 2.25　基于语法规则的 L-系统示意图

在运用 L-系统进行植物模拟时，不同“代”中的同一字符虽表示同一类对象，但其几何参数允许不同。例如，在(n+1)代的树枝要比 n 代的树枝细一些、短一些，在终止节点处赋予树叶和花朵等。通过设计不同的语法规则和字符解释集，可以构造出造型各异的树木和花草。图 2.26 就是采用 L-系统生成的例子。

3. 粒子系统

火、雾、烟、焰火等的外形随时间而变化，对于这类具有模糊、不确定外形的景物的模拟，粒子系统无疑是最成功的。粒子系统是由一组随时间变化的粒子组成的，粒子的变化由某种随机统计规律控制。随着时间的变化有可能产生新的粒子，可能获得新的属性，部分粒子

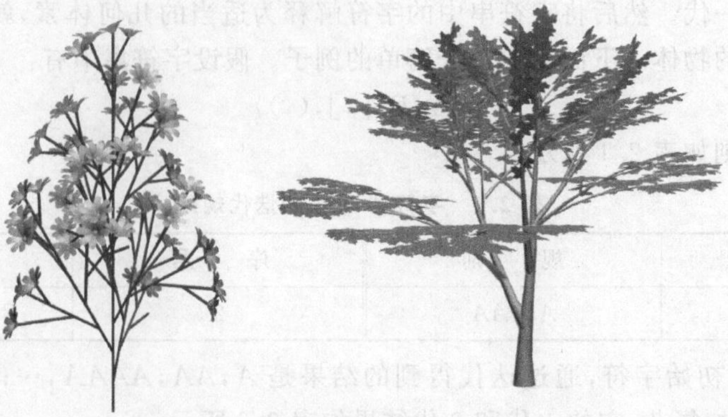

图 2.26 采用 L-系统生成的花草和树木

因生存期结束可能消失。粒子总是按照确定的或者随机的运动规律进行移动。所以，粒子系统是一个动态变化的系统，生成其中一瞬间的画面的步骤如下：

(1) 产生新的粒子并加入系统中。

(2) 赋予每一个新粒子一定的属性。

(3) 删除那些已经超过其生命周期的粒子。

(4) 根据粒子的运动属性对粒子进行移动和变换。

(5) 绘制并显示出当前粒子组成的画面。

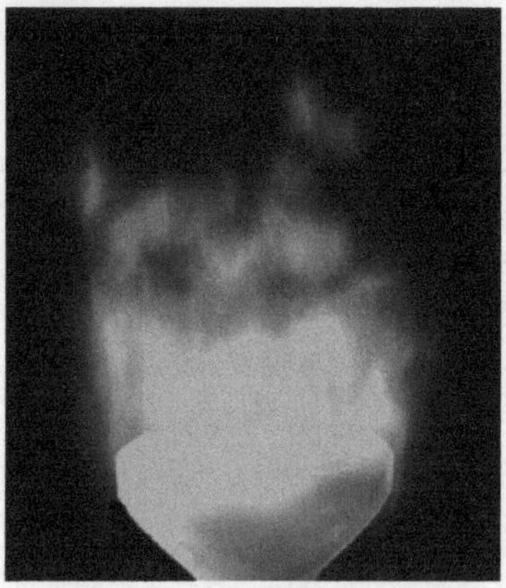

图 2.27 用粒子系统模拟火焰

图 2.27 是用粒子系统模拟火焰的效果。除了前面介绍的 3 种常见的自然景物造型技术之外，还有一些专门用以模拟波浪、云、大气、湍流、布料等的特殊造型方法。显然，自然景物的模拟仍然是计算机图形学中最富有挑战性的研究课题。

习题

1. 目前常用的 3D 编程接口主要有 OpenGL 及 Microsoft 公司所推出的 DirectX(主要是其中的 Direct3D 部分)。其中，OpenGL 采用了右手坐标系，而 DirectX 采用了左手坐标系。试设计方法在两者之间进行转换。

2. 给出图 2.3 中在局部坐标系和世界坐标系中旋转一个圆柱面的计算过程。

3. 采用 2.2 节中的多边形表示方法，具体写出一个单位正方体的表示数据。

4. 列举参数曲面和隐式曲面表示之间的不同点以及各自的优缺点。

5. 写出二次和三次 Bézier 曲线的具体表达式。根据 Bézier 曲线的特性，试分析三次 Bézier 曲线 4 个控制顶点的作用。

6. 将一条三次 Bézier 曲线转换为三次均匀 B-样条曲线。

7. 在 B-样条曲线中，重节点和重顶点方法都能做到顶点插值的效果。试以三次 B-样条曲线为例，比较两种方法的区别。

8. 写出二次和三次均匀 B-样条曲线的 de Boor-Cox 算法。

9. 写出双三次 Bézier 曲面的表达式。试分析如何将两张双三次 Bézier 曲面沿着 u 参数方向光滑地拼接在一起。

10. 超立方体是图形学中的常用形体，可用以下隐函数方式表达：

$$|x|^p+|y|^p+|z|^p=1$$

其中，$p>0$ 为形状指标。

(1) 分析 p 取值不同的情况下，超立方体的形状变化。

(2) 给出直线与超立方体的求交方法。

11. 为利用 L-系统构造二维的植物造型，给出表 2.3 的语法规则。

表 2.3　字符 A 与 B 的迭代规则

序　号	规　则	序　号	规　则
1	$A \rightarrow AA$	3	$C \rightarrow A[B]A(C)A$
2	$B \rightarrow A[C]A(B)A$		

(1) 如果初始字符是 B，请写出其 2 代结果。

(2) 若对上述字符集中的字符赋予具体的几何含义，令 A 表示一个单位长度的主干，B 和 C 表示两种分支，[]表示分支向左 45°，()表示分支向右 45°，试画出其 2 代结果。

12. 用粒子系统方法编程实现烟花的效果。

第 3 章 变换与裁剪

CHAPTER 3

变换和裁剪是计算机图形学基本的操作。变换包括造型变换和取景变换，前者通过平移、旋转、缩放等手段将物体置于场景空间中的给定位置，并获得所需的形状；后者将场景中的景物变换到当前视点为原点、视线方向为 z 轴的摄像机坐标系中。裁剪又分为二维裁剪和三维裁剪，通常指去除位于显示窗口之外不可见的场景部分，以提高场景绘制的效率。

3.1 二维变换

二维图形变换主要有 3 类，即平移、旋转和缩放。将一个二维点 $P(x,y)$ 平移 (t_x, t_y) 后得到新点 $P'(x',y')$，其计算公式为：

$$\begin{pmatrix} x' \\ y' \\ 1 \end{pmatrix} = \begin{pmatrix} 1 & 0 & t_x \\ 0 & 1 & t_y \\ 0 & 0 & 1 \end{pmatrix} \begin{pmatrix} x \\ y \\ 1 \end{pmatrix} \tag{3.1}$$

类似地，将 $P(x,y)$ 绕坐标原点按逆时针方向旋转 θ 角，记旋转后的新位置为 $P'(x', y')$，则：

$$\begin{pmatrix} x' \\ y' \\ 1 \end{pmatrix} = \begin{pmatrix} \cos\theta & -\sin\theta & 0 \\ \sin\theta & \cos\theta & 0 \\ 0 & 0 & 1 \end{pmatrix} \begin{pmatrix} x \\ y \\ 1 \end{pmatrix} \tag{3.2}$$

同样，经过缩放变换后，$P(x,y)$ 的新位置为：

$$\begin{pmatrix} x' \\ y' \\ 1 \end{pmatrix} = \begin{pmatrix} s_x & 0 & 0 \\ 0 & s_y & 0 \\ 0 & 0 & 1 \end{pmatrix} \begin{pmatrix} x \\ y \\ 1 \end{pmatrix} \tag{3.3}$$

其中，s_x 和 s_y 分别为 x 和 y 分量的缩放量。为叙述方便，通常记上述平移、旋转和缩放矩阵为 $\boldsymbol{T}$、$\boldsymbol{R}$ 和 $\boldsymbol{S}$。

对物体进行上述 3 种变换时，变换次序是非常重要的。不同的变换次序会得到不同的变换结果。虽然上述 3 种变换不具有交换性，但是它们具有结合性。记 $\boldsymbol{A}$、$\boldsymbol{B}$ 和 $\boldsymbol{C}$ 为 3 个二维变换，结合性可以表示为：

$$\boldsymbol{ABC} = (\boldsymbol{AB})\boldsymbol{C} = \boldsymbol{A}(\boldsymbol{BC}) \tag{3.4}$$

在上述 3 个变换矩阵的基础上，通过变换的组合可以得到很多特殊的二维复合变换，如对称、剪切、刚体变换、仿射变换等。

3.2 三维变换

典型的三维变换流程如图 3.1 所示。场景造型在场景坐标系中实现，这里场景坐标系包括局部坐标系和世界坐标系。通常复杂的物体可以分解为若干形状规则的构形单元的组合，这些构形单元在它们各自的局部坐标系中具有简单的几何表示形式。这里局部坐标系可以是多层次的。然后通过造型变换将定义在不同局部坐标系中的景物变换到世界坐标系中组成整个场景。上述过程在场景造型阶段完成。场景造型完成后，用户指定照相机的位置、朝向，建立一个视点坐标系，然后通过取景变换将定义在世界坐标系中的场景变换到视点坐标系中。在视点坐标系中，需要根据当前视域和视线方向对场景进行裁剪和背面剔除。完成上述处理后，位于视点坐标系的场景被投影到视窗内部，这里视窗通常是一个二维矩形区域。再通过设备变换将视窗中的物体坐标变换到标准设备坐标，最后通过一个简单的二维视窗变换将设备坐标变换到以像素为单位的屏幕坐标系中。上述各种坐标系的示意图如图 3.2 所示。

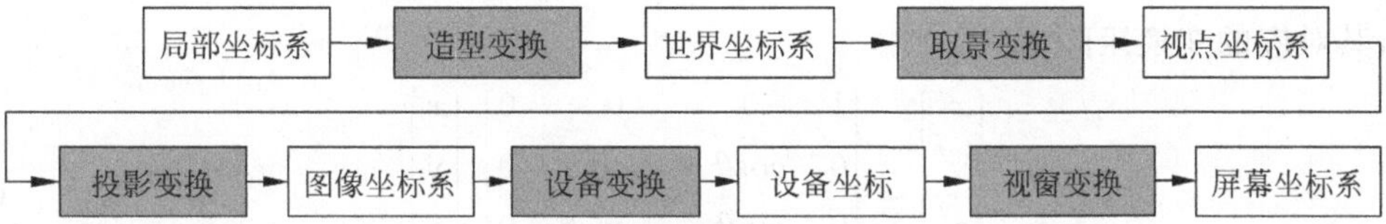

图 3.1　三维变换的流程图

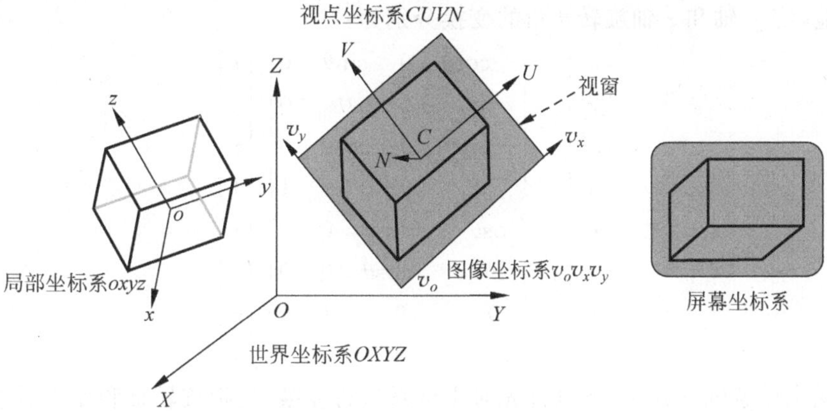

图 3.2　三维变换中的各种坐标系

3.2.1 场景坐标系和造型变换

要构造一个场景，首先需要建立一个世界坐标系，场景中的物体的形状和相对方位由它们在世界坐标系中的坐标所确定。为造型方便，物体的形状通常在各自的局部坐标系中定义。例如一个圆柱体，如果取它的轴线方向和某个坐标轴重合，那么它的定义就会变得十分简单。在具体应用中，可以首先在局部坐标系中定义一个标准圆柱体，然后通过三维几何变换得到所需要的位置和形状。显然，场景坐标系中的造型变换均为三维几何变换。

与二维情形相似，基本的三维几何变换为平移、旋转和缩放。为了统一起见，采用空间齐次坐标表示变换。记 $\boldsymbol{T}$ 为平移变换，平移量为 (t_x, t_y, t_z)，假设 $P(x,y,z)$ 为一空间点，$P(x',y',z')$ 为经过三维变换后的对应点，那么对应的平移变换可以表示为：

$$\begin{bmatrix} x' \\ y' \\ z' \\ 1 \end{bmatrix} = \begin{bmatrix} 1 & 0 & 0 & t_x \\ 0 & 1 & 0 & t_y \\ 0 & 0 & 1 & t_z \\ 0 & 0 & 0 & 1 \end{bmatrix} \begin{bmatrix} x \\ y \\ z \\ 1 \end{bmatrix} \tag{3.5}$$

记 $\boldsymbol{S}$ 为缩放变换，缩放因子为 (s_x, s_y, s_z)，那么对应的变换可表示为：

$$\begin{bmatrix} x' \\ y' \\ z' \\ 1 \end{bmatrix} = \begin{bmatrix} s_x & 0 & 0 & 0 \\ 0 & s_y & 0 & 0 \\ 0 & 0 & s_z & 0 \\ 0 & 0 & 0 & 1 \end{bmatrix} \begin{bmatrix} x \\ y \\ z \\ 1 \end{bmatrix} \tag{3.6}$$

三维旋转变换则比二维情形稍微复杂一些，这是因为三维的旋转可以有多种情形，典型的为绕 3 个坐标轴的旋转和绕任意轴的旋转。若记 $\boldsymbol{R}_x$ 为绕 x 轴按逆时针方向旋转 θ 角的变换，其对应的变换矩阵为：

$$\begin{bmatrix} x' \\ y' \\ z' \\ 1 \end{bmatrix} = \begin{bmatrix} 1 & 0 & 0 & 0 \\ 0 & \cos\theta & -\sin\theta & 0 \\ 0 & \sin\theta & \cos\theta & 0 \\ 0 & 0 & 0 & 1 \end{bmatrix} \begin{bmatrix} x \\ y \\ z \\ 1 \end{bmatrix} \tag{3.7}$$

同样地，绕 y 轴和 z 轴旋转 θ 角的变换分别为：

$$\begin{bmatrix} x' \\ y' \\ z' \\ 1 \end{bmatrix} = \begin{bmatrix} \cos\theta & 0 & \sin\theta & 0 \\ 0 & 1 & 0 & 0 \\ -\sin\theta & 0 & \cos\theta & 0 \\ 0 & 0 & 0 & 1 \end{bmatrix} \begin{bmatrix} x \\ y \\ z \\ 1 \end{bmatrix} \tag{3.8}$$

$$\begin{bmatrix} x' \\ y' \\ z' \\ 1 \end{bmatrix} = \begin{bmatrix} \cos\theta & -\sin\theta & 0 & 0 \\ \sin\theta & \cos\theta & 0 & 0 \\ 0 & 0 & 1 & 0 \\ 0 & 0 & 0 & 1 \end{bmatrix} \begin{bmatrix} x \\ y \\ z \\ 1 \end{bmatrix} \tag{3.9}$$

要实现绕任意轴的旋转，可以首先对坐标系进行变换，使得旋转轴和变换后坐标系的某个坐标轴重合，然后调用上述基本旋转变换。上述三维几何变换都是可逆的，同时它们可以通过组合的方式实现更为复杂的变换。

3.2.2 视点坐标系和取景变换

视点坐标系是以观察者的当前位置为原点、视线方向为 z 轴的坐标系，它类似于照相时所采用的坐标系，如图 3.2 所示。用户首先需要在场景坐标系中指定当前视点位置 C，作为坐标系的原点，C 可理解为照相机的位置。然后，用户指定视线方向单位矢量 $\boldsymbol{N}$，$\boldsymbol{N}$ 即照相机镜头所面向的方向。有了照相机的位置和朝向，照相机所拍摄的画面仍不能最后确定，用户还需指定一个向上的向量 **UP**，它的作用是确定相机拍照时画面的上下方向。可以通过

它和 **N** 确定坐标系的另一个方向 **V**：

$$\mathbf{V}=\frac{\mathbf{N}\times\mathbf{UP}}{\|\mathbf{N}\times\mathbf{UP}\|} \tag{3.10}$$

最后，由 **N** 和 **V** 两个垂直向量确定一个坐标轴方向 **U**：

$$\mathbf{U}=\mathbf{V}\times\mathbf{N} \tag{3.11}$$

由上述坐标原点 C 以及 3 个相互垂直的单位矢量($\mathbf{U}$,$\mathbf{V}$,$\mathbf{N}$)共同组成了视点坐标系，$C=(C_x,C_y,C_z)$、$\mathbf{U}=(U_x,U_y,U_z)$、$\mathbf{V}=(V_x,V_y,V_z)$和 $\mathbf{N}=(N_x,N_y,N_z)$，那么由场景坐标系到视点坐标系的变换可以表示为：

$$\begin{pmatrix}u\\v\\n\end{pmatrix}=\begin{pmatrix}U_x & U_y & U_z\\V_x & V_y & V_z\\N_x & N_y & N_z\end{pmatrix}\begin{pmatrix}x-C_x\\y-C_y\\z-C_z\end{pmatrix} \tag{3.12}$$

其中，(x,y,z)为世界坐标系中的点，(u,v,n)为(x,y,z)在视点坐标系中的对应点。式(3.12)表示的变换称为取景变换。

3.2.3 投影坐标系和投影变换

场景中的物体是三维的，而显示屏幕是二维的。要在二维的显示屏幕上显示三维的场景，需要对场景进行投影变换。常见的投影变换有两类：一类是透视投影，这类投影符合人类的视觉，产生的投影效果很真实；另一类是平行投影，平行投影中，物体的相对度量保持不变，例如两个同方向等长线段的投影结果仍然是等长的，这种投影在建筑和机械设计中十分重要。两类投影的例子如图 3.3 所示。

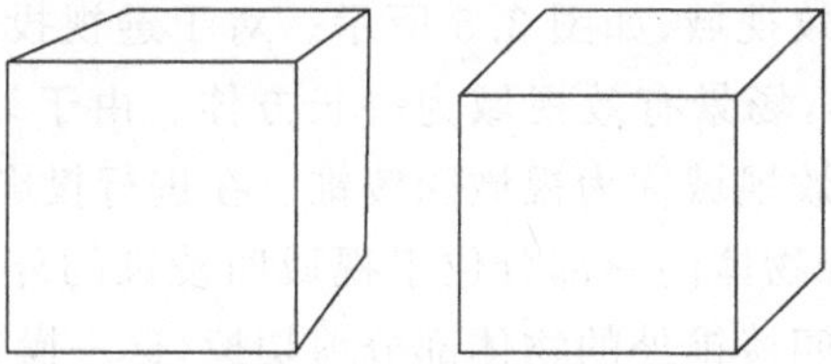

(a) 透视投影 (b) 平行投影

图 3.3 单位立方体的两种投影结果

投影变换是在视点坐标系 $CUVN$ 中进行的。对于透视投影，通常取视点坐标系中的(0,0,0)为投影点，投影平面取与视线方向垂直的平面 $n=d$，如图 3.4 所示。假设在视点坐标系中某点为(u,v,n)，该点在投影面上的对应点坐标(u_p,v_p)为：

$$u_p=\frac{u}{n/d} \quad v_p=\frac{v}{n/d} \tag{3.13}$$

如果记投影后的齐次坐标为(U,V,N,W)，那么透视投影(3.13)的变换矩阵可以表示为：

$$\begin{pmatrix}U\\V\\N\\W\end{pmatrix}=\begin{pmatrix}1&0&0&0\\0&1&0&0\\0&0&1&0\\0&0&1/d&0\end{pmatrix}\begin{pmatrix}u\\v\\n\\1\end{pmatrix} \tag{3.14}$$

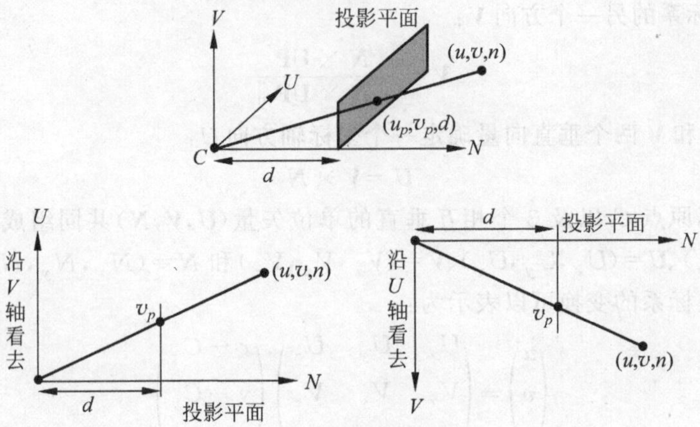

图 3.4 透视投影示意图

通过简单的运算可以得到：

$$\left(\frac{U}{W},\frac{V}{W},\frac{N}{W}\right)=\left(\frac{u}{n/d},\frac{v}{n/d},d\right)=(u_p,v_p,d) \tag{3.15}$$

与透视投影相比，平行投影比较简单。例如沿 N 轴、投影平面在 $n=0$ 的平行投影可以简单地表示为：

$$u_p=u \quad v_p=v \quad n_p=0 \tag{3.16}$$

由于显示窗口尺寸的限制，对于给定视点，场景中只有一部分景物能投影到显示窗口内构成画面。以当前视点为顶点，连接视点与显示窗口的 4 个角点的直线为棱边的棱锥体形成了场景的可见视域，称为视域锥。在视域锥中，去掉位于成像面之前的部分和视力所不及的后面部分，即为场景的有效视域，如图 3.5 所示。对于透视投影，这一有效视域是一平截头四棱锥体；对于平行投影，场景有效视域为一长方体。由于计算机图形学中常采用透视投影，我们通常将场景的有效视域称为视域四棱锥。在进行投影变换时，位于视域四棱锥外部的景物将会被剔除。如果物体的一部分位于视域四棱锥的外部、一部分位于视域四棱锥的内部，就需要将位于视域四棱锥外的物体部分剪切掉，这一操作称为裁剪。在本章的后面将介绍裁剪算法。

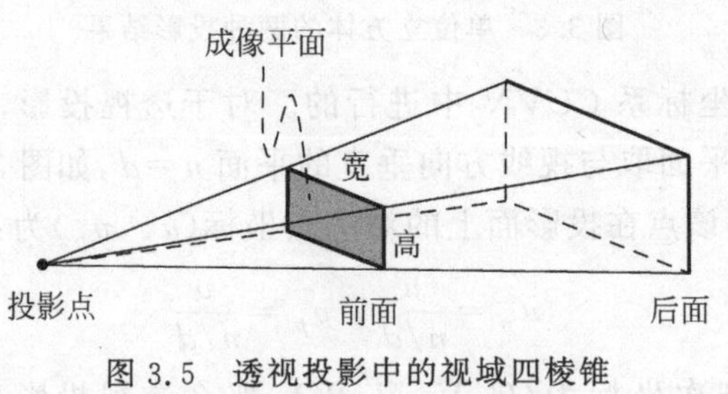

图 3.5 透视投影中的视域四棱锥

3.2.4 规格化设备坐标系和设备变换

经过前面的视域裁剪和投影变换，三维几何物体被投影到二维投影平面上称为视窗的矩形区域内，见图 3.2 中的 $v_o v_x v_y$ 坐标系中的矩形和图 3.5 中的矩形。此时，得到了物体投影后的二维齐次坐标表示。将二维齐次坐标除以最后一个坐标分量 ω，便得到了规格化设备坐标。

3.2.5 屏幕坐标系和视窗变换

为了能够在二维屏幕上显示投影结果，我们还需将定义在视窗中的投影结果转换到以像素为单位的屏幕坐标系，如图 3.2 所示。这个转换除了普通的二维变换之外，还包括投影结果的光栅化，即将连续的二维投影转换为离散的光栅表示。

3.3 裁剪

裁剪可以在投影变换之前进行(三维裁剪)，也可以在投影变换之后进行(二维裁剪)。

在二维裁剪中，裁剪窗口通常为一个矩形。根据裁剪对象的不同，可以将二维裁剪进一步分为点裁剪、线裁剪、多边形裁剪、字符裁剪等，如图 3.6～图 3.8 所示。点裁剪非常简单，仅仅是点的归类问题。线裁剪是二维裁剪中的基本方法，多边形裁剪和文本裁剪都可以由线裁剪算法导出。线裁剪的核心是高效地判断和舍弃位于显示窗口之外的线段或其一部分。最经典的二维线裁剪算法是 Cohn-Sutherland 算法，它通过对被裁剪线段的端点进行简单的编码分区和编码逻辑运算，快速地剔除一部分完全位于窗口之外的直线段。为了使二维线裁剪便于硬件实现，Sproull 和 Sutherland 又提出了中点法，线段与窗口的交点是通过对直线段递归地进行中点剖分和中点位置判定得到的。中点法的优点在于裁剪运算只有加法和除以 2 的运算，并且可以并行实现。Cyrus 和 Beck 提出了对于任意凸区域的参数化线裁剪算法，直线段首先在[0,1]区间上进行参数化，然后通过直线段和裁剪窗口的交点的参数值来进行取舍。梁友栋和 Barsky 改进了 Cyrus-Beck 参数化算法，使改进后的算法对于矩形窗口具有更高的裁剪效率。Nicholl-Lee-Nicholl 则采用更为仔细的判断方法，简单地抛弃明显位于窗口外部的直线段，从而减少了不必要的直线求交运算。当然，求交计算量的减少是以算法的复杂性为代价的。

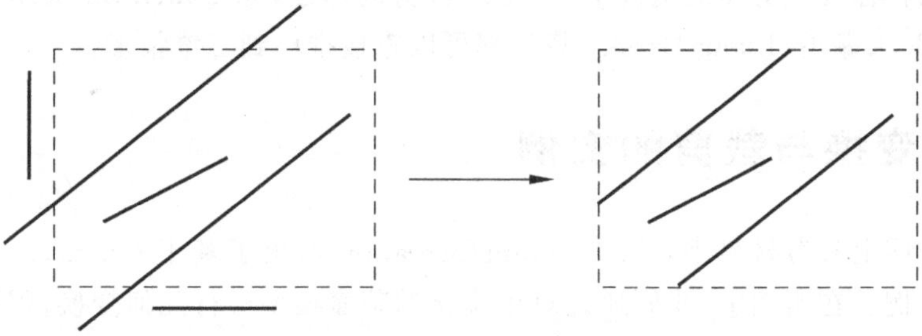

图 3.6 矩形窗口的线裁剪

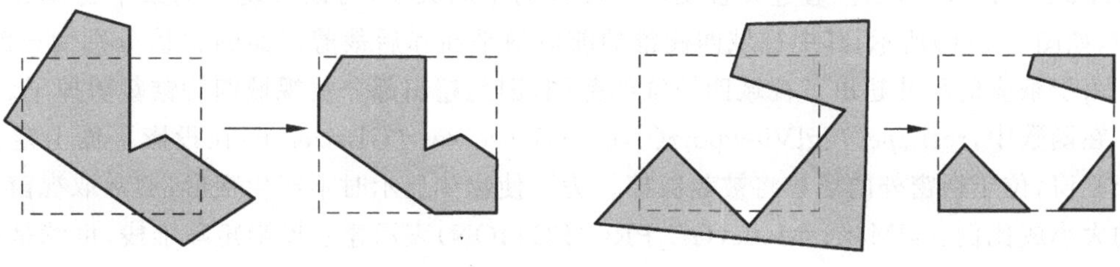

图 3.7 多边形裁剪

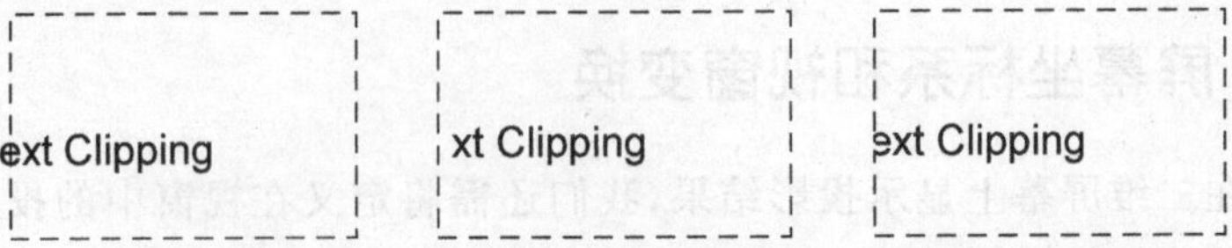

(a) 原始字符串　(b) 字符精度裁剪　(c) 像素精度裁剪

图 3.8　字符裁剪

与线裁剪相比，多边形裁剪则复杂一些。一个简单的做法是将多边形看作线段的集合，对于每条线段采用线裁剪算法，这样得到的结果在只显示线画图形时是可以接受的。但是当多边形需要显示成实区域时，上述方法就失效了。图 3.7 给出了两个多边形裁剪的例子，可以看出裁剪后的多边形可能取窗口的一部分作为多边形边界，裁剪后也有可能生成多个不相连的多边形。Sutherland-Hodgman 算法和 Liang-Barsky 算法是具有代表性的两个矩形裁剪窗口算法。Weiler-Atherton 算法则讨论了任意窗口的多边形裁剪。

在图形显示中的字符表示方法有两类：一类是矢量表示，另一类是点阵表示。对于矢量表示的字符，可以采用前面的多边形裁剪算法实现字符裁剪。对于点阵表示的字符，如果点阵是由软件生成的，点阵式字符的裁剪可以归结为点的裁剪问题；如果点阵式字符是由硬件生成的，裁剪就会变得比较复杂，一个简单的处理方法是：如果字符完全位于裁剪窗口内才会显示。图 3.8 为两种表示形式下字符的裁剪结果。

三维裁剪可以根据三维裁剪体的形状进行分类：对场景取平行投影时，其裁剪体是长方体；取透视投影时，其裁剪体为一个视域四棱锥。而当上述裁剪体为某些特殊的形状时，三维裁剪算法可以变得简单。对于一般的平行投影，可将裁剪体变换为如下标准裁剪体：

$$u=-1,\quad u=1,\quad v=-1,\quad v=1,\quad n=0,\quad n=1 \tag{3.17}$$

对于透视投影，其标准裁剪体通常取为：

$$u=n,\quad u=-n,\quad v=n,\quad v=-n,\quad n=-n_{\min},\quad n=-1 \tag{3.18}$$

在上述两种标准裁剪体的情况下，二维线裁剪的算法，如 Cohen-Sutherland 裁剪、中点裁剪、Cyrus-Beck 裁剪、Liang-Barsky 裁剪都可以直接推广到三维情形。

3.4　变换与裁剪的实例

在本书的网上参考材料中，Ch03_Transformation 给出了基于 OpenGL 实现的三维变换与裁剪的实例。在实例中，我们通过对单位化的茶壶模型进行几何变换，得到了大小和空间方位不同的 3 个茶壶，对应的视域四棱锥的前裁剪平面和后裁剪平面的 z 值分别为 −30 和 30，如图 3.9(a)所示。通过设置视域四棱锥的不同大小，可以实现对场景中物体的三维裁剪，如图 3.9(b)所示，其中视域四棱锥的前裁剪平面和后裁剪平面的 z 值分别为 −20 和 20。由于茶壶的尺寸超出了视域四棱锥的范围，因此超出部分被视域四棱锥裁剪掉了。

在函数中，reshape()、glViewport(0,0,(GLsizei)w,(GLsizei)h)在投影平面上定义了一个视窗，位于视窗外的场景将被裁剪掉。为了使物体显示时不产生变形，通常取视窗与窗口的大小成比例。glMatrixMode(GL_PROJECTION)表示建立投影矩阵堆栈，也就是在设定视点坐标系的同时，将场景的物体投影到 $z=0$ 的平面上。glOrtho()函数的作用有两个：一方面，通过该函数建立起一个平行投影的视点坐标系；另一方面，它的内参数指定了如

(a) 3个经几何变换后的茶壶　(b) 被视域四棱锥裁掉一部分的茶壶

图 3.9 变换与裁剪

图 3.5 所示的视域四棱锥。本例通过取不同的 ZVALUE 值，实现对场景中物体的完全显示或者三维裁剪。

renderTeapot()函数实现了对单位化茶壶的三维几何变换。在 OpenGL 中，几何变换和视点变换统一以一个矩阵堆栈表示，即 glMatrixMode(GL_MODELVIEW)。由于几何变换序列采用堆栈表示，因此前面的变换语句是最后执行的。例如在下述源程序中：

```
glTranslatef(x, y, z);
glRotatef(rotx, 1.0, 0.0, 0.0);
glRotatef(roty, 0.0, 1.0, 0.0);
glRotatef(rotz, 0.0, 0.0, 1.0);
glScalef(scalex, scaley, scalez);
```

首先对模型进行三维缩放变换，然后是关于 z 轴、y 轴和 x 轴的旋转，最后是平移变换。

习题

1. 将空间一个点 (x,y,z) 进行平移、旋转和缩放等一系列三维变换时，如果变换的顺序不同，则变换后的位置也不相同。请分别计算点 (x,y,z) 在如下三维变换的最终结果。

(1) 首先平移(2,0,4)，然后绕 x 轴旋转 90°，最后进行缩放变换(2,1,4)。

(2) 首先绕 x 轴旋转 90°，然后平移(2,0,4)，最后进行缩放变换(2,1,4)。

(3) 首先进行缩放变换(2,1,4)，然后绕 x 轴旋转 90°，最后平移(2,0,4)。

2. 请写出将空间一点 (x,y,z) 绕空间任意轴线旋转 θ 的变换矩阵。

3. 当一个三角形被矩形窗口裁剪后，可能的结果会有哪些？如果凸的 n 边形被矩形窗口裁剪，可能的结果又会有哪些？

第 4 章 光栅转换与消隐

CHAPTER 4

光栅显示器的优点在于不仅可以显示几何物体的线画图形，还可以显示具有连续色调的表面着色图，使图形表现的信息更为丰富。区域填充和扫描转换是对光栅显示器上某一区域显示着色的基本算法。此外，即使是位于视域四棱锥内的景物，当它们投影到显示屏幕上后，仍有一部分可能不可见，这是因为位于前面离观察者近的景物可能遮挡位于其后面的景物。为了生成正确的显示结果，有必要研究消除隐藏面算法。

4.1 区域填充

平面区域一般是由封闭多边形定义的。如果区域是由曲线界定的，则可以将该区域用多边形逼近。最简单的区域填充算法是逐个像素判断其是否位于区域内部，若为区域内部像素，则赋予某一设定的统一颜色值。但由于很多像素位于区域外部，这种方法效率很低。如果在平面区域的包围盒内进行逐点判断，则可在一定程度上提高算法的效率。种子填充算法则基于连通区域内像素的连贯性，以递归方式确定区域内部点和边界点，而不涉及区域外部的点，从而有效地提高了算法的效率。

在介绍种子填充算法之前，首先介绍区域的概念和类型。屏幕上的区域是指表示成点阵形式的像素集合。区域一般有两种表示方法：内部表示和边界表示，如图 4.1 所示。内部表示就是区域内部的像素具有同一种颜色，而区域的边界和外部则具有不同的颜色；边界表示就是将边界上的像素用相同颜色一一列举出来，区域内部的像素则允许具有不同的颜色。

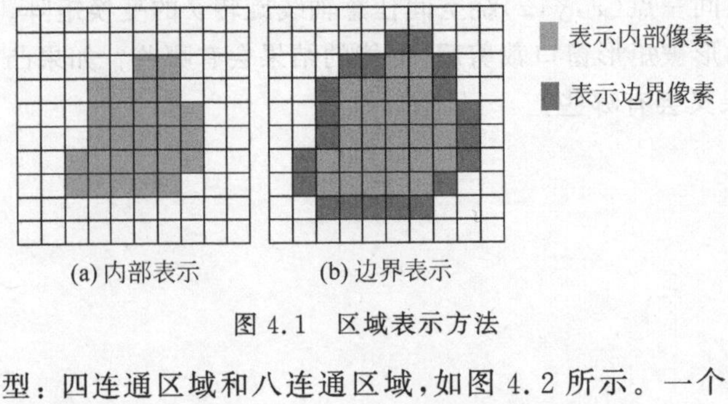

(a) 内部表示　　(b) 边界表示

图 4.1　区域表示方法

区域有两种类型：四连通区域和八连通区域，如图 4.2 所示。一个四连通区域是指可从该区域内任意一个像素出发，通过上、下、左、右的移动到达区域内另一个像素；对于八连通区域，任意两个像素之间可以通过两个水平方向、两个垂直方向和 4 个对角线方向的移动相连。显然，四连通区域一定是八连通区域，但是八连通区域不一定是四连通区域。

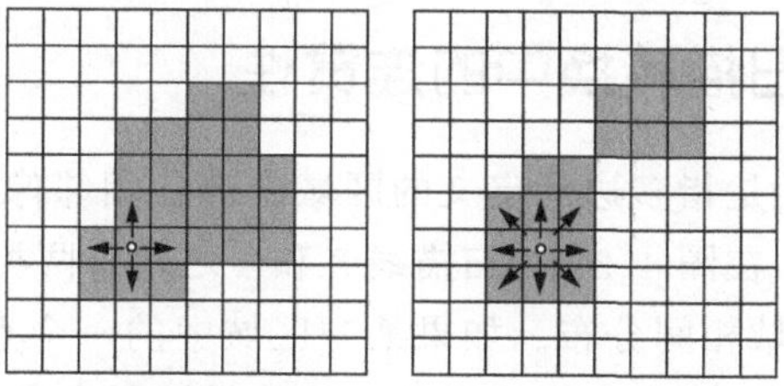

(a) 四连通区域　(b) 八连通区域

图 4.2　连通区域

下面介绍一种基于边界定义的四连通区域种子填充算法。在算法执行之前，首先定义一条封闭的边界，如图 4.1 所示。然后，用户在区域内部任意指定一个像素作为填充的种子点，递归地检查上、下、左、右相邻像素是否为区域内部像素。具体算法描述如下，这个算法很容易改写成边界定义的八连通区域的填充算法。

```
Fill_Boundary_4_Connnected(x, y, BoundaryColor, InteriorColor)
// (x,y) 种子像素的坐标
// BoundaryColor 边界像素颜色
//InteriorColor 需要填充的内部像素颜色
{
    if(GetPixel(x,y) != BoundaryColor && GetPixel(x,y)!= InteriorColor )
    // GetPixel(x,y)返回像素(x,y)颜色
    {
        SetPixel(x, y, InteriorColor); // 将像素(x, y)置成填充颜色
        Fill_Boundary_4Connnected(x + 1, y, BoundaryColor, InteriorColor);
        Fill_Boundary_4Connnected(x, y + 1, BoundaryColor, InteriorColor);
        Fill_Boundary_4Connnected(x - 1, y, BoundaryColor, InteriorColor);
        Fill_Boundary_4Connnected(x, y - 1, BoundaryColor, InteriorColor);
    }
}
```

在上述算法中，种子像素的初始颜色不能是将要设定的内部像素的颜色，否则算法将不能运行下去。虽然上述递归算法程序简单、表达清晰，但是递归算法的效率不是很高，一方面多层的递归时空开销很高，另一方面并不是每个像素的 4 个相邻像素都为区域内部像素。一个提高效率的方法就是采用扫描线种子填充算法，即沿扫描线逐行填充。类似的算法很容易推广到填充内部定义的区域。

4.2　多边形的扫描转换

从第 1 章介绍的光栅图形的显示原理可知，屏幕上显示图形是电子束按从左到右、从上到下的顺序逐一扫描屏幕上的每一个像素来实现的。与光栅图形的显示顺序一致，屏幕上各像素的显示光亮度值也可以按照从左到右、从上到下的顺序计算确定，其中位于同一水平线上的所有屏幕像素组成一条扫描线。上述生成图形的方式称为对图形的扫描转换，相应的算法称为扫描线算法。多边形扫描转换算法是计算机图形学最基础的算法之一。

在介绍多边形的扫描转换算法之前，首先介绍区域连贯性、扫描线连贯性和边的连贯性

的概念。通过上述连贯性的应用,可以大大提高扫描线算法的效率。开发和利用各种形式的连贯性是设计高效图形学算法常用的手段。

4.2.1 多边形扫描转换中的连贯性

简单地说,区域连贯性是指多边形定义的区域内部各相邻像素具有某种相同或相似的属性,如具有相同的颜色。在图 4.3 中,扫描线 3 和 4 之间有两类区域:多边形内部区域和多边形外部区域。两类区域相间分布。如果某一区域中的一个点属于多边形内部,则该区域内的所有点都属于内部点,这是由多边形的空间连贯性所决定的。

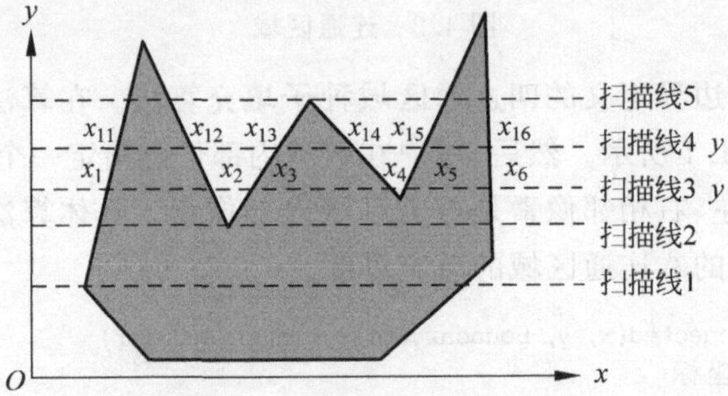

图 4.3 多边形的扫描转换

扫描线的连贯性是指沿着扫描线方向邻近像素具有相同的属性。图 4.3 中的扫描线 3 与多边形的交点将扫描线分割成若干区间,且多边形内部和外部区间间隔分布。这意味着只需将交点沿扫描线排序,按交点序号就可以判断以该交点为左端点的相应区间内的所有像素是否位于多边形内部。例如当跨过交点 x_1、x_3、x_5 时,扫描线进入多边形内部,当跨过交点 x_2、x_4、x_6 后,扫描线进入多边形外部。但是在某些特殊位置,对于扫描线的连贯性要谨慎处理。例如图 4.3 中的扫描线 1、2、5,它们分别通过边的端点,此时需要做一些特别的规定:与扫描线 2、5 相交的多边形顶点是多边形局部极值点,这类顶点可以认作两个交点;与扫描线 1 相交的多边形顶点是非局部极值点,这类顶点应认为是一个交点。在具体程序实现时,应把上面边(e_1)下端截去一个像素。如图 4.4 所示,扫描线 y 通过非极值顶点 P_i,在进行扫描转换时,以 P_i 为下端点的边 e_1 在 P_i 处截掉一个像素的宽度。

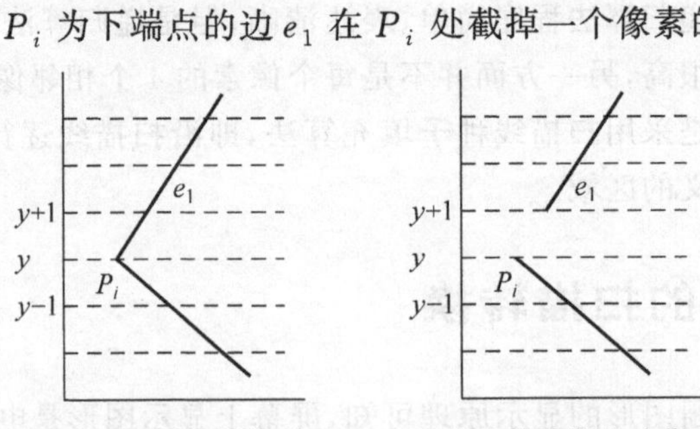

(a) 扫描线过端点的情形 (b) 端点处被截断1个像素

图 4.4 扫描线通过端点

边的连贯性就是直线与一组相互平行的扫描线求交时,其交点沿直线呈均匀分布的特性。假设扫描线 3 和 4 的位置分别是 $y-1$ 和 y,那么这两条相邻的扫描线和同一条边的交点的横坐标之间存在如下关系:

$$x_{11}=x_1+\frac{1}{k} \tag{4.1}$$

其中，k 为边的斜率，如图 4.5 所示。也就是说，当求得当前扫描线与某一多边形边的交点之后，可以通过增量算法迅速求出下一扫描线与该边的交点。

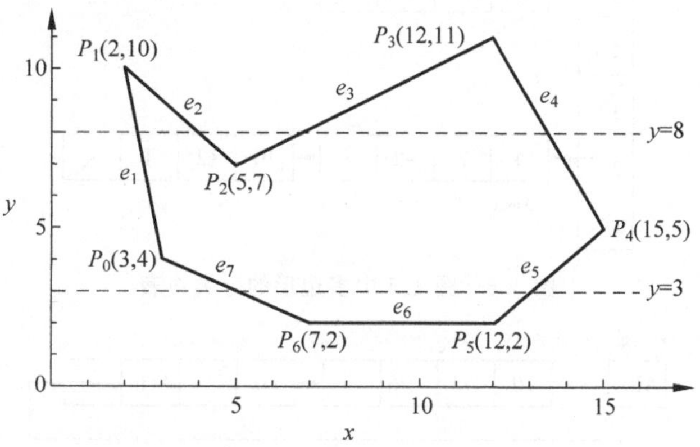

图 4.5　多边形 $P_0P_1\cdots P_6$ 及其顶点坐标

4.2.2　多边形扫描转换算法

基于连贯性的多边形扫描转换算法的思想是：首先计算扫描线 $y=y_{\min}$ 与多边形的交点，其中 $y_{\min}$ 由该多边形最低顶点的 y 坐标取整得到。然后根据多边形边的连贯性，按从下到上的顺序依次求得各条扫描线与多边形各边的交点，对位于同一扫描线上的交点排序，并根据扫描线的连贯性判断位于多边形内部的区段，完成多边形的扫描转换。为了实现上述思想，算法中需要采取恰当的数据结构。它由边表 ET(Edge Table)和活化边表 AEL(Active Edge List)组成。下面结合一个例子说明这两个数据结构是如何定义的，如图 4.5 所示。边表由多边形的边组成，每一条边的数据结构中包含如下 4 部分：

(1) $y_{\max}$：该边上端点的 y 坐标。

(2) x：该边的下端点的 x 坐标，在活化边链表中，则表示边与当前扫描线的交点的 x 坐标。

(3) $\mathrm{d}x$：边的斜率的倒数。

(4) next：指向下一条边的指针。

边表按边的下端点的纵坐标 y 对非水平边进行分类。下端点的纵坐标 y 的值等于 i 的边归入第 i 类；同一类中，各边按 x 值（x 值相等时，按 $\mathrm{d}x$ 的值）递增的顺序排成行。图 4.5 中的多边形的分类边表的结果如图 4.6 所示。其中，e_6 是水平边，所以没有加入分类边表中。

边的活化边表 AEL 由与当前扫描线相交的边组成，它记录了分布于当前扫描线上的交点序列，图 4.6 中两条扫描线 $y=3$ 和 $y=8$ 的 AEL 如图 4.7 所示。

建立了分类边表 ET 和活化边表 AEL 之后，多边形扫描转换算法可以描述如下：

(1) (y 初始化)取扫描线纵坐标 y 的初始值为 ET 中非空元素的最小序号。在图 4.6 中，$y=2$。

(2) (AEL 初始化)将活化边表 AEL 设置为空。

(3) 按从下到上的顺序对纵坐标值为 y 的扫描线(当前扫描线)执行如下步骤，直到分

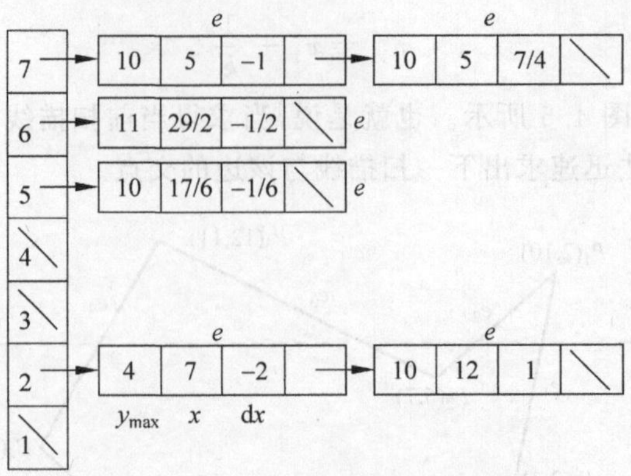

图 4.6 图 4.5 中多边形的分类边表

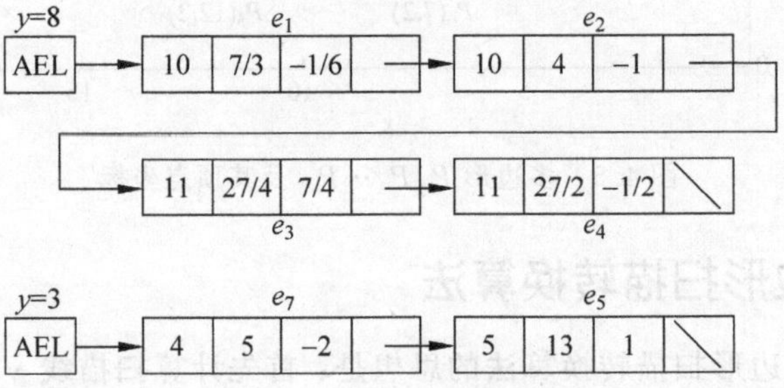

图 4.7 边的活化链表

类边表 ET 和边的活化边表 AEL 都变成空为止。

① 如果分类边表 ET 中的第 y 类元素非空，则将属于该类的所有边从 ET 中取出并插入活化边表 AEL 中，AEL 中的各边按照 x 值（x 值相等时，按 dx 值）递增方向排序。

② 若对于当前扫描线，活化边表非空，则将 AEL 中的边两两依次配对。每一对边与当前扫描线相交形成的交点区间位于多边形内部，依次对这些区间上的像素按多边形属性着色。

③ 将活化边表 AEL 中满足 $y_{max}=y$ 的边删除。

④ 将活化边表 AEL 中剩下的每一条边上交点的 x 坐标累加 dx，即 $x=x+dx$。

⑤ 将当前扫描线的纵坐标值 y 累加，即 $y=y+1$。

上述算法与种子填充算法相比，虽然数据结构与程序结构较为复杂，但是它充分利用了各种连贯性，避免了大量的判断比较运算，所以具有很高的执行效率。

4.3 隐藏面消除

隐藏面消除算法常简称为消隐算法，就是相对于观察者，确定场景中哪些物体可见或部分可见，哪些物体不可见。消隐是计算机图形学中非常重要的一个问题，如果不能确定不同物体相对于观察者的前后关系，那么从二维屏幕上所得到的信息就会出现歧义。一个典型的例子如图 4.8 所示，对于左边的线画投影图，可以有两种理解方式。

虽然消隐问题的本质是将待显示的物体沿观察方向排序，但由于待显示物体形状的千差万别，为了追求算法执行的高效率，导致有许多不同的算法。没有一种方法是十全十美

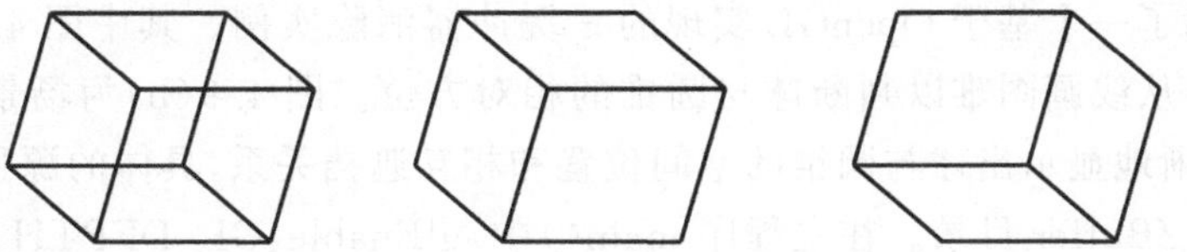

图 4.8 未消隐的图形具有二义性

的。适合大规模场景实时模拟的消隐算法速度快,但生成的图形精度会损失;而真实感图形生成往往需要采用精细的消隐算法。所以在算法设计时,往往需要在消隐效率和图形质量之间进行权衡。

消隐算法可以根据算法实现时所在的坐标系(空间)进行分类。一类是在景物空间实现的消隐算法,这类算法精度高,与显示器的分辨率无关,所以这类算法适合精密的 CAD 工程领域;另一类是在图像空间实现的消隐算法,这类算法生成的图像一般受限于显示器的分辨率。理论上,在景物空间算法中,场景中每一个物体都要和场景中其他的物体进行排序比较,所以它的计算量通常为 $O(n^2)$,这里 n 为场景中物体的个数;在图像空间算法中,场景中每一个物体要和屏幕中每一个像素比较,它的计算量通常为 $O(nN)$,这里 N 为屏幕上像素的个数。当场景中的物体个数少于屏幕的像素数时,景物空间算法的计算量小于图像空间算法。但是,在实际应用中,通常会考虑画面的连贯性,所以图像空间算法的效率有可能更高。下面将介绍两种经典的消隐算法:图像空间的 z 缓冲器消隐算法和景物空间的画家算法。

4.3.1 z 缓冲器消隐算法

z 缓冲器消隐算法属于图像空间算法。z 缓冲器是帧缓存的推广,在帧缓存中存储的是像素的颜色属性,而 z 缓冲器中存储的是对应像素中可见点的 z 值。在消隐过程中,计算投影到当前像素上各表面采样点的深度值,并将它们与 z 缓冲器中该像素上已存储的当前可见点的深度值相比较,如果前者较大,则将相应采样点置为该像素的当前可见点并将其颜色写入帧缓存,更新 z 缓冲器存储的深度值。这里,规定 z 值大的采样点离视点较近。z 缓冲器消隐算法描述如下。

(1) 将帧缓存中各像素的颜色置为背景颜色。

(2) z 缓冲器中各像素存储的 z 值置成最小值(离视点最远)。

(3) 以任意顺序扫描各多边形:

- 对于多边形中的每一采样点,计算其深度值 $z(x,y)$。
- 比较 $z(x,y)$ 与 z 缓冲器中现存储值 zbuffer(x,y)。如果 $z(x,y)>$zbuffer(x,y),那么计算该采样点 (x,y) 处表面的光亮度值属性并写入帧缓存相应像素;同时更新 z 缓冲器,取 zbuffer$(x,y)=z(x,y)$。

从上述描述可以看出,z 缓冲器消隐算法非常简单。它可以处理包含不同类型物体的复杂场景。由于图像空间是固定的,z 缓冲器消隐算法的计算量只会随着场景的复杂度线性地增加。此外,场景中的物体可按任意顺序写入帧缓存和 z 缓冲器,从而节省了排序的工作量。

图 4.9 给出了一个基于 OpenGL 实现的 z 缓冲器消隐实例。其中图 4.9(a)为场景线画图绘制结果。从线画图难以判断球与圆锥的相对方位。图 4.9(b)为场景消隐和着色后的绘制结果，清晰地显示出球与圆锥的空间位置和相互遮挡关系，具体的源程序见本书配套资源中的 Ch04_ZBuffer 目录。在主程序 main()中，glEnable(GL_DEPTH_TEST)表示打开深度缓冲测试功能，glDepthFunc(GL_LEQUAL)表示深度比较方式：如果当前的 z 值大于或等于深度缓冲器中的 z 值，那么就绘制当前像素，并且替换深度缓冲器中的对应 z 值。这里需要注意的是，OpenGL 中 z 缓冲器中存储的 z 值是经过规范化处理后的值，它的取值范围是[0,1]。与视点坐标系中真实 z_{eye} 值的关系可以通过如下变换关系得到：

$$z=\frac{\dfrac{1}{z_{near}}-\dfrac{1}{z_{eye}}}{\dfrac{1}{z_{near}}-\dfrac{1}{z_{far}}}$$

其中，z_{near} 和 z_{far} 分别为第 3 章中视域四棱锥中的前截面和后截面所对应的 z 值。

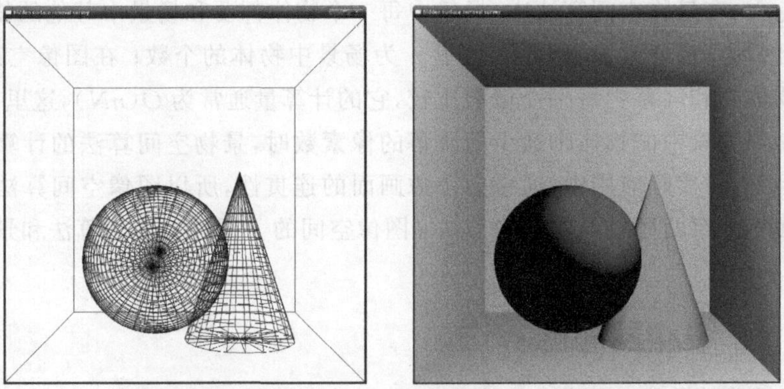

(a) 线框图　　(b) 基于OpenGL实现的z缓冲器消隐着色

图 4.9　z 缓冲器消隐

4.3.2　画家算法

画家算法在景物空间中确定物体之间的前后顺序，并按这个顺序对物体依次进行扫描转换，再将扫描转换结果依次写入帧缓存。由于离视点远的物体的投影最终被离视点近的物体的投影所覆盖，因此可以获得正确的显示结果。下面介绍景物的深度排序算法和 BSP 树算法。

1. 深度排序算法

首先将场景中的多边形序列按其顶点 z 坐标的最小值 z_{min} 进行预排序。对于排列在预排序表上相邻位置的两个多边形 P 和 Q，假设多边形 P 的 z_{min} 较小(离视点更远)，且多边形 P 各顶点 z 值的取值范围与 Q 各顶点 z 值的取值范围不重叠，即 $Pz_{max}<Qz_{min}$，即可确定多边形 P 位于 Q 的后面。若多边形 P 与 Q 各顶点 z 值的取值范围重叠，则需进一步执行如下 5 个判别：

(1) 多边形 P 和多边形 Q 的各顶点 x 坐标取值范围是否不重叠？

(2) 多边形 P 和多边形 Q 的各顶点 y 坐标取值范围是否不重叠？

(3) 从视点看去，多边形 P 是否完全位于多边形 Q 的背面一侧？

(4) 从视点看去,多边形Q是否完全位于多边形P的同一侧?

(5) 多边形P和Q在 xy 平面上的投影是否重叠?

上述5个判别条件成立的例子如图4.10所示。如果上述5种情况中有一种成立,就表明多边形P和Q是互不遮挡的,即多边形P的绘制优先级低于Q。如果上述判断都不成立,说明多边形P有可能遮挡Q,此时可以把多边形P和Q互换位置,重新判断条件(3)和(4)即可。

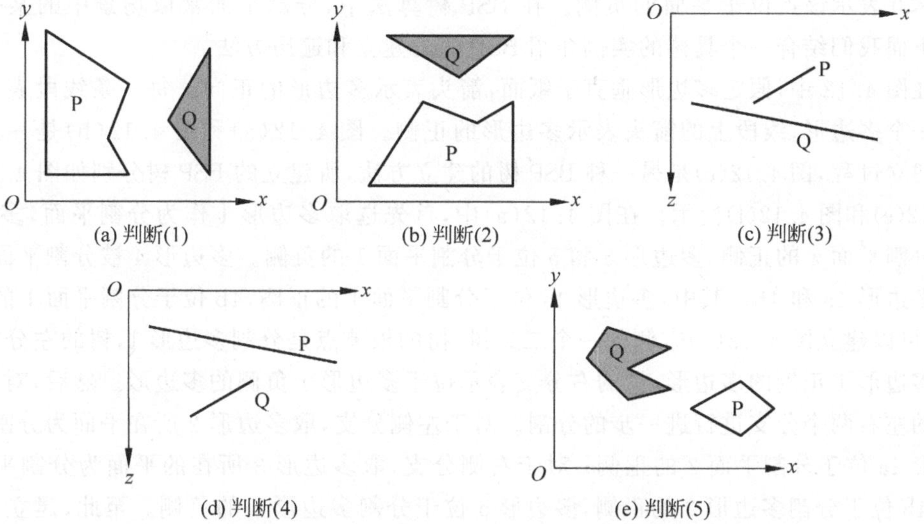

图4.10 深度排序的5种互不遮挡的情形

按上述方法对图4.11(b)中的多边形进行排序时,多边形P、Q、R会出现循环遮挡的情形,此时需要对多边形进行适当的剖分后重新进行排序。在图4.11的例子中,多边形P沿Q进行剖分,然后在多边形表中删除多边形P,加入两个新生成的多边形重新排序。

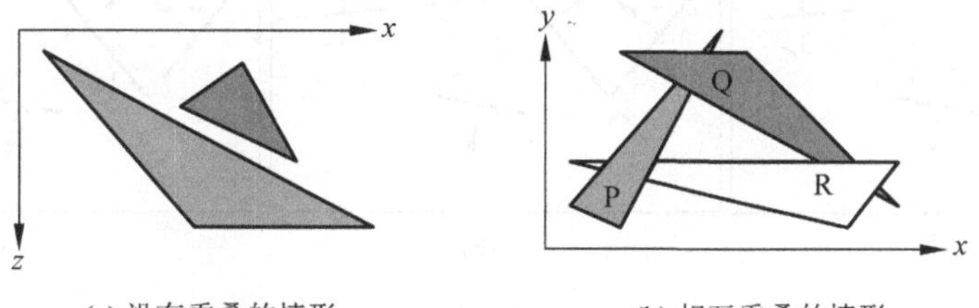

图4.11 多边形在 z 方向上具有相互重叠的情形

上述深度排序算法适合固定视点的消隐。而在一些视点频繁变化的场合中,如飞行模拟,上述算法的效率就不能满足实时性要求了。下面介绍一种与视点位置无关的深度排序方法,可以解决这个问题。

2. BSP树算法

BSP(Binary Space Partitioning)树是一种二叉空间剖分,BSP树适用于视点频繁变化下的静态场景绘制。BSP树的构建方法是:如果组成场景的多边形集合可以被一个平面分割成两部分(如果有多边形跨越分割平面,则剖分该多边形),那么当视点位于分割平面的正侧时,位于分割平面正侧的多边形会遮挡位于分割平面另一侧的多边形。然后对位于分割平面两侧的多边形递归进行分割，直至每一个分割平面任一侧最多只有一个多边形。这个分割过程可以用一个二叉树的数据结构来表示。当遍历这个二叉树时，可以根据当前视点位置迅速地建立起各多边形关于当前视点的前后顺序。其中，分割平面的正负侧是根据以下平面方程确定的：

$$f(x,y,z)=ax+by+cz+d \tag{4.2}$$

将一个顶点坐标(x,y,z)代入该方程，$f(x,y,z)>0$ 表示该点位于平面的正侧，$f(x,y,z)<0$ 表示该点位于平面的负侧。在 BSP 树算法中，分割平面常取场景中的某一多边形。下面我们结合一个具体的实例介绍 BSP 树的建立和遍历方法。

在图 4.12 中，假定多边形垂直于纸面，箭头表示多边形的正向。每一条线段表示场景中的一个多边形，线段上的箭头表示多边形的正侧。图 4.12(a)和图 4.12(b)是一种 BSP 树的建立过程，图 4.12(c)是另一种 BSP 树的建立方法，所建立的 BSP 树分别如图 4.12(d)、图 4.12(e)和图 4.12(f)所示。在图 4.12(a)中，首先选取多边形 1 作为分割平面，多边形 2 位于分割平面 1 的正侧，多边形 3 和 5 位于分割平面 1 的负侧。多边形 4 被分割平面剖分，得到多边形 4a 和 4b。其中，多边形 4a 位于分割平面 1 的正侧，4b 位于分割平面 1 的负侧。至此，可以建立图 4.12(a)右侧的一个二叉树，树的根节点是分割多边形 1，树的左分支表示位于多边形 1 正侧的多边形，树的右分支表示位于多边形 1 负侧的多边形。然后，对上述二叉树的左右两个分支进行进一步的分割。对于左侧分支，取多边形 2 所在平面为分割平面，多边形 4a 位于分割平面 2 的正侧；对于右侧分支，取多边形 3 所在的平面为分割平面，多边形 4b 位于分割多边形 3 的正侧，多边形 5 位于分割多边形 3 的负侧。至此，建立了所给场景的 BSP 树，树的每个叶节点是一个多边形。

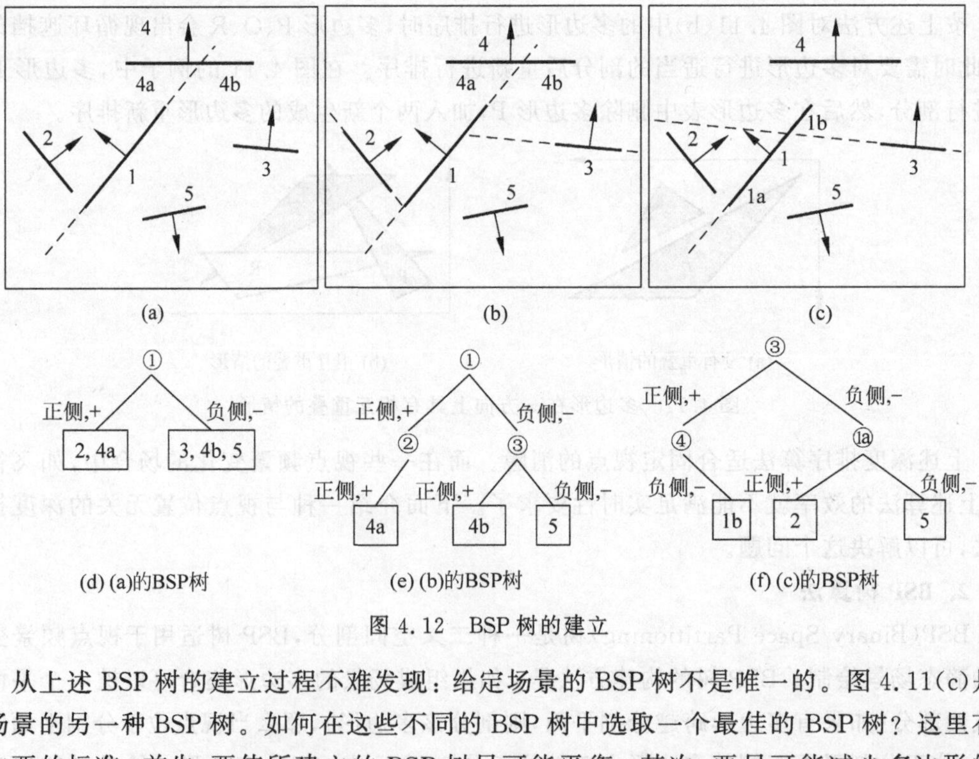

图 4.12　BSP 树的建立

从上述 BSP 树的建立过程不难发现：给定场景的 BSP 树不是唯一的。图 4.11(c)是上述场景的另一种 BSP 树。如何在这些不同的 BSP 树中选取一个最佳的 BSP 树？这里有两个主要的标准：首先，要使所建立的 BSP 树尽可能平衡；其次，要尽可能减少多边形的剖分。一个 BSP 树的描述性算法如下：

```
If PolygonList == NULL then
    BSPTree = NULL;
else {
    PartitionPolygon = SelectAndRemove(PolygonList);      // 选择分割多边形并将其从多边形
// 表中删除
    LeftBranch = RightBranch = NULL;
    for( each polygon P in PolygonList) {
        if( P in the positive side of PartitionPolygon)
            AddPolygonToBSP(P, LeftBranch);
        else if (P in the negative side of PartitionPolygon )
            AddPolygonToBSP(P, RightBranch);
        else {
            SubdividePolygon(P, PartitionPolygon, LeftP, RightP);
            AddPolygonToBSP(LeftP, LeftBranch);
    AddPolygonToBSP(RightP, RightBranch);
        }
    }
    CombineBSPTree(LeftBranch, PartitionPolygon, RightBranch);
}
```

BSP 树的遍历过程就是针对当前视点确立场景中各多边形前后顺序的过程。对于一个 BSP 树，如果视点位于分割平面的正侧，那么该 BSP 树的遍历过程应当是负侧分支→根节点多边形→正侧分支；如果视点位于分割平面的负侧，那么该 BSP 树的遍历过程应当是正侧分支→根节点多边形→负侧分支。

BSP 树遍历的描述性算法如下：

```
Display BSP Tree(BSPTree)
{
    if (BSPTree != NULL) {
        if(视点位于根节点多边形的正向一侧) {
            DisplayBSPTree(RightBranch);
            DisplayBSPTree(RootPolygon);
            DisplayBSPTree(LeftBranch);
        }
        else  {  // 视点位于根节点多边形的负向一侧
            DisplayBSPTree(LeftBranch);
            DisplayBSPTree(RootPolygon);
            DisplayBSPTree(RightBranch);
        }
    }
}
```

习题

1. 在光栅图形中，平面多边形的区域表示和多边形表示各有什么优缺点？

2. 从区域连通性的定义出发，证明四连通区域一定是八连通区域；举反例说明八连通区域不一定是四连通区域。

3. 给出边界定义的八连通区域的种子填充算法。

4. 对于图 4.5，写出初始的分类边表。随着扫描线的变化，写出在每条扫描线时刻的分类边表、活化边表。

5. 图像空间和物体空间的两类消隐算法各有什么优缺点？

6. 对于图 4.11，除了给出的两种 BSP 树的建立方法外，你是否还能举出其他 BSP 树的建立方法？比较所有可能的 BSP 树，从线段的剖分、二叉树的平衡性出发，指出哪个 BSP 树是最优的。

第5章 真实感图形

CHAPTER 5

真实感图形的研究目标是让计算机生成如同照片般真实的图像。为了在计算机中生成真实感图形，首先需要构造场景的几何模型。

对于光源，除了给出其方位外，还应给出其发出的光线的颜色和强度等；对于物体，除外形描述外，还应指定它们各自的材料属性以确定物体表面的颜色、物体的透明度。

一般来说，用计算机生成真实感图形需要经过以下4个步骤：

(1) 建立三维场景的几何模型，确定景物表面的光照属性。

(2) 对三维场景进行取景变换，并将其投影到二维平面上。

(3) 采用隐藏面消除算法剔除当前视点处不可见的场景表面。

(4) 对显示屏幕上的每一像素，根据光照明模型，计算在该像素内可见的场景表面的光亮度。

本章将重点阐述光照明模型及物体表面光亮度的计算方法。

5.1 光照明模型

光照明模型考虑物体表面上每一个点所代表的微小面元受到来自光源或周围环境光线的照射而产生的反射或透射光亮度。物体表面上某一特定点的光照明效果与光源、观察点位置、物体表面局部几何形状、表面朝向及材料属性有关。

本节将从实用的观点出发，重点介绍真实感图形中常见的4类光照明模型，即泛光(Ambient Reflection)模型、Lambert 漫反射(Diffuse Reflection)模型、Phong 镜面反射(Specular Reflection)模型、Whitted 整体光照明(Global Illumination)模型。

5.1.1 泛光模型

在现实世界中，物体表面由于受到光源的照射而呈现出不同的光照效果。在这些光源中，除了直接的光源(如太阳、电灯等)外，还包括来自周围环境的反射光(如来自地面、墙壁的反射光)等间接光源。

泛光模型是试图刻画周围环境反射光对物体表面照明贡献的最简单的光照明模型。它假定环境反射光沿任何方向对任何物体表面入射的光亮度都是相等的，即为各向同性的泛光，并采用一个常量来近似表示它。泛光模型可由以下简单公式予以描述：

$$I_{\text{env}} = K_a I_a \tag{5.1}$$

其中，I_{env} 为物体表面对泛光的反射光亮度；I_a 为泛射光的入射光亮度；K_a 为物体表面对泛光的反射率。

在现实生活中，泛光中包含各种不同波长的光。由于计算机图形学所采用的图形显示器仅取红、绿、蓝 3 个分量来合成所有不同的颜色，因此在具体计算物体表面的泛光光亮度时，将它分解为红、绿、蓝分量，亦即：

$$\begin{pmatrix} R \\ G \\ B \end{pmatrix} = \begin{pmatrix} K_{aR} \cdot R_a \\ K_{aG} \cdot G_a \\ K_{aB} \cdot B_a \end{pmatrix} \tag{5.2}$$

其中，R_a、G_a、B_a 为入射到物体表面泛光的红、绿、蓝分量；K_{aR}、K_{aG}、K_{aB} 为物体表面分别对泛光红、绿、蓝分量的反射率，其取值范围为 0～1。

图 5.1 所示的是犹他茶壶的泛光照明效果。由于仅考虑了泛光反射光亮度，真实感显示的三维茶壶看起来如同是用单一颜色填充的二维多边形物体。

图 5.1 犹他茶壶的泛光照明效果

5.1.2 Lambert 漫反射模型

现实世界中直接光源发出的光线只能沿一定方向照射到物体表面上。也就是说，直接光源对物体表面的照射是有方向性的。

入射到物体表面的光线一部分被物体吸收，另一部分经物体透射或被表面反射出去。物体表面的反射光可分为漫反射光和镜面反射光，其中漫反射光是物体表面对入射光线朝各个方向的均匀反射，如图 5.2 所示，其大小只与入射光的光亮度和入射方向有关，而与漫反射光的反射方向无关。纯漫射表面只产生漫反射。自然界的大部分表面如地面、房屋、树木、花草均可认为是纯漫射面。

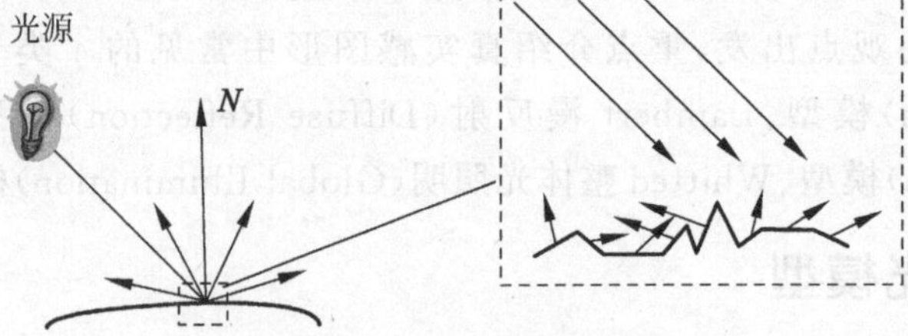

图 5.2 均匀反射的光线

Lambert 最早总结出上述规律。他指出，漫反射光亮度和光源入射角（入射光线和表面法向量的夹角）的余弦成正比，如图 5.3 所示。漫反射光亮度计算公式如下：

$$I_d = K_d I_e \cos\alpha \tag{5.3}$$

其中，I_d 为表面漫反射光的光亮度；K_d 为物体表面的漫反射率；I_e 为发自光源的入射光的光亮度；α 为光源入射角。

同样，在具体计算时，K_d 和 I_e 将分别由其红、绿、蓝分量代替。下面看如何计算 $\cos\alpha$。

如图 5.3 所示，设点 A 是景物表面上需要计算漫反射光亮度的一个采样点，**N** 是点 A 处物体表面的法向量，**L** 表示光源的入射方向矢量。已知两个矢量的点积公式为：

$$(\boldsymbol{N},\boldsymbol{L}) = |\boldsymbol{N}| \cdot |\boldsymbol{L}| \cos\alpha \tag{5.4}$$

其中，$|\boldsymbol{N}|$ 和 $|\boldsymbol{L}|$ 是矢量的长度，于是：

$$\cos\alpha = \frac{(\boldsymbol{N},\boldsymbol{L})}{|\boldsymbol{N}| \cdot |\boldsymbol{L}|} = \frac{(\boldsymbol{N},\boldsymbol{L})}{\sqrt{(\boldsymbol{N},\boldsymbol{N})}\ \sqrt{(\boldsymbol{L},\boldsymbol{L})}} \tag{5.5}$$

式(5.5)中比较复杂的是开方运算。Lalonde P 给出了一个快速计算平方根的方法并给出了 C 语言源程序。

从式(5.3)不难看出，当入射光线垂直于物体表面时，光源入射角 $\alpha=0°$，此时，$\cos\alpha=1$，漫反射光亮度达到最大值。随着光源入射角 α 的增大，漫反射光亮度逐渐减小。当 $\alpha=90°$ 时，$\cos\alpha=0$，此时漫反射光亮度达到最小值 0。实际应用 Lambert 模型时，有可能出现光源入射角 α 位于 90°～180°的情况，此时，$\cos\alpha$ 取负值，需要人为地将漫反射光亮度的值取为 0。

合并式(5.1)和式(5.3)，一个综合了泛光和表面漫反射分量的光照明模型可表达为：

$$I = K_a I_a + K_d I_e \cos\alpha \tag{5.6}$$

其中，I_a 是环境泛光入射光亮度，一般取值范围为 $0.02I_e \sim 0.2I_e$；I 为景物表面的反射光亮度。上式常称为 Lambert 光照模型。图 5.4 是采用上述光照明模型生成的真实感图形。

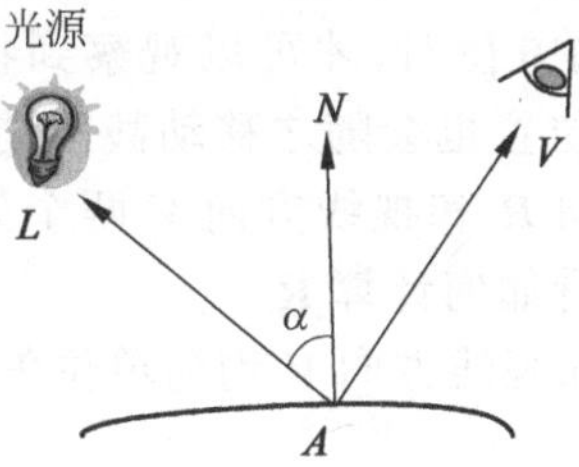

图 5.3 Lambert 漫反射示意图

图 5.4 Lambert 光照模型的光照明效果

5.1.3 Phong 镜面反射模型

现实世界有许多物体表面很光滑，如玻璃器皿、家具、汽车车身等，当人们从某些视线方向观察这些表面时，往往会看到表面上呈现出特别亮的区域，即所谓的高光(Highlight)，如图 5.5 所示。事实上，光滑表面除了有漫反射光以外，还存在镜面反射光。

镜面反射光是一种朝向一定方向的反射光，它遵从光的反射定律，即反射光和入射光对称地分布于物体表面法线方向的两侧，反射角等于入射角，如图 5.6(a)所示。对于非理想镜面，通常认为其表面由许多朝向沿表面宏观法向附近随机分布的微平面构成，其镜面反射光分布于物体表面镜面反射方向的周围，如图 5.6(b)所示。

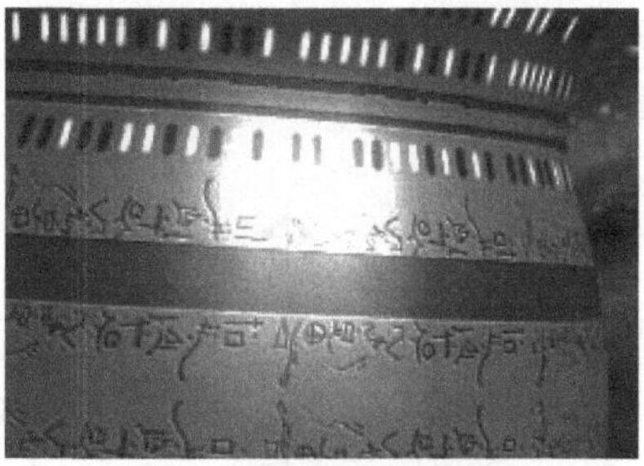

图 5.5 镜面高光

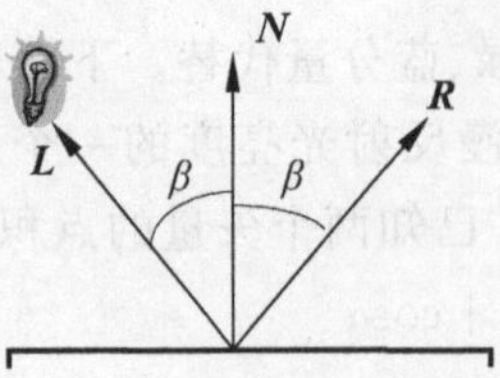

(a) 理想镜面反射

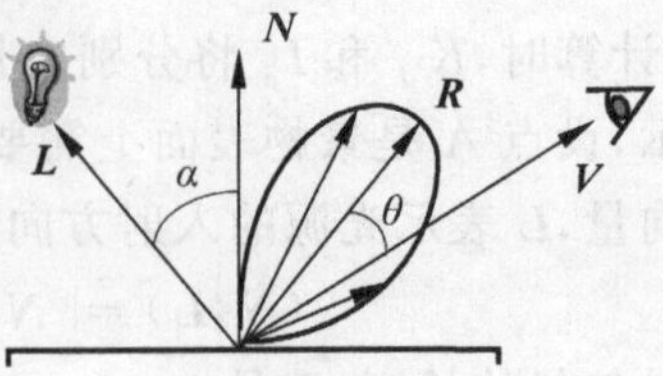

(b) 非理想镜面反射

图 5.6 镜面反射示意图

可以采用余弦函数的幂次来模拟镜面反射光：

$$I_s = k_s I_e \cos^n\theta \tag{5.7}$$

其中：

I_s 为物体表面镜面反射光亮度。

I_e 为发自光源的入射光的光亮度。

θ 为镜面反射方向和视线方向的夹角。

k_s 表示表面的镜面反射率，对于绝大多数表面材料，镜面反射光的光谱组成及其分布曲线与入射光基本相似，因此 k_s 可简单地取为一个标量系数。

n 为镜面反射光的会聚指数，或称为高光指数，它是一个正实数，其取值取决于表面材料的属性和表面的光滑程度。一般为从一到数百不等。对于光滑的表面，其镜面反射光的会聚程度较高，此时可将 n 值取得大一些；而对于光滑度较低的表面，其镜面反射光呈发散状态，此时可将 n 值取得小一点。

从式(5.7)不难看出，镜面反射光亮度不仅取决于物体表面的法线方向，而且依赖于光源和观察者的相对位置。只有当观察者位于比较合适的方位时，才可以观察到物体表面某些区域呈现的高光。当观察者方位改变时，高光区域的位置也会随之移动甚至消失。

式(5.7)中需要计算 $\cos\theta$ 的值，这涉及镜面反射方向 $\boldsymbol{R}$ 和视线方向 $\boldsymbol{V}$ 两个矢量。当用户指定观察者的位置后，$\boldsymbol{V}$ 的计算是非常直接的。下面看如何计算 $\boldsymbol{R}$。

如图 5.7 所示，不妨假设光线方向 $\boldsymbol{L}$、表面法向 $\boldsymbol{N}$ 和视线方向 $\boldsymbol{V}$ 均为单位矢量，入射角为 β，于是有：

$$\boldsymbol{L} + \boldsymbol{R} = 2\boldsymbol{S} \tag{5.8}$$

$$\boldsymbol{S} = |\boldsymbol{L}| \cos\beta \boldsymbol{N} = \cos\beta \boldsymbol{N} = (\boldsymbol{L}, \boldsymbol{N})\boldsymbol{N} \tag{5.9}$$

综合上面两式可得：

$$\boldsymbol{R} = 2(\boldsymbol{L}, \boldsymbol{N})\boldsymbol{N} - \boldsymbol{L} \tag{5.10}$$

一旦 $\boldsymbol{R}$ 和 $\boldsymbol{V}$ 确定，即可参考式(5.5)计算 $\cos\theta$。但因为式(5.10)的计算涉及矢量点乘，在实际应用中，经常采用 $\cos\gamma$ 来取代 $\cos\theta$，其中 γ 是表面法向 $\boldsymbol{N}$ 和角平分矢量 $\boldsymbol{H} = (\boldsymbol{L} + \boldsymbol{V})/2$ 的夹角，如图 5.8 所示。$\boldsymbol{H}$ 是将入射光线反射到视线方向的虚拟镜面的法向量。此时，镜面反射光亮度公式可改写为：

$$I_s = k_s I_e \cos^n\gamma \tag{5.11}$$

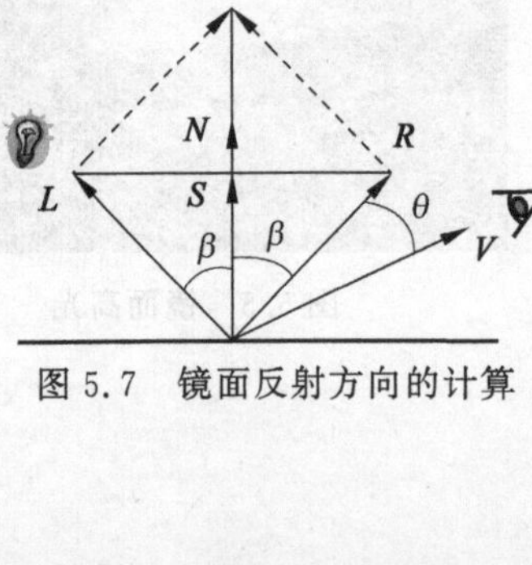

图 5.7 镜面反射方向的计算

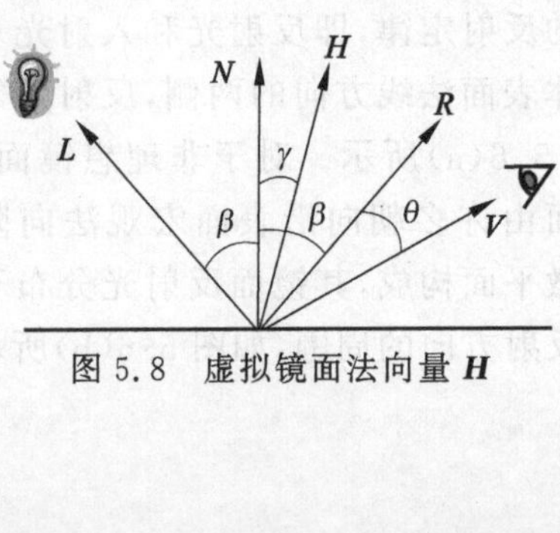

图 5.8 虚拟镜面法向量 H

显然，$\cos^n\gamma$ 也能描述射向观察者的镜面反射光的分布函数，但其计算量比 $\cos^n\theta$ 要小很多。

对于一般反射面来说，其表面反射光中既有漫反射分量，也有镜面反射分量，还包含泛光反射分量。综合考虑 3 方面的贡献和场景中多光源照明的情形，一个较完整的光照模型可表述如下：

$$I = K_a I_a + \sum_{i=1}^{m} I_i (K_d \cos\alpha + k_s \cos^n\gamma) \tag{5.12}$$

分别将 $\cos\alpha$ 和 $\cos\gamma$ 写成矢量积形式，得：

$$I = K_a I_a + \sum_{i=1}^{m} I_i (K_d (\boldsymbol{N}, \boldsymbol{L}) + k_s (\boldsymbol{N}, \boldsymbol{H})^n) \tag{5.13}$$

其中，m 为光源的个数。上式由 B. T. Phong 在 1973 年提出，在计算机图形学中称为 Phong 镜面反射模型。图 5.9 中所示的是采用 Phong 镜面反射模型的绘制效果。

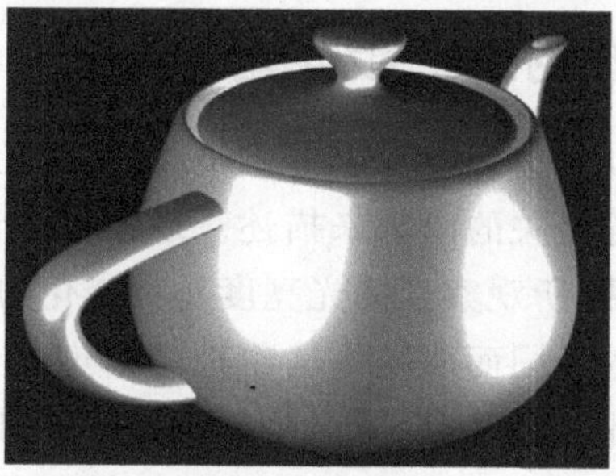

图 5.9 Phong 镜面反射模型的光照明效果

5.1.4 Whitted 整体光照明模型

Lambert 光照模型和 Phong 镜面反射模型仅考虑了从光源直接发出的光线对物体表面光亮度的贡献，而没有考虑光线在物体之间的相互反射（如在镜子中可以看到其他物体）和透射（如可以看到透明物体后面的其他物体），因此它们被称为局部光照明模型。显然，仅用局部光照明模型生成的图形在真实感上是有缺陷的。

为模拟现实世界中景物表面之间的镜面反射和透射现象，T. Whitted 假设从某一观察方向 $\boldsymbol{V}$ 所观察到的物体表面某点 P 的光亮度的贡献来自 3 个方面：其一，由光源直接照射引起的反射光亮度 I_c；其二，沿 $\boldsymbol{V}$ 的镜面反射方向 $\boldsymbol{r}$ 入射的环境光 I_s 在表面产生的镜面反射光；其三，沿 $\boldsymbol{V}$ 的规则透射方向 $\boldsymbol{t}$ 入射的环境光 I_t 通过透射在表面上产生的规则透射光，如图 5.10 所示。

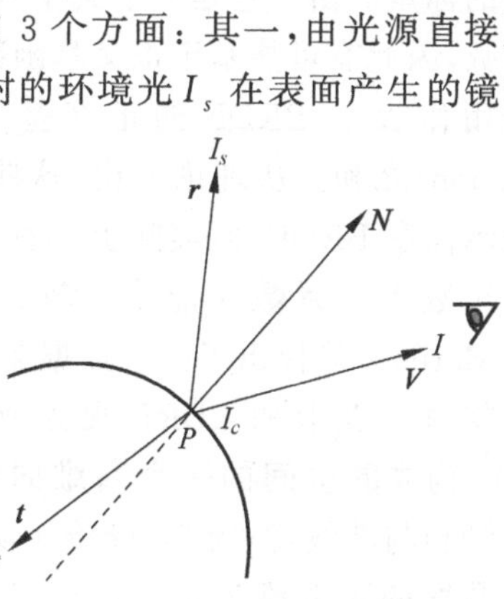

图 5.10 镜面反射和规则透射

Whitted 基于上述假设建立了 Whitted 整体光照明模型：

$$I = I_c + k_s I_s + k_t I_t \tag{5.14}$$

其中：

I_c 为由光源直接照射在表面上引起的反射光亮度，可直接采用 Phong 镜面反射模型计算。

I_s 为沿 $\boldsymbol{V}$ 的镜面反射方向 $\boldsymbol{r}$ 入射到表面上的环境光在表面上产生的镜面反射光。

I_t 为沿 $\boldsymbol{V}$ 的规则透射方向 $\boldsymbol{t}$ 入射到表面上的环境光通过透射在表面上产生的规则透射光。

k_s 为表面的镜面反射率。

k_t 为表面的透射率。

为利用 Whitted 模型计算物体表面某一点(例如，图 5.10 中的点 P)的光亮度，除了利用 Phong 镜面反射模型计算出 I_c 之外，还必须计算出 I_s、I_t 的值。

I_s、I_t 的计算涉及一个复杂的过程。以图 5.10 为例，为计算点 P 处 I_s 的值，可假设观察者位于 P 点位置，沿 $\boldsymbol{r}$ 方向对场景进行观察。因此，必须首先求出 $\boldsymbol{r}$，并利用 Whitted 模型计算场景沿 $\boldsymbol{r}$ 方向投射到位于点 P 处的观察者眼中的光亮度，这导致了一个递归的过程。I_t 的计算也类似。

下面将在 5.3 节详细介绍 Whitted 模型的求解方法——光线跟踪(Ray Tracing)。

5.1.5 光照明模型的进一步完善

从物体表面上的某一点朝某一特定方向反射的光线的光亮度可由一个与入射光线方向、物体表面法向、观察方向等有关的函数来描述。通常这个函数是各向异性的，即如果绕该点表面法向转动该物体的话，所观察到的光亮度是有变化的。最常见的一个例子是丝绸，它的颜色将随着其绒面方向的不同而不同。从物理的角度来说，这个反射函数是一个与光的波长相关的光谱函数。因此，精确的反射函数模型的计算非常困难。上面介绍的几个光照明模型只是对光照明现象的简单模拟，能够给人们提供视觉上可以接受的效果而已。

光照明模型一直是计算机图形学研究的重点，其主要目标是更深入地理解物体表面结构及其与光线之间的相互作用机理，从物理上更准确、更精细地模拟光照明现象。在计算机图形学近半个世纪的实践中，研究人员提出了许多光照明模型，它们大致可以分为 3 类：以 Phong 模型为代表的基于经验的简单光照明模型、以 Blinn 模型和 Cook-Torrence 模型为代表的基于物理的光照明模型，以及双向反射分布函数(Bi-Directional Reflectance Distribution Function，BRDF)模型。

BRDF 是指一个微小面元上，特定反射光的辐照度与入射光的辐照度的比值，是一个无维度的标量。由于它是一个关于入射光入射角度(θ_i,Φ_i)和反射光出射角度(θ_o,Φ_o)的四维函数，因此有可能基于正交基函数构建其拟合表示。球面调和函数、小波、Zernike 多项式均可用作表示 BRDF 的正交基，而 Kautz 等则将 BRDF 表示为可分函数(Separable Function)之和。从理论上讲，这些表示均能精确地表示任意 BRDF，但实际上却往往需要数十、数百乃至数千个系数才能获得较为理想的逼近效果。Matusik 等提出了一个数据驱动的反射模型，他们将每一获取的 BDRF 视为取自所有可能的 BRDF 构成的空间的一个高维向量，并应用线性(子空间)与非线性(流形)降维工具以找出能表征测量数据的更低维表示。这样，用户可定义少量(15～30 个)具有感知意义的参数方向，实现对降

图 5.11 采用数据驱动的反射模型绘制的茶壶

维 BRDF 空间的导航。图 5.11 是 Matusik 等采用这种方法绘制的带有油污指纹的不锈钢茶壶。从本质上说，BDRF 仅主要刻画物体表面的朝向细节，考虑到纹理映射是刻画物体表面空间细节的主要方法，Mcallister 在其博士学位论文中，结合纹理映射和 BDRF 方法，提出了六维的空间 BRDF 方法。

虽然采用 BRDF 模型绘制的物体具有很强的真实感，但与基于经验的简单光照明模型及基于物理的光照明模型仅需数个系数相比，BRDF 模型所需的系数明显偏多，加之 BRDF 模型需要存储大量的相关采样数据以及需要较大的计算量，因此目前 BRDF 模型仍未得到广泛应用。

5.2 多边形物体的明暗处理

在计算机图形学中，场景中的许多物体都采用多边形表示。对于理想漫射体，最简单的方法是先依据 Lambert 模型按每一个(可见的)多边形的法向量计算出一个颜色值，然后将该颜色值赋给该多边形在屏幕上的投影所覆盖的全体像素。

图 5.12 Flat 明暗处理图例

上述绘制方法称为 Flat 明暗处理(Shading)。该方法处理简单，但景物表面上相邻的多边形之间颜色差异较大，存在马赫带(Mach Bands)效应(光亮度变化不连续的边界处呈现亮带或黑带)，如图 5.12 所示。为消除这种相邻多边形之间颜色不连续的现象，可以通过插值方法来处理。

5.2.1 Gouraud 明暗处理

Gouraud 明暗处理又称光亮度插值明暗处理。首先，为多边形物体的每一个顶点赋一个法向量。顶点处的法向量可通过计算所有共享该顶点的多边形的法向量的平均值得到，如图 5.13(a)所示。然后，利用 Phong 模型计算每一顶点处的光亮度。多边形内部各点处的光亮度值则通过对多边形顶点处的光亮度的双线性插值得到。

如图 5.13(b)所示，假设多边形 $ABCDE$ 每一顶点处的光亮度已计算好，e 是经过点 I 的扫描线，它与多边形相交于点 I_1 和点 I_2。于是，首先利用点 A、点 B 的光亮度线性插值得到点 I_1 处的光亮度；然后利用点 D、点 C 处的光亮度线性插值得到点 I_2 处的光亮度；最后利用点 I_1 和点 I_2 处的光亮度线性插值得到点 I 处的光亮度。

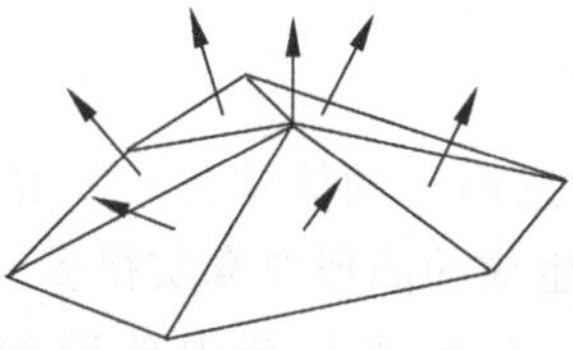

(a) 计算多边形顶点处的法向量

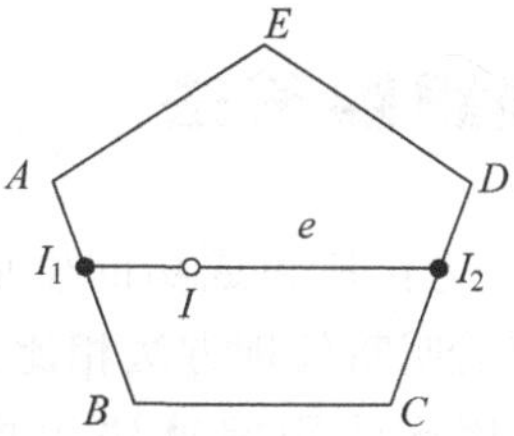

(b) 计算多边形内一点的光亮度

图 5.13 Gouraud 明暗处理中的多边形顶点法向量计算及光亮度计算

Gouraud 明暗处理简单快速，所生成的图形在真实感上较 Flat 明暗处理有了较大的提高，如图 5.14 所示，但马赫带效应依然存在，这是由 Gouraud 明暗处理中线性插值的本质决定的。为消除马赫带效应，可以采用高次插值，但这势必带来计算量的问题。Gouraud 明暗处理的另一缺陷是不能正确模拟高光。

图 5.14　Gouraud 明暗处理图例

5.2.2　Phong 明暗处理

Phong 明暗处理(Phong Shading)又称法向插值明暗处理。与 Gouraud 明暗处理直接插值顶点处的光亮度不同，Phong 明暗处理插值顶点处的法向。如图 5.15 所示，顶点 P_A、P_B 处的法向可取围绕它们的多边形的法向量的平均值。位于 P_A、P_B 连线上的点 P_1、P_2 和 P_3 处的法向可以通过线性插值顶点 P_A、P_B 的法向得到。然后利用 Phong 模型分别计算其光亮度。对于多边形内部的点，其法向可采用类似于 Gouraud 明暗处理中的双线性插值方法处理。

仍以图 5.13(b)为例。假设多边形 A、B、C、D、E 每个顶点处的法向量已计算好，首先对点 A、点 B 处的法向量做线性插值得到点 I_1 处的法向量，对点 D、点 C 处的法向量做线性插值得到点 I_2 处的法向量；然后，取点 I_1 和点 I_2 处的法向量的线性插值得到点 I 处的法向量；最后，根据计算所得到的法向量，利用 Phong 模型计算点 I 处的光亮度。

Phong 明暗处理由于对法向进行插值，故不仅能较好地模拟高光，而且相邻多边形之间的光亮度过渡也比 Gouraud 明暗处理更自然，但其计算量比 Gouraud 明暗处理要大得多。图 5.16 是用 Phong 明暗处理生成的真实感图形。

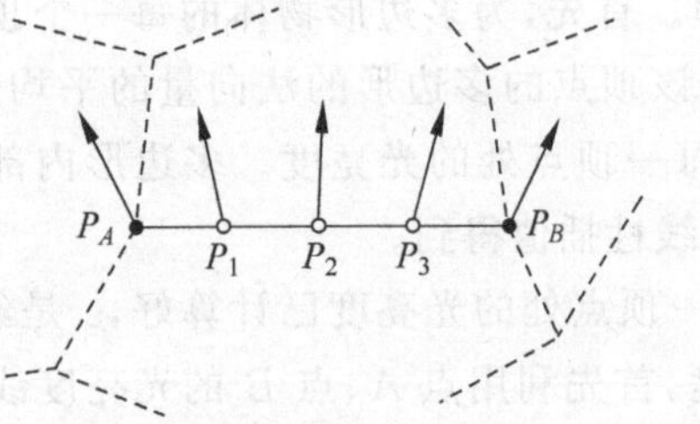

图 5.15　Phong 明暗处理中法向的线性插值

图 5.16　Phong 明暗处理图例

5.3　光线跟踪算法

光线跟踪是迄今为止最为成功的生成真实感图形的算法之一。光线跟踪不仅算法简单，而且与前面介绍的明暗处理方法相比，它所生成的图形要真实得多。图 5.17 是 2008 年 Tran G. Glasses 采用光线跟踪算法生成的图例，请注意图中玻璃的镜面反射效果、透明效果。

5.3.1 基本原理

光线跟踪技术的前身是 1968 年 Appel 提出的光线投射(Ray Casting)法。光线投射法生成真实感图形的步骤如下：首先从视点出发通过屏幕上的每一像素的中心向场景发出一条光线，并求出该条光线与场景中物体的全部交点；然后将各交点沿着光线投射方向排序，获得离视点最近的交点；最后依据局部光照明模型计算该交点处的光亮度，并将所得光亮度值赋给该像素。当所有屏幕像素都处理完毕时，即得到一幅真实感图形，如图 5.18 所示。

图 5.17 光线跟踪算法生成的图例

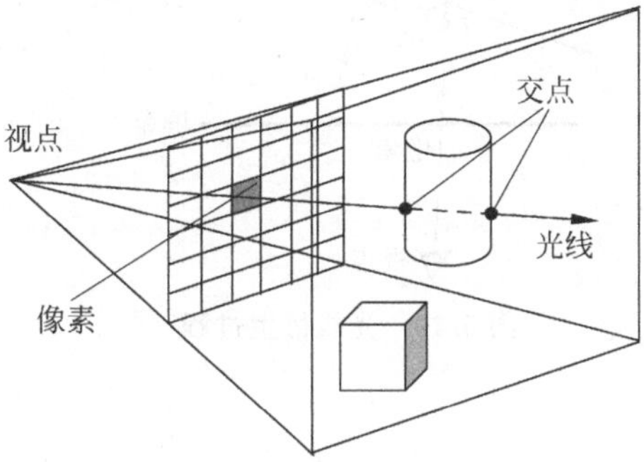

图 5.18 光线投射原理

1980 年，Whitted 为求解他提出的整体光照明模型，对光线投射算法进行了扩展使其能处理镜面反射和规则透射。其原理如下：

首先，从视点出发向屏幕上的每一像素发出一条光线，求出光线与场景所有交点中离视点最近的交点 P，并依据局部光照明模型计算该交点处的颜色值 I_c，同时在交点处沿着该光线的镜面反射方向和透射方向各衍生出一条光线(若点 P 所在的表面非镜面或不透明，则无须衍生出相应的光线)；然后，分别对衍生出的光线递归地执行前两个步骤，以计算来自镜面反射方向和透射方向周围环境对点 P 光亮度的贡献 I_s 和 I_t；最后，依据 Whitted 光照明模型即可计算出点 P 处的光亮度，并将计算出的光亮度赋给该像素。当所有屏幕像素都处理完毕时，即可得到一幅真实感图形。

上述光线衍生及其在环境景物之间传递的过程就是光线跟踪过程，它是对真实世界光照明过程的逆过程的一种近似。光线跟踪算法逆向跟踪从光源发出的光经由物体之间的多次反射和折射后投射到物体表面，最终进入人眼的过程，如图 5.19 所示。光线跟踪过程一般可用一棵称为光线树的二叉树来表示，如图 5.20 所示。

在算法中，光线跟踪的递归过程并非无休止地进行下去，一般采用下面条件之一作为光线跟踪递归过程终止的条件。

(1) 光线与环境中的任何物体均不相交，或交于纯漫射面。

(2) 被跟踪的光线返回的光亮度值对像素颜色的贡献很小。

(3) 已递归到给定深度。

5.3.2 光线跟踪算法的伪语言描述

下面给出光线跟踪算法的伪语言描述，注意前面提到的递归的 3 个出口是如何应用到光线跟踪子函数 RayTrace()中的。

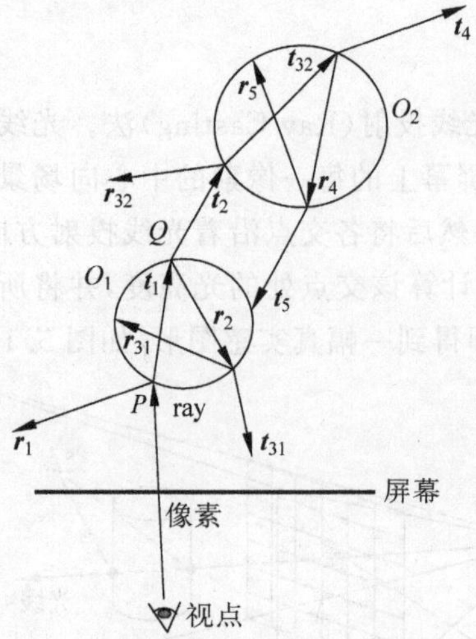

图 5.19　光线衍生过程

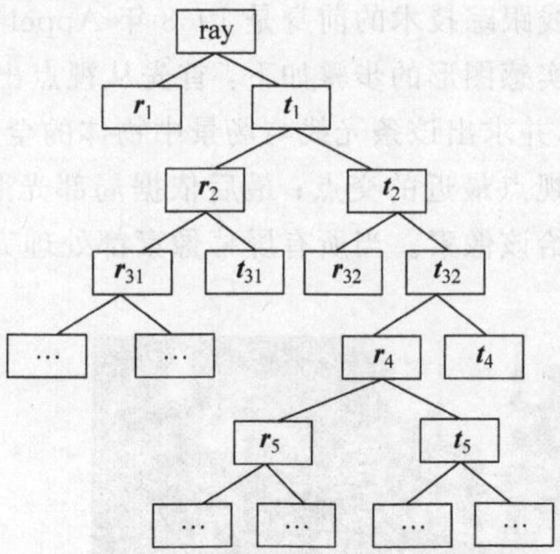

图 5.20　图 5.19 中光线衍生过程的光线树表示

```
main ()                                  //说明：主函数
{
    for(需要计算颜色的每一像素 pixel) {
        确定通过视点 V 和像素 pixel 的光线 R;
        depth = 0;                       // 说明：递归深度
        ratio = 1.0;                     //说明：当前光线的衰减系数,1.0 表示无衰减
        // 说明：color 是经计算后返回的颜色值
        RayTrace(R, ratio, depth, color);
        置当前像素 pixel 的颜色为 color;
    }
} // 说明：主函数 main()结束

RayTrace(R, ratio, depth, color)  //说明：光线跟踪子函数
{
    if(ratio < THRESHOLD) {
        置 color 为黑色;
        return;
    }
    if(depth > MAXDEPTH) {
        置 color 为黑色;
        return;
    }
    光线 R 与场景中的所有物体求交。若存在交点,则找出离 R 起始点最近的交点 P。
    if(交点不存在) {
        置 color 为黑色;
        return;
    }
    用局部光照明模型计算交点 P 处的颜色值,并将其存入 local_color;
    if(交点 P 所在的表面为光滑镜面) {
        计算反射光线 Rr;
        RayTrace(Rr, ks * ratio, depth + 1, reflected_color);
    }
    if(交点 P 所在的表面为透明表面) {
        计算反射光线 Rt;
```

```
    RayTrace(Rt, kt * ratio, depth + 1, transmitted_color);
  }
  依照 Whitted 模型合成最终的颜色值,即:
  color = local_color + ks * reflected_color + kt * transmitted_color;
  return;
} // 说明: 光线跟踪子函数 RayTrace()结束
```

5.3.3 阴影计算

阴影(Shadow)指的是场景中未被光源直接照射到或仅被部分光源直接照射到的区域。阴影区域分为本影和半影。本影是场景中完全未受到光源直接照射的区域,而半影指的是场景中仅受部分光源直接照射的区域。阴影生成的方法很多,常用的有影域多边形法、曲面细节多边形法、z 缓冲器法等。

在光线跟踪算法中,要测试场景中某点 P 是否被某一点光源 L 直接照射,只需从 P 出发向光源 L 发射一条阴影测试光线 $\boldsymbol{R}$ 即可。若 $\boldsymbol{R}$ 在到达 L 的途中与场景中的物体不相交,则点 P 受光源 L 直接照射；反之,点 P 被位于它与光源 L 之间的某一物体所遮挡,若遮挡物为不透明体,则点 P 位于光源的阴影之中,如图 5.21 所示。

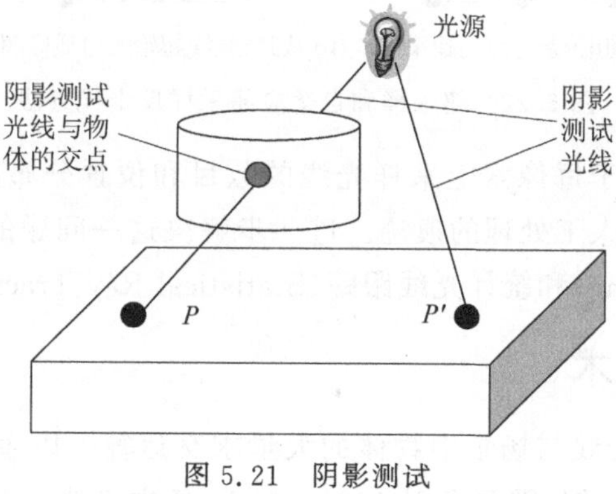

图 5.21 阴影测试

假设场景中有 m 个点光源(对于场景中的线光源或面光源,可将其离散后用多个点光源近似表示),则包含阴影计算的 Phong 模型可调整为：

$$I(P)=K_a I_a+\sum_{i=1}^{m}(f_i(P)I_i(k_{d_i}(\boldsymbol{N},\boldsymbol{L})+k_s(\boldsymbol{N},\boldsymbol{H})^n)) \tag{5.15}$$

其中,P 为待计算颜色的点,而：

$$f_i(P)=\begin{cases}0 & \text{若 } P \text{ 未受光源 } i \text{ 直接照射}\\ 1 & \text{若 } P \text{ 受光源 } i \text{ 直接照射}\end{cases} \tag{5.16}$$

5.3.4 反走样

由于计算机屏幕采用方形(或矩形)显示,而光线跟踪算法本质上是对画面的点采样,因此容易导致图形走样。从理论上说,走样现象不可能完全消除,但可以采用一些称为反走样(Anti-Aliasing)的技术来减轻图形走样对画面质量的影响。

通常情况下,光线跟踪程序仅通过屏幕上每一像素的中心点发射一条主光线,经光线跟踪返回一个光亮度值作为该像素的显示值。如果对一像素的不同子区域发射多条光线(例如,均匀发射出 9 条光线,如图 5.22(a)所示,沿这些光线分别进行光线跟踪可返回多个光亮度值,将这些光亮度值的平均值作为该像素的显示光亮度,可在很大程度上提高该像素所显示颜色的准确性。上述方法称为超采样(Supersampling),是光线跟踪算法中一种常用的反走样处理手法。

自适应超采样方法是对上述超采样方法的改进。自适应超采样方法首先发出 3 条经过挑选的光线,如图 5.22(b)所示,经光线跟踪得到 3 个光亮度值。假如这 3 个光亮度值非常接近,那么从其他 6 个位置发出的光线所返回的光亮度值极有可能和这 3 个光亮度值非常接近。因此,只需取这 3 个光亮度值的平均作为该像素的显示光亮度即可。反之,如果返回的 3 个光亮度值差异较大,则将该像素进一步剖分成更小的区域,发出更多采样光线,再取这些采样光线所返回的光亮度值的平均值赋给该像素。事实上,对整个屏幕而言,在绝大多数的像素上只需发出 3 条光线即可满足要求。

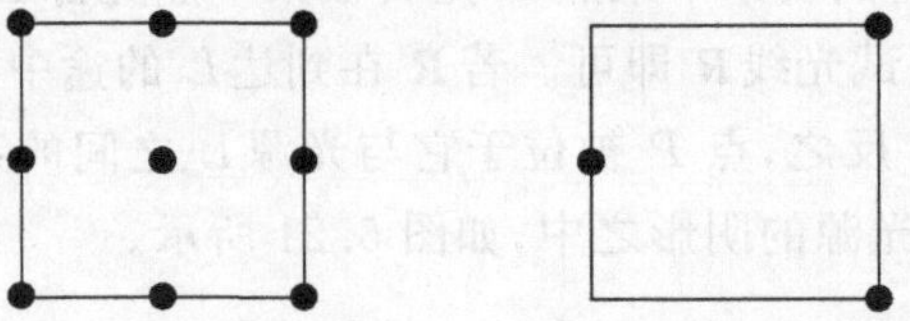

(a) 利用9条光线的超采样 (b) 从3条光线起始的自适应超采样

图 5.22 超采样和自适应超采样反走样方法

在超采样方法中,由于每像素上采样光线的数目和位置分布固定,不仅计算量大大增加,而且会在画面上留下人工处理的痕迹。进一步解决这一问题的方法是采用随机光线跟踪(Stochastic Ray Tracing)和统计光线跟踪(Statistical Ray Tracing)。

5.3.5 加速技术

光线跟踪算法涉及光线与场景中物体的大量求交运算。以生成一幅分辨率为 1280×1024 像素的真实感图形为例,需要发射 1280×1024 条主光线。假设每条主光线通过反射和折射平均衍生出 5 条光线,再假设场景中包含 4 个点光源(在每一被跟踪光线与场景的交点处需要发出 4 条阴影探测光线)和 100 000 个独立的物体表面,则生成这样的一幅图像共需要进行 1280×1024×5×4×100 000 次直线与各类物体表面的求交运算。如果还需要进行反走样处理,则计算量会成倍增加。因此,如何对光线跟踪算法进行加速,是关系到算法是否实用的关键。

实际上,真正与某一被跟踪的光线相交的场景表面数量极其有限,如能简便地判定光线与场景中景物表面的相对位置关系,避免光线与实际不交的景物表面的求交运算,将显著提高光线跟踪算法的效率。

一种典型的光线跟踪加速算法是包围盒技术,即将场景中的所有表面按其空间位置关系分层次组织成树状结构,其中树的根节点表示整个场景,中间节点则分别表示场景中空间位置较为接近的一组表面,叶节点即为单个景物表面。每一个节点中的表面或表面片集合都用一个形状简单的包围盒包裹起来。若光线与包围盒不相交,则必定不与其中所含的景物面片相交;只有当光线与包围盒相交时,才进行光线与其中所含的景物面片的求交运算。显然,采用包裹相对紧密的包围盒有助于提高包围盒测试的准确性。常用的包围盒体有长方体、平行 $2n$ 面体等,如图 5.23 所示。

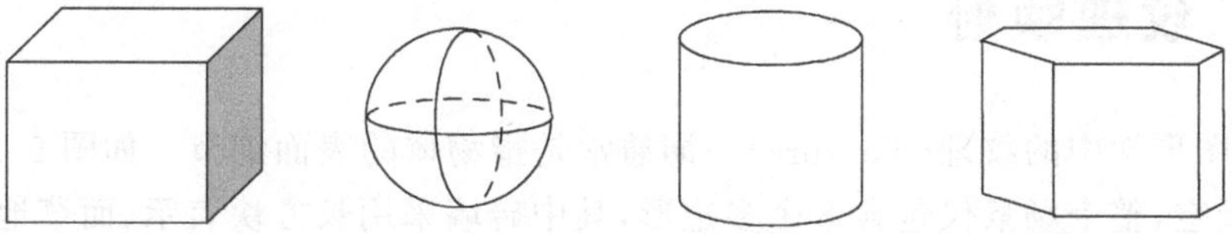

(a) 包围盒　(b) 包围球　(c) 包围圆柱　(d) 平行六面体

图 5.23 常用的包围盒体

另一种光线跟踪加速算法是景物空间分割技术,即将景物空间分割成一个个小的空间单元。被跟踪的光线仅与它所穿过的空间单元中所含的物体表面进行求交测试。典型算法包括基于空间均匀剖分的三维 DDA 算法、基于空间二叉分割(BSP)的算法和基于空间自适应剖分的八叉树算法。这类算法的优势在于可充分利用相邻空间单元的空间连贯性,使光线快速跨越一个个空单元,从而迅速到达非空单元,求得光线与景物的第一个交点。

5.3.6 光线跟踪实例程序

光线跟踪算法经过近 30 年的发展,已成为高度成熟的真实感图形绘制算法,在计算机动画、工程设计等领域已得到非常成功的应用。目前市场上著名的三维动画软件,如 Maya、Softimage、3ds Max 等,其真实感绘制模块均无一例外地采用了光线跟踪算法。除了商品化绘制引擎(如 Mental Ray)以外,一些组织也致力于研发真实感绘制程序,如由 POV-小组(POV-Team^{TM})开发的 POV-Ray(the Persistence of Vision Ray-Tracer)就是一款开放源代码的、基于光线跟踪的真实感绘制软件包,其前身是由 Buck 和 Collins 编写的 DKBTrace 2.12。在用 POV-Ray 生成真实感图形时,用户需要首先建立场景描述文件,然后调用光线跟踪绘制程序。幸运的是,虽然 POV-Ray 是一个开源软件包,但它提供了较为完整的关于如何建立场景文件及使用光线跟踪程序的文档。此外,它还提供了许多预定好的场景、三维形状以及材质,供用户学习以及在用户自己建立的场景文件中调用。图 5.24 是采用 POV-Ray 绘制的犹他茶壶,本书的配套资源中提供了相关的场景文件。

本书的配套资源中还提供了一个简明的光线跟踪绘制框架程序,其中涵盖了简单的场景造型、主要光线及阴影光线的发射及接收、光线与球体的求交、简单反走样等光线跟踪算法要素。图 5.25 为该框架程序生成的真实感图形。需要指出的是,该程序框架并未涉及取景变换、反射及透射光线计算等要素,建议读者结合 5.3.2 节,将这些光线跟踪要素补充到该框架中。

图 5.24 POV-Ray 绘制的犹他茶壶

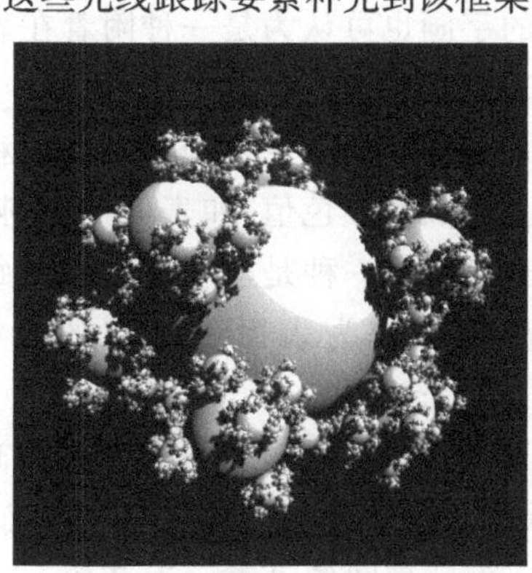

图 5.25 光线跟踪绘制框架程序生成的真实感图形

5.4 纹理映射

计算机图形学中的纹理(Texture)一词通常是指物体的表面细节。如图 5.26 所示的砖墙、草地和天空,整个场景仅包含 8 个多边形,其中砖墙采用长方块表示,而草地和天空均各由一个四边形表示。由于分别采用了二维图像作为纹理,因此画面真实感大大增强。

(a) 场景多边形表示

(b) 纹理映射效果

图 5.26 纹理示例：砖墙、草地和天空

1974 年,Catmull 首先采用二维图像来定义物体表面的颜色(漫反射系数),这种纹理被称为颜色纹理；而 Blinn 则于 1978 年提出了在光照模型计算中适当扰动物体表面的法向生成表面凹凸纹理的方法。上述两类纹理至今仍然是经常使用的纹理类型。利用纹理映射技术还可以改变物体的其他表面属性,如镜面反射属性、透明度和折射率等。纹理也可以直接在三维空间中定义。

5.4.1 颜色纹理

根据 5.1.2 节给出的光照模型式(5.3),在计算景物表面任一点 P 的光亮度时,首先必须确定该点处的入射光线矢量 $\boldsymbol{L}$、该点处表面的法向量 $\boldsymbol{N}$ 以及表面的颜色(漫反射率 K_d)。显然,很容易根据点 P 的空间位置以及该点所在表面的方程计算 $\boldsymbol{L}$ 和 $\boldsymbol{N}$,但确立表面上任一点的颜色却并不简单。自然界和生活中的表面通常具有丰富的颜色细节,如大理石表面和木质家具表面呈现清晰的自然纹理,罐头和商品包装盒的表面印有各种装饰性纹理,房间墙上贴的字画也可认为是一种附着在表面的人工纹理。在上述情形中,表面上各点的颜色依据纹理图案呈现有序的分布。

确定表面上的颜色纹理通常有两种方法：一种是依据预先建立的表面的纹理模型,计算表面上各点的颜色值,如表面上规则的几何图案即可通过计算机建模,确定表面上各点应取的颜色值；另一种是建立表面上的每一点和一已知图像上的点的对应关系,取图像上相应点的颜色值作为表面上各点的颜色值,这种方法在计算机图形学中称为纹理映射(Texture Mapping)。

为了使映射在景物表面的颜色纹理不因摄像机的方位或景物在空间位置的改变而漂移,常采用景物表面的参数化表示来确立表面的纹理映射坐标,设景物表面的参数化表示为 $f(u,v)$,而纹理图像可表示为 $T(s,t)$,建立景物表面参数空间 (u,v) 和纹理图像参数空间 (s,t) 之间的一一对应关系,即可实现纹理图像在景物表面的映射。

5.4.2 几何纹理

颜色纹理描述了光滑表面上各点处的颜色分布。自然界还存在另一类景物表面，如橘子、树干、粗纹布料、混凝土墙面等，其表面凹凸不平，具有丰富的几何细节。自然也可以将上述表面的照片经数字化后作为颜色纹理映射到相应的几何表面，以增加真实感，但任何照片都是在给定视点、视线方向和光照条件下景物表面的图像，无法表达在改变视点和光照条件下景物表面几何细节所呈现出的不同的光照效果。

Blinn 提出，可以在不改变物体宏观几何的前提下，用凹凸映射(Bump Mapping)技术模拟出物体表面粗糙的、褶皱的、凹凸不平的光照效果，其思想是在应用光照明模型计算景物表面光亮度时，对景物表面法向进行微小的扰动。

假设物体表面 $\boldsymbol{S}$ 由参数方程 $\boldsymbol{S}=\boldsymbol{S}(u,v)$ 表示，于是，对于 $\boldsymbol{S}$ 上的任意一点(u,v)，其法向可由其沿 u、v 方向的偏导数 $\boldsymbol{S}_u$、$\boldsymbol{S}_v$ 的叉积 $\boldsymbol{n}=\boldsymbol{S}_u\times\boldsymbol{S}_v$ 定义。

Blinn 通过沿着表面 $\boldsymbol{S}$ 的法线方向叠加一个微小的扰动量 $P(u,v)$ 定义了一张新的表面 $\boldsymbol{S}'$，即：

$$\boldsymbol{S}'=\boldsymbol{S}(u,v)+P(u,v)\frac{\boldsymbol{n}}{|\boldsymbol{n}|} \tag{5.17}$$

新表面的法向可用 $\boldsymbol{n}'=\boldsymbol{S}'_u\times\boldsymbol{S}'_v$ 计算。在计算表面 $\boldsymbol{S}$ 的光亮度时，Blinn 使用新表面的法向量 $\boldsymbol{n}'$ 取代原光滑表面的法向量 $\boldsymbol{n}$，生成物体表面的凹凸效果。具体地，$\boldsymbol{n}'$ 可写为：

$$\boldsymbol{n}'=\boldsymbol{n}+\frac{P_u(\boldsymbol{n}\times\boldsymbol{S}_v)}{|\boldsymbol{n}|}+\frac{P_v(\boldsymbol{S}_u\times\boldsymbol{n})}{|\boldsymbol{n}|} \tag{5.18}$$

其中，右端第一项为原光滑表面 $\boldsymbol{S}$ 的法向，而第二、三项则为对表面 $\boldsymbol{S}$ 原法向的扰动向量。扰动函数 $P(u,v)$ 既可解析定义，也可通过查找表(如二维图像)的形式定义。采用不同的扰动函数将获得不同的效果。利用较平滑的扰动函数将生成比较规则的凹凸特征，而利用随机度较高的扰动函数将生成较粗糙的表面效果。图 5.27 所示为球体表面分别以规则图案和不规则噪声图案为纹理的凹凸映射效果，注意球体表面虽然看似有凹凸，但其轮廓仍是光滑的。图 5.28 比较了颜色纹理效果与凹凸纹理效果。从图中不难看出，对于类似于花岗岩等表面有微小凹陷和凸起的物体，结合颜色纹理和凹凸纹理，可以获得较为真实的模拟效果。

图 5.27 凹凸纹理示例

5.4.3 纹理反走样

无论是颜色纹理还是几何纹理都是一种表面细节，若采用常规点采样方式绘制画面，极易引起纹理走样，如图 5.29 所示。从本质上说，纹理走样是由于对景物表面欠采样引起的，即屏幕上两相邻像素所对应的景物表面的采样点被映射到纹理空间不相邻的两像素，从而导致纹理空间某些信息丢失，如图 5.30 所示。

目前已提出了多种纹理反走样技术。Catmull 提出的纹理反走样算法基于前置滤波方法。该算法首先确定屏幕像素 P 上可见的景物表面区域 A，然后将该区域直接映射到纹理

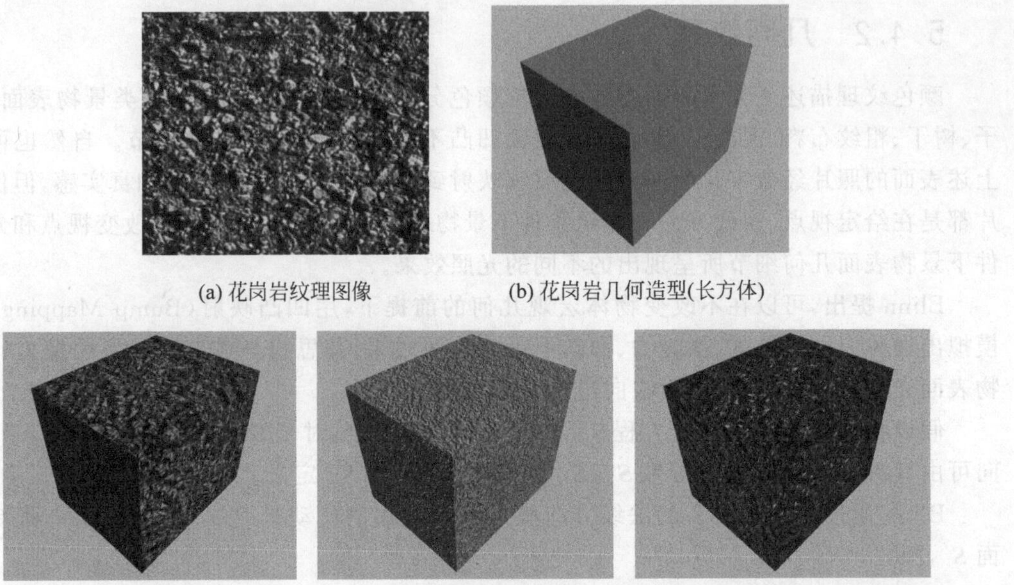

(a) 花岗岩纹理图像　(b) 花岗岩几何造型(长方体)

(c) 颜色纹理　(d) 凹凸纹理　(e) 颜色纹理结合凹凸纹理

图 5.28　颜色纹理与凹凸纹理

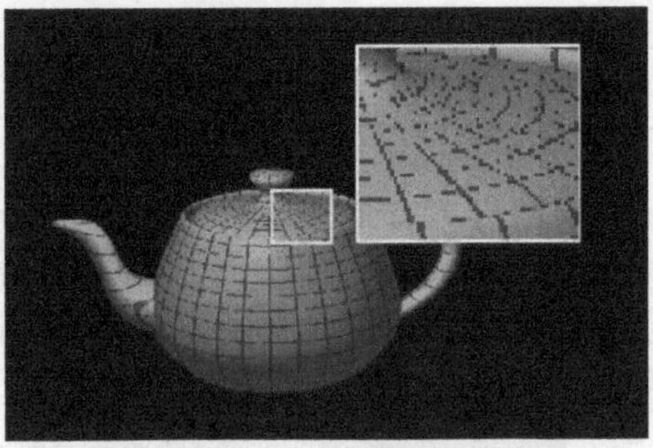

图 5.29　纹理走样

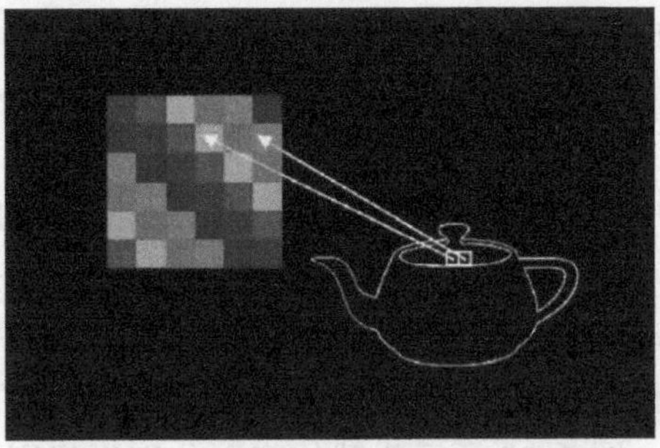

图 5.30　欠采样

空间区域 T，并取区域 T 内的所有纹理像素颜色值的平均作为景物表面区域 A 的平均纹理颜色。最后代入光照明模型，计算出像素 P 应显示的光亮度值。而 Crow 则采用超采样方法，他将屏幕像素 P 的 4 个角点分别映射到纹理空间，得到 4 个纹理像素值，然后将这 4 个纹理像素值取平均作为像素 P 所对应的可见表面区域的纹理颜色，如图 5.31 所示。

然而，上述纹理反走样方法均需频繁计算屏幕像素至景物表面、景物表面至纹理图像的空间映射关系，并计算一个屏幕像素在纹理图像上的映射区域所覆盖的多个纹理像素的平均颜色值，因而难以实时实现。

Mipmap 方法通过预先计算并存贮原始纹理图像的一组多分辨率版本，能显著地节省纹理反走样的计算量，是目前应用广泛的纹理反走样算法之一。Mipmap 算法从原始的纹理图像出发，首先生成一个分辨率为原始图像 1/4 的新的纹理图像版本，新版本中的每一个像素值取原始图像中相对应的 4 个像素颜色值的平均值，如图 5.32(a)所示；然后类似地基于所得到的新纹理图像版本生成一个更低分辨率的、尺寸更小的纹理图像版本；这一过程一直持续到最后生成的纹理图像仅包含一个像素为止，从而得到一个由不同分辨率图像构

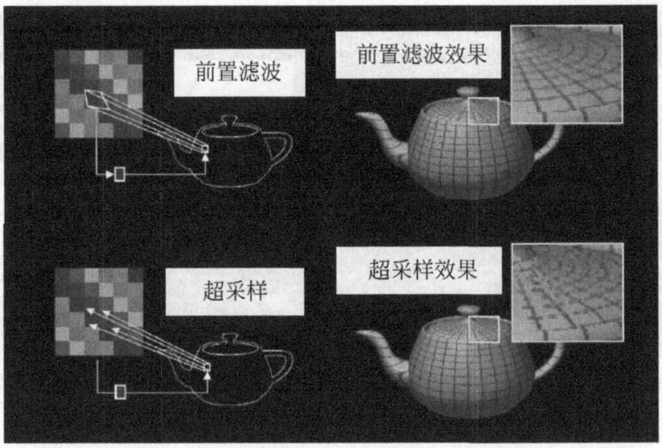

图 5.31 前置滤波与超采样纹理反走样

成的纹理图像序列,各级图像与原始图像的压缩率分别为 1∶1、4∶1、16∶1、64∶1、256∶1 等,如图 5.32(b)所示。

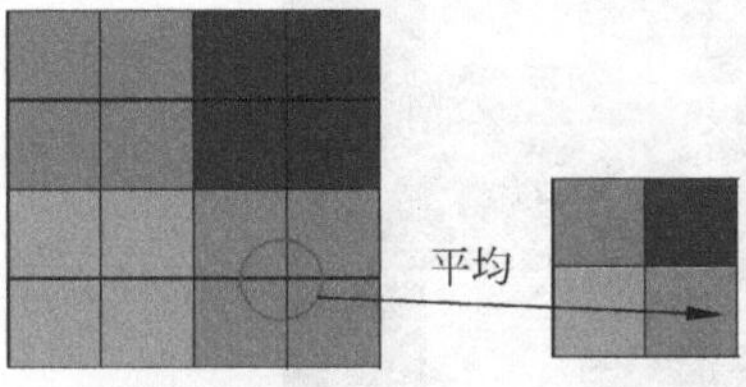

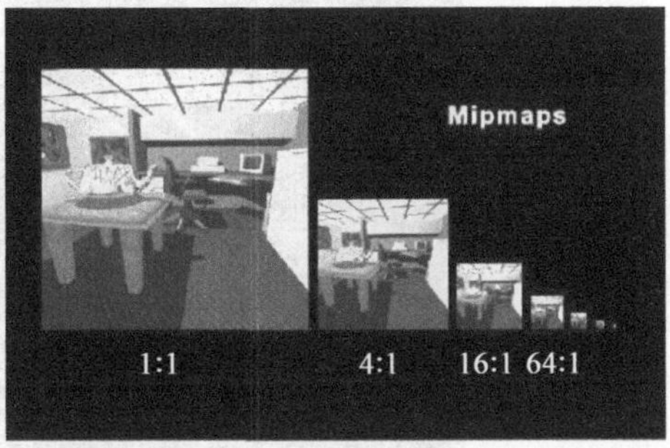

图 5.32 Mipmap 算法中不同精度的纹理图像

在纹理映射阶段,屏幕上的每一像素内的可见表面区域被映射到原始纹理图像上的一块区域。Mipmap 算法估计该区域所覆盖的原始纹理图像中像素的个数,并以此作为选取适当分辨率的纹理图像版本的一种测度。如在图 5.33(a)中,屏幕上当前像素所对应的可见表面区域映射到原始纹理图像上大约覆盖了 9 像素。因此,对于当前屏幕像素,其理想的纹理映射图像的分辨率应为原始纹理图像分辨率的 1/9。查找后发现 Mipmap 算法的数据结构中并没有提供这一分辨率的纹理图像压缩版本。

为计算所需映射的纹理颜色值,Mipmap 算法从预先构造的纹理图像序列中找出其压缩率最接近当前纹理像素与屏幕像素比率的两个纹理图像,算法随即在相邻分辨率的两个纹理图像上查取(或计算)当前屏幕像素映射点的纹理颜色值,并根据两个纹理图像对原始图像的压缩率在所得到的两个纹理颜色值间取加权平均值,作为当前屏幕像素可见表面区域的颜色值,如图 5.33(b)所示。

图 5.34 的比较说明了 Mipmap 纹理反走样算法的效果,其中(a)~(d)4 幅图像均采用 512×324 的分辨率绘制。(a)在绘制时未进行纹理反走样处理;(b)在绘制时采用了 Mipmap 反走样技术,可以看出图形质量比(a)要好;(c)在绘制时采用了一个像素取 9 个采

(a) 屏幕当前像素区域映射为9个纹理像素　　(b) 采用Mipmap方法进行纹理映射

图 5.33　Mipmap 算法中颜色值的计算

样点的超采样算法进行反走样处理；而(d)在 9：1 超采样的基础上进一步采取 Mipmap 反走样技术进行绘制，可以看出，(d)是所有 4 帧图像中质量最好的。

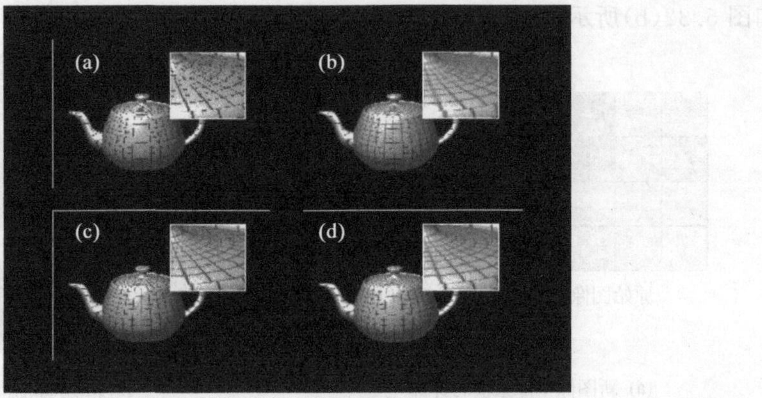

图 5.34　Mipmap 反走样效果比较

5.4.4　纹理映射实例程序

纹理映射技术在 20 世纪 90 年代得到了快速发展，现在即便是普通 PC 机所配备的显卡也能够支持纹理映射功能。利用 OpenGL 实现纹理映射一般包括 3 个主要步骤。

(1) 生成纹理数据：纹理数据一般以原始 RGB 图像数据的形式存储于计算机内存，它既可以是从硬盘读入的数字图像(如 BMP、PNG、TGA、TIFF 等格式的图像)，也可以是由前续绘制过程生成的纹理。

(2) 将纹理数据载入纹理内存：在将纹理数据载入纹理内存之前，首先需要进行一些相关设置，以便 OpenGL 知道如何处理纹理数据。以下伪代码给出了将纹理数据载入纹理内存的一个基本框架：

```
void loadTextures ()
{
    glBindTexture (…, id); /* 将纹理数据载入纹理内存时首先要调用的函数是 glBindTexture()。
该函数告诉 OpenGL 当前的工作纹理是编号为 id 的纹理。一个纹理的编号是一个无符号整数，供程
序员存取该纹理时使用。例如，调用 glBindTexture(GL_TEXTURE_2D, 2)将使编号为 2 的纹理成为工
作纹理 */
```

```
    glPixelStorei (…); /* 该函数告诉 OpenGL 即将载入的纹理数据是如何排列的。例如,调用
glPixelStorei (GL_UNPACK_ALIGNMENT,1)时,纹理数据按字节顺序排列,即在每一像素中,红、绿、蓝的
数值各占一字节 */
    glTexParameteri (…); /* 该函数设置与纹理映射方式(如在某一方向上是否重复)相关的参
数,有关这些参数的意义已超出本书的范围 */
    glTexEnvf (…); /* 该函数设置纹理环境变量,它告诉 OpenGL 纹理数据将如何作用于物体几
何表面。例如,调用 glTexEnvf(GL_TEXTURE_ENV,GL_TEXTURE_ENV_MODE,GL_MODULATE)将纹理环境参数
的符号名设置为 GL_TEXTURE_ENV_MODE,并将相应的纹理函数的符号名设置为 GL_MODULATE,即允许将
诸如光照等效果应用于纹理。假如不想让光照等效果影响纹理数据,而只想让纹理原样呈现在物体
几何表面上,可将纹理函数的符号名设置为 GL_DECAL */
    glTexImage2D (…); /* 该函数用于指定二维纹理图像数据,并把纹理数据载入纹理内存。例
如,调用 glTexImage2D(GL_TEXTURE_2D, 0, GL_RGB, imageWidth, imageHeight, 0, GL_RGB, GL_
UNSIGNED_BYTE, imageData)把由红、绿、蓝三分量组成的、宽度和高度分别为 imageWidth 和
imageHeight 的二维纹理图像数据 imageData 载入纹理内存 */
    /* 重复上述操作以载入其他纹理 */
    …
}
```

(3) 将纹理数据映射到物体表面：一旦纹理数据载入纹理内存，即可将其映射到物体表面。以下伪代码给出了将纹理数据映射到物体表面的一个基本框架：

```
void renderTextureObjects()
{
    glBindTexture (…, id);        /* 指定编号为 id 的纹理为当前工作纹理 */
    glBegin (…);
        glTexCoord2f (…);         /* 指定顶点的纹理坐标 */
        glVertex3f (…);           /* 指定顶点的位置 */
        /* 重复 glTexCoordf(), glVertex3f()设置其他顶点的纹理坐标和几何位置 */
    glEnd ();
    /* 重复上述操作将纹理数据映射到其他物体表面 */
}
```

从上述绘制框架不难看出，在将纹理映射到物体表面时，首先需要在调用 glBegin()/glEnd()之前(而不能在 glBegin()/glEnd()之间)调用 glBindTexture()，通过纹理编号来绑定纹理，其次需要在指定物体的位置之前指定其相应的纹理坐标(也称 uv 坐标)。在 OpenGL 的纹理坐标系统中，左下角、右下角、右上角和左上角的纹理坐标分别为(0.0,0.0)、(1.0,0.0)、(1.0,1.0)和(0.0,1.0)，如图 5.35(a)所示。通过为待绘制的物体表面的每一个顶点指定一个纹理坐标，可决定图像纹理中的哪一块区域将映射到物体表面上，图 5.35(b)是以下代码片断所对应的纹理映射结果。

```
glBegin (GL_QUADS);
    glTexCoord2f (0.2, 0.2); glVertex3f (0.0, 0.0, 0.0);
    glTexCoord2f (0.6, 0.2); glVertex3f (10.0, 0.0, 0.0);
    glTexCoord2f (0.6, 0.6); glVertex3f (10.0, 10.0, 0.0);
    glTexCoord2f (0.2, 0.6); glVertex3f (0.0, 10.0, 0.0);
glEnd ();
```

值得指出的是，首先需要激活纹理映射功能才能获得纹理映射效果，这可在进行 OpenGL 基本设置时通过调用 glEnable(GL_TEXTURE_2D)来实现。有关 OpenGL 实现纹理映射的具体细节，可参考 Miller N 的综述及本书配套资源中的二维纹理映射实例程序。

(a) 纹理坐标系统

(b) 纹理映射结果

图 5.35 纹理坐标系统及纹理映射结果

5.5 辐射度方法

光线跟踪算法通过跟踪光线在镜面和透明面之间的传播路径很好地模拟了场景中存在的镜面反射和规则透射现象。然而，现实世界中漫反射表面之间同样存在光能传递，例如，相距很近的不同颜色的漫反射表面间会出现颜色辉映现象，如图 5.36 所示。显然，要对场景中众多的漫射表面朝不同方向发出的漫射光线逐一跟踪是十分困难的。

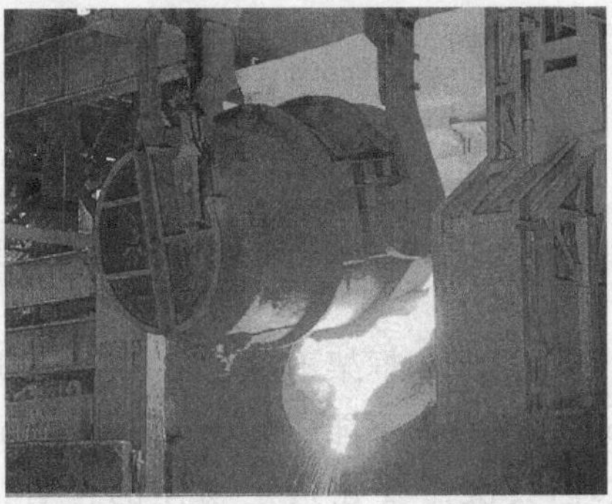
图 5.36 炼钢炉前(真实场景)

5.5.1 辐射度方法简介

注意光是一种辐射能，在一个封闭的环境中，场景中的光能经过表面之间的反射和透射，最终达到平衡状态。场景中各表面的光亮度实际上是场景中光能分布的反映，基于此，Goral 和 Nishita 等分别独立地提出了计算场景中光能分布的辐射度方法。

辐射度为单位时间内从物体单位表面积向外辐射的光能，它既包含物体作为光源自身向外发出的能量，也包含该物体表面接受来自周围场景表面传递给它的能量后，再次反射出去的部分能量。

为求解场景中物体表面的辐射度，需要将场景中每一物体的表面分解为互不重叠的小面片(Patch)$P_i(i=1,2,\cdots,n)$，每一小面片的辐射度 B_i 和漫反射率 ρ_i 均假定为常数。记面片 P_i 的面积为 A_i，其自身拥有的辐射度为 E_i，显然，对于面片 P_i：

$$B_i = E_i + \rho_i H_i \tag{5.19}$$

其中，H_i 为周围场景面片入射到面片 P_i 单位面积上的光能，不难发现，H_i 是周围面片辐射度的函数。设面片 P_j 为一周围场景面片，由辐射度定义，面片 P_j(其面积为 A_j)向外辐射的总光能为 B_jA_j，其中一部分到达面片 P_i。设到达面片 P_i 的光能占面片 P_j 向外辐射

的总光能的比例为 F_{ji}，则从周围环境面片入射到面片 P_i 的总光能为 $\sum_{j=1}^{n} F_{ji}B_jA_j$，入射到面片 P_i 单位面积上的光能 H_i 则为：

$$H_i = \sum_{\substack{j=1 \\ j\neq i}}^{n} F_{ji}B_jA_j/A_i \tag{5.20}$$

F_{ji} 称为面片 P_j 到面片 P_i 的形状因子(form factor)。对于由纯漫射表面组成的封闭环境，F_{ji} 仅取决于面片 P_i、P_j 的面积、朝向以及它们在空间的相对位置。形状因子具有如下交换关系：$A_jF_{ji}=A_iF_{ij}$，因此，式(5.20)可转换为：

$$H_i = \sum_{j=1}^{n} F_{ij}B_j \tag{5.21}$$

代入式(5.19)，得：

$$B_i = E_i + \rho_i \sum_{\substack{j=1 \\ j\neq i}}^{n} F_{ij}B_j \quad (i=1,2,\cdots,n) \tag{5.22}$$

其矩阵形式如下：

$$\begin{bmatrix} 1 & -\rho_1F_{12} & \cdots & -\rho_1F_{1n} \\ -\rho_2F_{21} & 1 & \cdots & -\rho_2F_{2n} \\ \vdots & \vdots & \ddots & \vdots \\ -\rho_nF_{n1} & -\rho_nF_{n2} & \cdots & 1 \end{bmatrix} \begin{bmatrix} B_1 \\ B_2 \\ \vdots \\ B_n \end{bmatrix} = \begin{bmatrix} E_1 \\ E_2 \\ \vdots \\ E_n \end{bmatrix} \tag{5.23}$$

式(5.23)即为理想漫射环境的辐射度系统方程。求解该系统方程即可得到场景中每一面片的光能辐射度。

不难发现，计算和确定场景面片之间的形状因子是求解系统辐射度方程的关键。如前所述，对于纯漫射环境，形状因子 F_{ji} 是一个取决于面片面积、朝向及其空间相对位置的纯几何量，如图 5.37 所示。由于它的解析表达式较为复杂，常采用半立方体方法、光线采样方法计算。

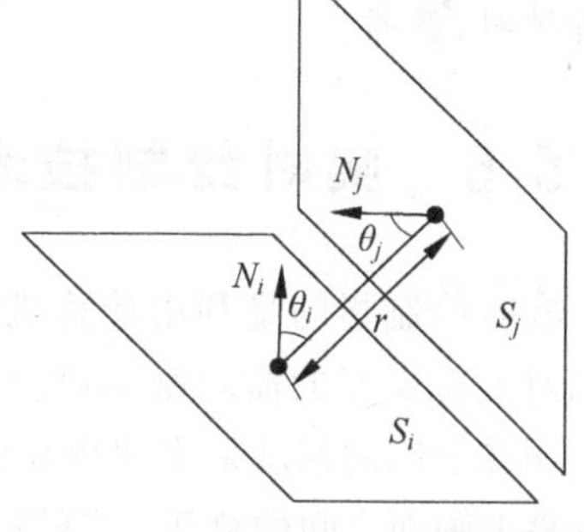

图 5.37 形状因子计算示意图

理论上说，辐射度系统方程可采用任何一种线性方程组的求解算法来求解。但是，在实际应用中，为满足每一小面片的辐射度和漫反射率均为常数的假设，常常需要对场景中的物体表面进行细致的分割，对于一个复杂场景，其辐射度系统方程中矩阵的规模可能非常庞大。虽然可采用高斯-赛德尔等迭代方法求解辐射度系统方程，但其系数矩阵的存储量和计算量使得它们在求解复杂场景的辐射度时无能为力。因此，稍后提出的许多光能辐射度改进算法，例如逐步求精辐射度算法和小波辐射度算法中，均巧妙地避开了方程组的直接求解过程。

辐射度算法是继光线跟踪算法之后真实感图形绘制的又一重要算法。与光线跟踪算法相比，辐射度算法具有两个明显的优点：其一，对于景物表面漫射光的模拟更精确，且对于给定场景，其光能分布只需计算一次，这使得它更适用于需要实时绘制的场合，如场景漫游、三维游戏等；其二，很容易处理面光源，因此能自然地生成软影。然而，经典辐射度算法只适用于理想漫反射场景，这使它很难模拟镜面反射和透射现象，而这正是光线跟踪算法的长处。只有将两者有机地结合起来才有利于实现对现实世界更精确、更真实的模拟。图 5.38 是采用辐射度算法生成的真实感图形。

图 5.38 采用辐射度算法生成的真实感图形

5.5.2 辐射度方法实例程序

辐射度方法起源于热能工程领域，在计算机图形学领域得到了进一步发展。与光线跟踪算法类似，目前辐射度方法已经成熟，其中主要算法可分为基于矩阵的辐射度算法、逐步求精辐射度算法和小波辐射度算法。Willmott 与 Heckbert 在一份技术报告中，针对这 3 类算法在处理诸如奇异性、遮挡、镜面反射以及场景复杂度等方面的能力进行了较为全面的比较，并发布了用于该技术报告的辐射度系统的源代码。本书下载资源提供了一个基于命令行的辐射度绘制程序以及一个基于 OpenGL 的实时辐射度场景观察程序的执行文件供读者学习、参考。

5.6 实时绘制技术

实时绘制指的是利用计算机快速生成三维场景的真实感图形。它与图形硬件的发展和人们对人机交互的需求密不可分。

图像绘制的速度采用帧频来衡量。帧频的单位为帧/秒。当帧频为 1 时，用户能明显感觉到屏幕上画面之间的跳跃；当帧频为 6 时，用户能产生交互的感觉；当帧频为 15 时，用户能流畅地进行人机交互；而当帧频达到 72 或以上时，显示速度上的差异人眼已经难以区分了。

实时绘制技术并不仅仅关注屏幕上画面生成的速度，图像的真实感也是实时绘制技术所追求的重要目标，实时绘制的关键是如何充分发挥图形硬件和图形算法各自的长处，在绘制速度和图形质量之间取得某种平衡。在介绍当前各种实时绘制技术之前，下面首先简单介绍三维图形绘制流水线的基本结构。

5.6.1 图形绘制流水线与图形 API

三维图形绘制由一系列顺序的过程组成，这些过程已可部分或全部采用硬件实现，它们连接在一起称为图形绘制流水线。一般情况下，三维图形绘制流水线分为以下 5 个阶段。

(1) 场景描述。具体包括三维场景的几何描述(造型)、物体及相机运动描述、物体可见性检查等。

(2) 取景变换。将三维场景中的物体从景物空间变换到屏幕空间。具体包括物体的平移/旋转/比例变换、世界坐标系到视点坐标系的变换、透视变换、背面剔除(也可在后面的屏幕空间完成)、光源设置、视域裁剪、物体数据变换为屏幕空间的基本体素(如点、线、多边形)等。

(3) 扫描处理。包括背面剔除(背面剔除也可在视点坐标系完成)、斜率(Delta 增量)计算、三角形扫描线转换等。

(4) 绘制/光栅化。对屏幕基本体素进行光栅化,并将结果存入帧缓存。此阶段主要执行顶点级和像素级操作,如光亮度计算、纹理表查找、深度测试、Alpha 透明度测试、反走样处理等。

(5) 屏幕显示。将帧缓存中的内容显示在监视器的屏幕上。

除第一阶段外,三维图形绘制流水线的其余 4 个主要阶段通常都由图形应用程序接口(API)直接管理,如 OpenGL、微软的 Direct3D、Pixar 的 RenderMan 等,由 API 驱动硬件执行相应的操作。有些高性能的图形 API,如 SGI OpenGL Performer,甚至能支持图形绘制流程的每一步。事实上,图形 API 的作用是将图形硬件执行的功能抽象为应用程序,借助图形 API,应用程序开发人员只需直接调用 API 编写代码,应用程序便能运行于支持该 API 的所有硬件平台上,如图 5.39 所示。第 9 章中将简单介绍几个常用的图形 API。

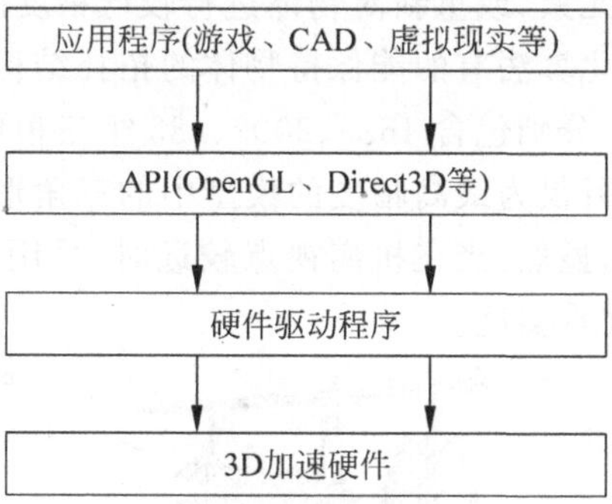

图 5.39　3D API

5.6.2　常用的实时绘制技术

实时绘制技术是一种限时计算技术,即要求计算机在尽可能保持画面真实感的前提下,在给定的时间内完成绘制任务。由于实际应用所涉及的场景中景物面片的数量已远远超出了目前图形硬件的处理能力,因此需要在不牺牲或少量牺牲场景视觉细节的前提下,尽可能减少参与当前帧画面绘制的场景面片的数量。下面对目前实时绘制中常用的几种技术进行简单介绍。

1. 细节层次技术

细节层次(LOD)模型是以不同精度刻画物体不同程度细节的一组模型。细节层次技术的基本思想是根据物体在画面上的视觉重要性选取适当的细节层次绘制该物体。评价物体在当前画面上的视觉重要性的要素很多,包括物体在画面上投影区域的大小、物体是否是用户关注的中心、物体是否处于高速运动状态等。在图5.40(a)中,按从左到右的顺序显示了足球从高精度到低精度的4个细节层次表示的绘制结果,显然,人们很容易观察出不同细节层次之间的差别;而如果将上述4个细节层次表示的足球依精度的高低对应离视点的距离进行显示,将很难察觉其中的差别,如图5.40(b)所示。上述足球的4个细节层次模型中分别包含4348、2425、1326和705个三角形。

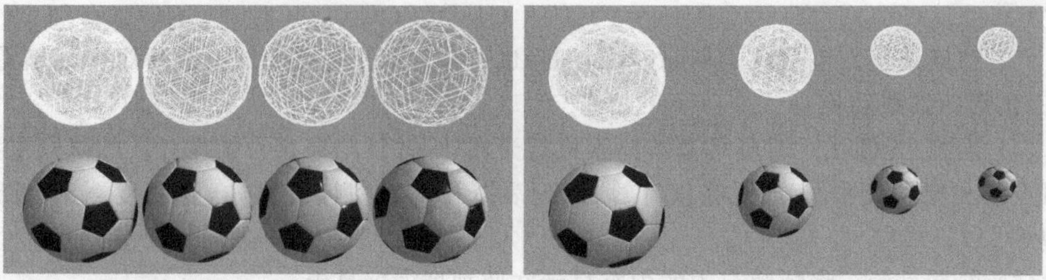

(a) 足球从低到高4个不同精度层次表示 (b) 当足球从近到远时取不同精度层次表示进行绘制

图5.40 足球的LOD表示

自动生成物体的细节层次表示是细节层次技术的重要研究内容。一般情况下,物体的细节层次表示可由网格简化算法来完成。网格简化算法的思想是基于一定的误差度量准则(如点面之间的距离、多边形之间的夹角、曲面的曲率等),通过一些简单的几何元素删除操作(如顶点/边/三角形删除、边/三角形折叠、平面/顶点合并等)删除复杂几何中的一些相对于物体外观而言次要的几何元素,或重新对物体进行较低精度的采样,以生成物体的较低精度的细节层次表示。网格简化算法有的能保持物体的拓扑结构不变,有的则不能。图5.41是飞机模型的3个细节层次,分别包含4629、2002、483个三角形。从图中可以看出,虽然最低精度的模型中的三角形数目仅为最高精度的模型中的三角形数目的近1/10,但仍较好地保持了原始物体的外形结构,显然,当飞机离视点较远时,采用该细节层次既能显著节省绘制时间,又能保持较好的视觉真实性。

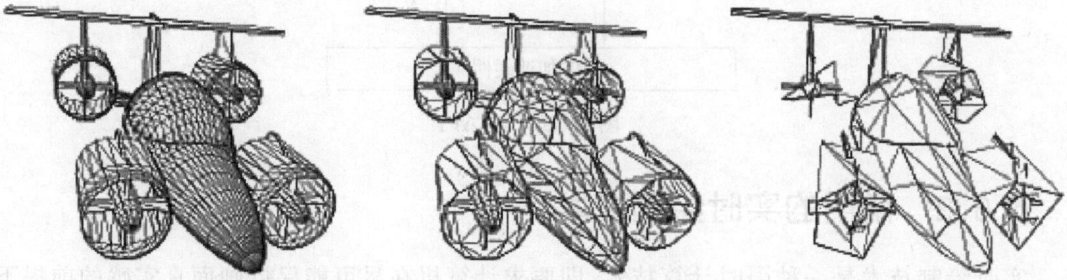

图5.41 飞机模型的3个细节层次

2. 网格优化压缩技术

从图形绘制流水线不难看出,场景绘制的速度受到场景中三角形数目的制约,在绘制一个三角形时,必须将其全部3个顶点的信息传送到图形硬件。注意到三角形每一个顶点均为多个三角形共享,为避免同一顶点的信息重复传送,大多数图形API均采用三角形带(Triangle Strips)和三角形扇(Triangle Fans)等复合三角形结构进行传输,如图5.42所示,以充分利用图形硬件的有限带宽,提高绘制效率。

在三角形带结构中,相邻的两个三角形之间共享一条公共边,整个三角形带被表达为一

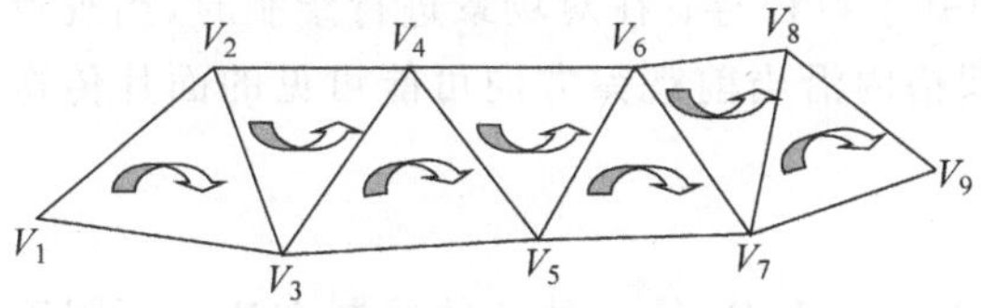

(a) 三角形带

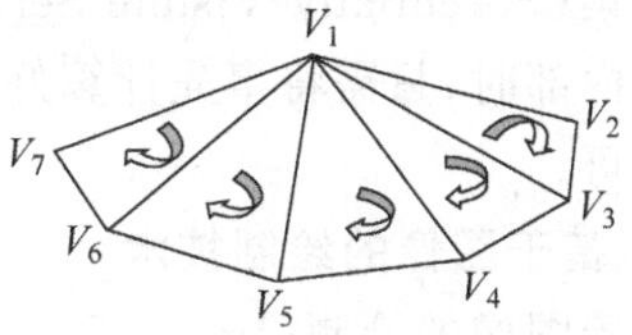

(b) 三角形扇

图 5.42 三角形带与三角形扇

个顶点序列 $V_1V_2V_3\cdots V_n(n\geqslant 3)$，共定义了$(n-2)$个三角形，其中第 i 个三角形由顶点 $V_iV_{i+1}V_{i+2}$ 定义；而在三角形扇中，一系列三角形共享同一个起始顶点，整个三角形扇同样可表示为一个顶点序列 $V_1V_2V_3\cdots V_n(n\geqslant 3)$，它包含$(n-2)$个三角形，其中第 i 个三角形由顶点 $V_1V_{i+1}V_{i+2}$ 定义。显然，采用类似于三角形带或三角形扇这样的复合结构，将把处理与传输 m 个三角形的代价从 $3m$ 个顶点降到$(m+2)$个顶点。

已有不少算法能有效地将一个由三角形网格表示的物体转换成由三角形带、三角形扇或其混合表示的物体。通常，一个复杂的物体往往需要表示为很多三角形带、三角形扇或三角形本身的组合。例如，图 5.43 中的模型被离散成 1770 个独立的三角形，通常情况下需要由 $1770\times 3=5310$ 个顶点描述。如果利用三角形带和三角形扇的复合结构，则可用 2176 个顶点将其表示为 203 个图形对象(包括三角形带、三角形扇、三角形)。这使得图形硬件需要处理的图形对象数目降低到原数目的 1/9，而需要处理与传输的顶点个数降低到原数目的 2/5。

图 5.43 由三角形带、三角形扇、三角形混合表示的物体

3. 遮挡剔除技术

遮挡剔除指的是在对场景进行取景变换之前剔除掉场景中对于当前视点被遮挡的某些物体的整体或局部，从而加速场景的绘制。如图 5.44(a)所示的模型，显然在绘制该画面时，只需将表示该模型外壳的几何信息传送到图形硬件即可，而其内部的许多零部件，如图 5.44(b)所示，则可以事先被剔除掉，无须传送给图形硬件。

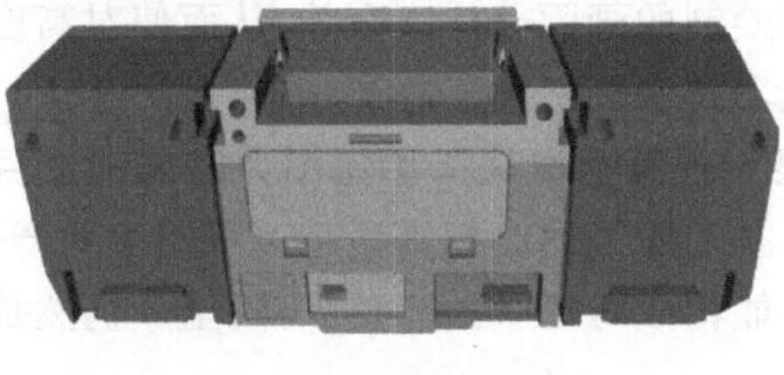

(a) 模型外部

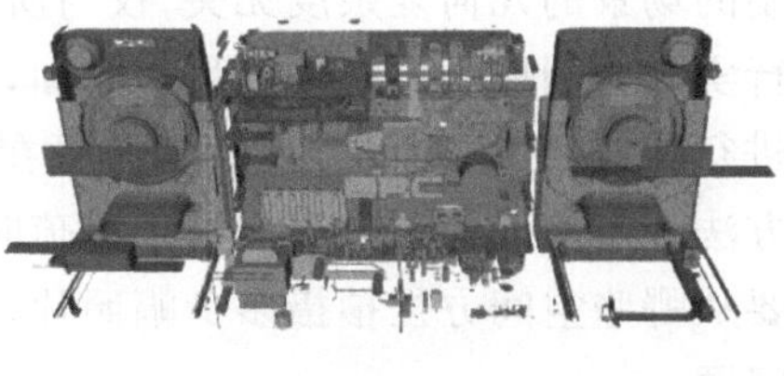

(b) 模型内部

图 5.44 遮挡剔除示例

为实现遮挡剔除，首先需要对物体进行可见性检查。物体的可见性检查一般在场景数据组织阶段由计算机 CPU 计算完成，不涉及图形硬件。例如，可以事先对场景所在空间进行网格剖分，针对每个网格计算当视点位置落在该网格内部时沿每个观察方向场景的可能

可见面集(Potentially Visible Set,PVS)并予以保存;在对场景进行绘制时,当视点位于某一网格内部时,只需将事先计算好的该网格内沿当前观察方向可能可见的面片传送到图形硬件即可。

4. 基于图像的绘制技术

基于图像的绘制(Image-Based Rendering,IBR)是一种新的绘制方法。不同于传统的基于几何模型的绘制方法,基于图像的绘制方法,以待绘制的场景的一系列二维图像作为输入,通过将它们重新整合来生成在新的视点和新的视线方向上的场景画面。

基于图像的绘制技术的前身是环境映射(Environment Map)技术。环境映射提供了在一给定视点处沿所有视线方向观察场景的完整记录。记录环境映射的表面可以是包围该视点的立方体表面、球面或圆柱面。

QuickTime VR 系统是一个基于图像的场景漫游系统,它主要基于圆柱形环境映射。为实现对整个场景的漫游,需要预先在场景中设置一系列采样点作为固定的视点,在每个采样点处建立环境映射,并在各采样点(热点)之间建立链接关系,用户通过单击这些热点即可从不同的视点位置观察整个场景。建立圆柱环境映射的方法是采用全景相机拍摄得到场景的全景图,如图 5.45 所示,或者采用普通相机先从多视角拍摄多幅图像,再利用图像处理工具(如 Adobe PhotoShop CS3)将其拼合成全景图,并将其映射到圆柱表面上。QuickTime VR 新增加的 Cubic VR 功能允许用户实现全方位漫游。

图 5.45 全景相机拍摄的全景图

基于图像的绘制技术由于采用现实世界真实场景的照片(或计算机绘制生成的图像)作为输入,因此无须使用复杂的场景几何造型即可实现对场景的浏览、漫游,其绘制计算量与所需绘制的场景的几何复杂度无关,仅与所需绘制的画面分辨率有关,从而使对高度复杂的场景进行实时绘制成为可能。但另一方面,该项技术仅适用于静态场景,用户无法与场景中的景物进行实时交互;而且,其绘制质量在很大程度上取决于原始图像的采样数目和相应的插值方法。当输入的图像采样过于稀疏时,基于图像的绘制算法将不可避免地产生错误。至于需要从哪些空间方位拍摄多少幅照片,才能构成对场景的完整采样,至今仍然是一个未解决的问题。

基于图像的绘制技术仍在不断的发展和完善之中。其代表性工作包括:基于视图插值的方法、基于全景函数(Plenoptic Function)的方法、基于分层表示的方法等。

5.6.3 实时光线跟踪

谈到光线跟踪,人们往往会联想到高度真实感图形、巨大的计算量,而较难将其与实时图形联系在一起。然而,随着计算机计算速度的快速提升、图形硬件处理能力的高速发展以及计算机网络技术的成熟,实时光线跟踪已经成为可能。与传统的基于图形绘制流水线的光栅化算法相比,光线跟踪在灵活性、连贯性、并行性、遮挡剔除、着色效率与质量等方面均有较大的优势。因此,在可预见的将来,三维游戏、虚拟现实、产品原型评价、电子商务等既需要有较高的视觉真实感,又对图形实时绘制有较高要求的应用领域将从中获益。

为使光线跟踪达到实时,除了对传统的加速技术(光线与体素快速求交方法、光线穿越策略、空间与层次加速结构、采样策略等)继续改进外,更多地需要结合计算机图形技术的新发展,探索场景数据的高效存储与管理机制、并行计算策略、基于新图形硬件(如 GPU)的快速计算方法,乃至开发全新的光线跟踪图形硬件。

OpenRT 是一个实时光线跟踪 API,源自德国 Saarland 大学的实时光线跟踪项目。作为一个实时光线跟踪引擎,OpenRT 采用与 OpenGL 类似的语法,具有类似于离线光线跟踪器(如 RenderMan、POV-Ray)的绘制能力,支持着色(Shader)程序,具有并行绘制功能,且支持动态场景。图 5.46 所示是 OpenRT 应用于工业设计的一个示例,其中(a)为 Mercedes C-Class 车模型,包含 320 000 个 Bézier 面片,采用 OpenRT 直接绘制(未进行三角化);(b)为将该模型置入一个由 200 000 个三角形及一个高动态范围环境映照所构成的场景中,在绘制时采用了光线跟踪着色器(如玻璃、汽车油漆);(c)的车内饰在绘制时采用了一个支持双向纹理功能(Bidirectional Texture Function)的着色器,其中的样本取自真实环境;在(d)中,所有这些效果无缝地结合在一起了。

(a) Mercedes C-Class车模型　(b) 将车模型置入一个环境映照图中

(c) 车内饰采用支持双向纹理功能的Shader绘制　(d) 上述效果的集成

图 5.46　OpenRT 应用示例

5.7 非真实感图形绘制技术

在真实感图形朝着更高的真实感、更贴近现实世界的方向发展的同时，人们发现不同艺术形式、不同表现风格的非真实感图形往往更有利于传递特定的信息，表达人类的思想和情感，反映个性化的审美追求。事实上，照相机只是近代出现的用于捕获现实世界影像的工具。在照相机发明之前的长达几千年的时间里，人们往往借助素描、绘画等艺术形式来刻画丰富多彩的现实世界。

自 20 世纪 90 年代中期开始，非真实感图形绘制（Non-Photorealistic Rendering，NPR）逐渐成为计算机图形的研究热点之一。非真实感图形绘制又称风格绘制（Stylistic Rendering），顾名思义，它指的是利用计算机生成不具有照片般真实感，而具有手绘风格的图形的技术。

非真实感图形绘制的主要特点如下。

(1) 非真实感图形应该表现出艺术特质。其一，对所需绘制的场景或物体加以抽象，去除不必要表现的冗余信息；其二，以艺术家的眼光，而不仅仅是从编程者的角度来表现现实世界。

(2) 非真实感图形应该像人类艺术作品一样，具有不同的风格、品位，也包含类似的缺陷或不完美之处。

(3) 非真实感图形是真实感图形的有效补充。它既不应该被理解为真实感图形的对立面，也不应该仅仅局限于目前有限的几类绘制风格。

非真实感图形技术主要分为素描（Sketching）、卡通绘制（Cartoon Rendering）、美术绘制（Painterly Rendering）等。

5.7.1 素描

素描的创作过程看起来似乎漫不经心，但对大多数人而言，素描仍是一种富有表现力的信息交流方式，它已渗透到现实生活的许多方面：朋友间聊天兴致所至时会在纸上随意勾画几笔；专业美术工作者或艺术家进行时尚设计时会将他们的灵感用素描画记录下来；在工程、医学、建筑等应用中，技术人员也常采用技术插图来刻画技术细节，如图 5.47 所示。因此，如何利用计算机的帮助，快速完成素描引起了不少研究者的兴趣。

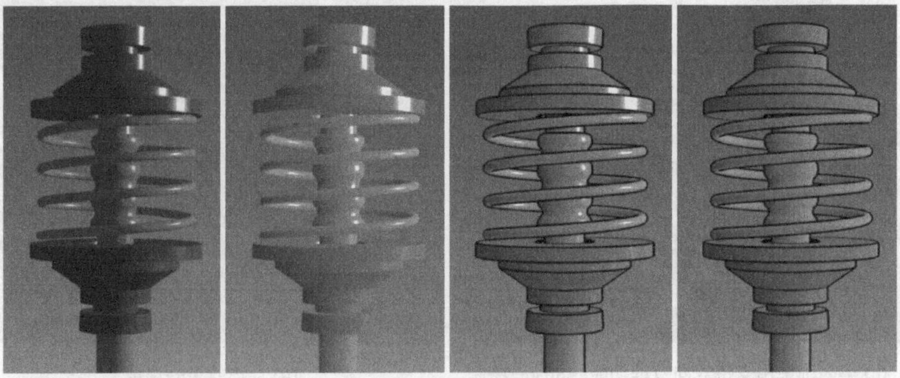

图 5.47 技术插图

体现素描风格的绘制算法大体上可分为轮廓绘制(Silhouette Rendering)算法和画影线(Hatching)两类。前一类在绘制风格上主要强调勾画物体的轮廓等重要特征,如图 5.48 所示;而后者则试图模仿铅笔或墨笔的笔触,并表达物体表面的明暗、阴影等光照效果,如图 5.49 所示。

图 5.48 轮廓绘制

图 5.49 画影线

5.7.2 卡通绘制

卡通目前已成为娱乐、教育中的一类重要信息传递方式。与纯文字或照片相比,卡通的简单性(对现实世界的简化)和通用性(仅使用单纯性的图形描述,从而消除了语言的障碍)使其能以非常有限的空间传递大量的信息。事实上,目前计算机已经在传统的卡通动画产业中扮演着重要角色,卡通风格绘制在强调物体轮廓的同时,利用明暗处理模型(通常为 Flat 明暗处理),并结合物体材料颜色、阴影颜色等刻画物体外形、光效等。随着图形加速卡的快速发展,实时卡通绘制已经成为可能。通过图形硬件加速功能,结合轮廓提取、纹理映射等技术,可直接从三维几何模型实时生成卡通风格图形,如图 5.50 所示。

5.7.3 美术绘制

对传统的绘画风格,如油画、水彩画、蜡笔画等的模拟是非真实感图形绘制的重要研究内容之一。传统的绘画作品往往由大量独立的笔画(Strokes)构成。正是生成这些笔画的技术和所采用的工具的不同决定了绘画作品的风格。事实上,区分一幅绘画作品属于哪种艺术流派的重要准则之一就是观察其中笔画的特性。基于上述思想,Haeberli 在生成图形时,采用了短笔刷(Brush Strokes)取代逐个像素绘制的方法,创造出了类似印象派绘画的效果。这一思想后来被用于生成其他一系列美术风格的图形,如图 5.51 所示。

图 5.50 卡通绘制

图 5.51 美术绘制——静物

按照产生图形的不同方式，美术绘制方法主要分为基于物理的方法和自动绘画方法两类。在基于物理的方法中，计算机根据用户指定的笔画，基于仿真传统媒介的物理模型，得到特定的绘画效果。例如，Curtis 等在建立水、颜料、纸张之间相互作用的物理模型的基础上，生成了较好的水彩画效果。而自动绘画方法则首先由用户提供三维几何模型(或二维图像)和绘画参数，计算机自动生成所有的笔画并最终完成非真实感图形的绘制过程。

习题

1. 局部光照明模型与整体光照明有何不同？

2. 比较 Gouraud 明暗处理和 Phong 明暗处理的差异。

3. 以球面(采用三角形网格表示)为例，结合图 5.13 所示的方法计算每个顶点的法向量，并将计算结果与精确的球面法向进行比较。

4. 试推导 Gouraud 明暗处理中多边形内部点的光亮度值计算的双线性插值公式。

5. 以球面(采用三角形网格表示)为例，结合扫描线消隐算法，分别采用表 5.1 描述的方法对球面着色，并比较着色效果。

表 5.1 绘制的明暗处理方式与光照明模型

方法编号	明暗处理方式	光照明模型
1	Flat 明暗处理	泛光模型
2		Lambert 漫反射模型
3		Phong 模型
4	Gouraud 明暗处理	泛光模型
5		Lambert 漫反射模型
6		Phong 模型
7	Phong 明暗处理	泛光模型
8		Lambert 漫反射模型
9		Phong 模型

6. 简述光线跟踪算法的原理。

7. 如图 5.52 所示，$\boldsymbol{P}$ 为入射光线 $\boldsymbol{L}$ 和物体的交点，$\boldsymbol{N}$ 为点 P 处的物体表面法向，$\boldsymbol{R}_r$ 为镜面反射光线的方向，θ_i 为 $\boldsymbol{L}$ 与 $\boldsymbol{N}$ 的夹角，θ_r 为 $\boldsymbol{R}_r$ 与 $\boldsymbol{N}$ 的夹角。由光线反射定律知道，$\theta_i=\theta_r$。不妨假设 $\boldsymbol{L}$、$\boldsymbol{N}$ 均为单位矢量，试求出光线反射方向 $\boldsymbol{R}_r$(假设也为单位矢量)。

8. Snell 定律表明：位于折射率为 η_1 的介质 1 中、与表面法向 $\boldsymbol{N}$ 的夹角为 θ_1 的入射光线 $\boldsymbol{L}$，在进入折射率为 η_2 的介质 2 后，将产生折射，其折射方向 $\boldsymbol{R}_t$ 与 $\boldsymbol{N}$ 的夹角为 θ_2，如图 5.53 所示。假设已知 $\boldsymbol{L}$、$\boldsymbol{N}$、η_1、η_2，试基于 Snell 定律计算光线折射方向 $\boldsymbol{R}_t$。

9. 光线跟踪算法中一般采用直线的参数方程来表示光线。假设光线 $\boldsymbol{R}$ 的起始点为 $\boldsymbol{P}$，方向为 $\boldsymbol{D}$(不妨假设 $\boldsymbol{D}$ 为单位矢量)，则光线的参数方程可表示为 $\boldsymbol{R}(t)=\boldsymbol{P}+t\boldsymbol{D}$。假设 V_1、V_2、V_3 是三角形的顶点，试给出光线 $\boldsymbol{R}$ 与 $\Delta V_1V_2V_3$ 的求交算法(提示：算法可分两步：①计算光线 $\boldsymbol{R}$ 与 $\Delta V_1V_2V_3$ 所在平面的交点 P_i；②判别交点 P_i 是否在 $\Delta V_1V_2V_3$ 内部或边界上)。

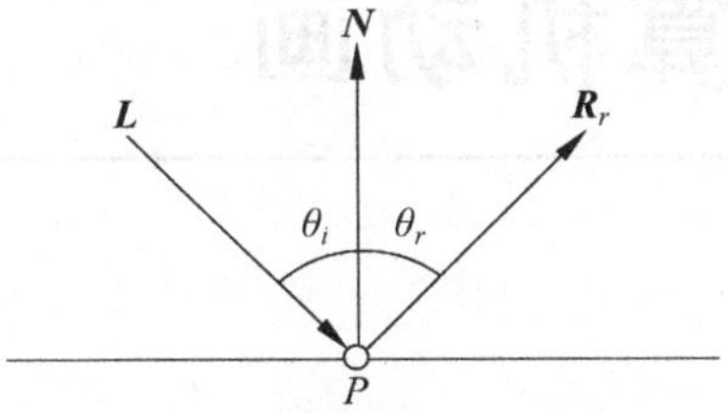

图 5.52　光线的入射与反射

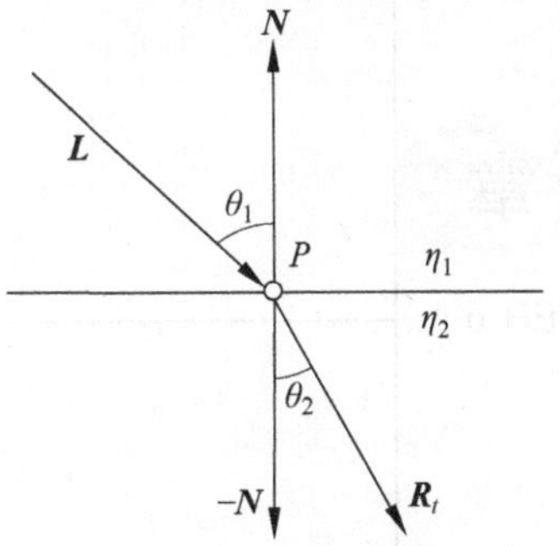

图 5.53　光线的入射与折射

10. 如图 5.54 所示，**R** 是从点 P 出发、方向为 **D**(单位矢量)的光线。球的中心为 O，半径为 r。$OE\perp PE$，P_i 是光线与球的交点(如果存在交点)，$|PE|=a$，$|OE|=b$，$|PO|=c$，$|EP_i|=d$。

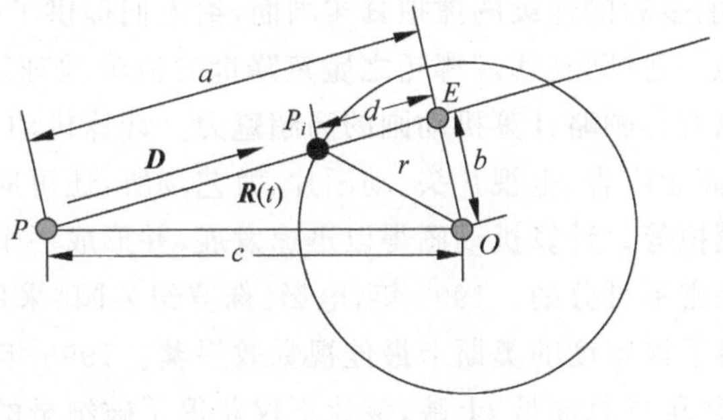

图 5.54　光线与球面求交

记 $d\_\text{sqr}=r^2-(|PO|^2-a^2)$，试：

(1) 证明当 $d\_\text{sqr}<0$ 时，光线 **R** 与球 O 无交点。

(2) 求出当 $d\_\text{sqr}\geqslant 0$ 时，光线 **R** 与球 O 的交点 P_i。

11. 下载、安装、学习 POV-Ray。

12. 学习本书下载资源中的光线跟踪绘制程序，结合本章 5.3.2 节光线跟踪算法的伪代码，实现镜面及透明效果。

13. 什么是纹理映射？颜色纹理与几何纹理的区别是什么？

14. 简述 Mipmap 纹理反走样方法的原理。

15. 学习本书下载资源的二维纹理映射实例程序，体会利用 OpenGL 实现纹理映射的主要步骤。

16. 简述辐射度方法的原理，并推导理想漫射环境的辐射度系统方程。

17. 用示意图画出图形绘制流水线的结构。

18. 常用的实时绘制技术有哪些？它们分别从哪些角度实现图形的加速绘制？

19. 简述非真实感图形的主要特点。

20. 就“非真实感图形不应被理解为真实感图形的对立面，也不应该仅仅局限于目前有限的几类绘制风格”谈谈你的看法。

第 6 章 计算机动画

CHAPTER 6

计算机动画是计算机图形学和艺术相结合的产物,它是伴随着计算机硬件和图形算法高速发展起来的一门高新技术。它综合利用计算机科学、艺术、数学、物理学和相关学科的知识,用计算机生成绚丽多彩的连续的虚拟真实画面,给人们提供了一个充分展示个人想象力和艺术才能的新天地。在《阿凡达》《哪吒之魔童降世》《流浪地球》《红海行动》《泰坦尼克号》等优秀电影中,可以充分领略计算机动画的高超魅力。计算机动画不仅可应用于电影特技、社交媒体、元宇宙、商业广告、电视片头、动画片、游艺场所,还可应用于计算机辅助教育、军事、建筑设计、飞行模拟等。计算机动画得以迅速发展,并形成一个巨大的产业,与影视特技的重大需求和推动是密不可分的。1993 年,电影《侏罗纪公园》采用计算机特技和动画技术制作的恐龙片段获得了该年度的奥斯卡最佳视觉效果奖。1996 年,世界上第一部完全用计算机动画制作的电影《玩具总动员》上映,该片不仅获得了破纪录的票房收入,而且给电影制作开辟了一条新路。

6.1 计算机动画简介

简单地讲,计算机动画是指用绘制程序生成一系列的景物画面,其中当前帧画面是对前一帧画面的部分修改。动画是运动中的艺术,正如动画大师 John Halas 所讲的,运动是动画的要素。

一般来说,计算机动画中的运动包括:

(1) 景物位置、方向、大小和形状的变化。

(2) 虚拟摄像机的运动。

(3) 景物表面纹理、色彩的变化。

计算机动画生成的是一个虚拟的世界,虚拟景物可以是商标、汽车、建筑物、人体、分子、桥梁、云彩、山脉、恐龙或昆虫等,虚拟景物并不需要真正去建造,物体、虚拟摄像机的运动也不会受到什么限制,动画师可以随心所欲地创造他的虚幻世界。

计算机动画的制作主要包含如下步骤:

(1) 创意:根据设计的需要,由导演设计好动画制作的脚本。

(2) 预处理:扫描外部图像,输入外部资料。

(3) 场景造型。

(4) 设定景物表面的材质和场景的光源。

(5) 设置动画。

(6) 运动图像的绘制。

(7) 动画播放。

(8) 后处理。

(9) 动画的录制。

(10) 配音(包括背景音乐和台词)。

动画利用了人的视觉残留特性,使连续播放的静态画面相互衔接形成动态效果。连续画面的基本单位为单幅静态画面,在图形学和动画中称为一帧(Frame)。根据 1927 年制定的工业标准,电影按每秒 24 帧的速度进行拍摄和播放。电视的播放速度与电影略有不同,为每秒 25 帧。动画和电视都有一个场的概念,场(Field)是指对屏幕画面进行隔行扫描的某一半扫描线,分为奇场(Odd Field)和偶场(Even Field)。奇偶二场交替显示使得画面的刷新频率达到 50Hz,从而有效提高了画面变化的连续性,减少了闪烁现象。电视有多种制式,如 PAL(Phase Alternate Line)制、NTSC(National Television Standards Committee)、SECAM(System Essentially Contrary to American Method)制等。中国和大部分欧亚地区使用 PAL 制,该制式的播放速度为 25 帧/秒(50 场/秒);美国和日本使用 NTSC 制,该制式的播放速度为 30 帧/秒(60 场/秒)。不同制式的播放速度不同,画面图像的分辨率也不同,如 PAL 制的分辨率为 768×576 像素,NTSC 制的分辨率为 645×486 像素。

6.2 低层动画驱动技术

6.2.1 关键帧技术

计算机动画技术通常是指物体的运动控制技术。关键帧(Key Frame)技术是用于运动控制最早的方法,其概念来源于早期 Walt Disney 卡通画的制作。在早期的动画制作室,高级动画师设计卡通片中的关键画面,即所谓的关键帧,然后由助理动画师设计中间帧。随着计算机图形学的发展,中间帧可以采用计算机来自动生成。关键帧技术最初仅用来插值帧与帧之间卡通画的形状,不久该技术发展为可以插值影响运动的任何参数。从这一点来说,关键参数(Key Parameter)应比关键帧描述得更确切一些。关键帧技术的原理如图 6.1 所示,若要把字母 G 从位置 A 移到 B 并逆时针旋转 90°,动画师只需设置 A 和 B 两个位置的关键帧,中间帧完全由动画系统自动计算,而无须指定字母 G 在每一帧的位置。

图 6.1 关键帧技术

基于关键帧插值运动控制技术的主要步骤包括：

(1) 确定需控制的运动参数。

(2) 根据动画设计的要求，选取若干关键帧，设置其参数值。

(3) 采用样条插值技术对关键帧参数进行插值。

(4) 对该插值样条进行离散采样，求得在中间每一帧的参数值。

6.2.2 样条驱动动画技术

所谓样条驱动动画，是指用户先设计好物体的运动轨迹，然后指定物体沿该轨迹运动。通常，物体的运动轨迹取 3 次样条曲线，并且由用户交互给出。为了得到动画序列，必须对样条曲线等间隔采样，以求得物体在每一帧的位置。但若直接对样条曲线的参数进行等间距采样，则通常并不能得到样条曲线上的等间距采样。这是因为等间距的参数不一定对应等间距的弧长。因此，必须以弧长为参数对曲线重新参数化。不进行弧长参数化，就难以保证物体沿一样条曲线匀速运动。

6.2.3 物体旋转的欧拉角表示和插值

在关键帧动画中，首先由动画师设定物体的关键帧，然后由计算机自动生成物体的中间帧。对于刚体运动，关键帧插值问题实际上可分为位置插值和朝向插值两个子问题。物体朝向常见的表示方法为欧拉角，它通过绕 3 个正交坐标轴的旋转来表示，因而朝向插值变成了欧拉角的插值问题。但欧拉角在应用中存在二义性、万向节死锁等缺点，现在有些系统采用四元数来表示物体的旋转。四元数是复数向四维空间的推广，可表示轴向矢量和物体绕该轴的旋转，并且没有冗余信息，因而提供了一种比旋转矩阵更为有效的表示方法。一般情况下，四元数 q 可表示成以下形式：

$$q=[S,\boldsymbol{V}]=a_0\boldsymbol{e}+a_1\boldsymbol{i}+a_2\boldsymbol{j}+a_3\boldsymbol{k}$$

其中，$\boldsymbol{e}$、$\boldsymbol{i}$、$\boldsymbol{j}$、$\boldsymbol{k}$ 为四维空间的基底；标量部分 $S=a_0$；矢量部分 $\boldsymbol{V}=(a_1,a_2,a_3)$。若把 q 直接写成如下形式：

$$q=\left[\cos\frac{\theta}{2},\boldsymbol{n}\sin\frac{\theta}{2}\right]$$

则 q 表示绕单位轴 $\boldsymbol{n}$ 旋转 θ 角对应的旋转。

6.3 渐变和空间变形动画技术

传统卡通动画的一个显著特点是赋予每个角色以个性，并以形状变形来表达某些夸张的效果。计算机动画的研究者在渐变和空间变形方面已做了不少出色的工作，并在电视、电影、广告和 MTV 中得到了广泛的应用。较早的有 1982 年纽约理工学院的 Tom Brigham 制作的由一个女人变成一只山猫。近几年的工作更是不胜枚举。例如迈克尔·杰克逊的音乐带“黑与白”这首歌中 13 个不同性别和种族的人的相互渐变；电影《终结者Ⅱ》中机械杀手 T-1000 由液体变为金属人，由金属人变为影片中的其他角色；Exxon 公司的影视广告中，一辆银色的轿车缓缓滑行渐变成一只老虎等。

渐变和空间变形都导致被处理对象进行某种变形，但含义不完全一样。渐变是指将一幅给定的源数字图像或几何对象 S 光滑连续地变换到目标数字图像或几何对象 T。在这种光滑过渡中，中间帧应既具有 S 的特征，又具有 T 的特征。S 和 T 的拓扑既可以相同，也可以不同。渐变通常需要动画师指定源对象 S 和目标对象 T 之间特征的对应关系，当然，这种特征对应关系也可由动画系统自动计算求得。通常称渐变为形状渐变或形状过渡。而空间变形(Deformation)是指将单个几何对象的形状进行某种扭曲、变形，使它变换为动画师所需的形状。在这种变化中，几何对象的拓扑保持不变。与渐变不同，空间变形更具有某种随意性，所以空间变形也常称为自由变形(Free Form Deformation，FFD)。从变形技术来看，空间变形可分为与物体表示有关的变形和与物体表示无关的变形。与物体表示有关的变形的实现通常基于物体的具体表示形式。例如，对于由多边形表示的物体，物体的变形可通过移动其多边形顶点来达到。但是，多边形的顶点位置具有某种内在的一致性，不恰当的移动很容易导致三维走样，譬如原来共面的多边形顶点不再共面。基于参数曲面表示的物体可较好地克服上述问题。当移动控制顶点时，仅仅改变了基函数的系数，曲面仍然是光滑的，所以采用参数曲面表示的物体可获得任意复杂的变形。但是，参数曲面表示的物体也会带来三维走样，由于控制顶点的分布一般比较稀疏，调整控制顶点位置不一定能生成所期望的变形；对于由多个曲面片拼接而成的物体，变形的另一个约束条件是需保持相邻曲面间的连续性。为了使变形方法能很好地结合到造型和动画系统中，目前人们更多地致力于研究与物体表示无关的变形方法。许多商用动画软件(如 Maya、3ds Max 等)和动画后期处理软件都包含空间变形和渐变动画技术。

6.3.1 二维多边形形状渐变

在二维角色动画中，经常会碰到这样的问题：给定一个初始和最终的形状(Shape)，称它们为关键帧形状，求从初始形状光滑过渡到最终形状的中间形状。这个问题称为二维形状的自然渐变。该问题实际上分为两个子问题，即构建初始形状与最终形状顶点间的对应关系和确定对应顶点间的插值路径。假设两个关键帧多边形的顶点为 P_{A_i} 和 P_{B_i} $(i=0,1,2,\cdots,n-1)$，顶点的数目都为 n 个，则需确定：

(1) 多边形 P_A 中的顶点与 P_B 中的哪个顶点对应。

(2) P_{A_i} 以哪种方式运动到 P_{B_i}。

顶点路径问题一个简单的方法为线性插值：

$$P_i=(1-t)P_{A_i}+tP_{B_i}\quad (i=0,1,2,\cdots,n-1)$$

但线性插值有时会带来中间形状收缩(Shrinkage)和扭结(Kink)，这在生成表现刚体旋转的中间形状时表现得尤为明显。

在笛卡儿坐标系中，多边形是通过顶点的坐标显式给出的。但多边形也可以通过乌龟几何来定义，即采用跨过顶点的边长和有向角来定义。例如，以某一点为起点，向东往前走10米，往左拐45°，继续向前走6米，往右拐30°，继续向前走5米……最后得到一个多边形。因而一个自然的想法是，能否对关键帧多边形的边长和顶点角进行插值来产生比线性插值更好的变形效果？答案是肯定的，这种新方法称为内在形状插值法。实验表明，对于角色动画中的许多应用，内在插值生成的形状渐变效果良好。

6.3.2 二维图像渐变技术

图像自然渐变(Image Morphing)是指将一幅数字图像以一种自然流畅的、戏剧性的、超现实主义的方式变换到另一幅数字图像,它是一种制造特殊视觉效果的有效方法,如图6.2所示。尽管图像渐变在二维图像空间处理问题,但可以让人产生神奇的三维形状改变的错觉。在影视特技方面,图像渐变是一种简捷的后处理手段,它可以避免复杂的三维造型过程。

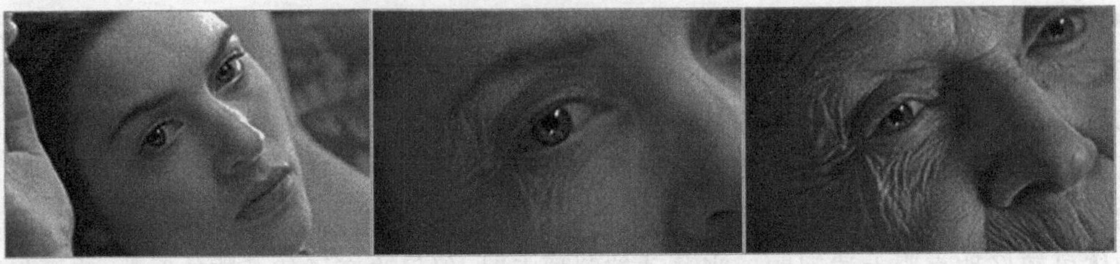

图6.2 从年轻到年老的图像渐变

在图像渐变技术之前,传统电影制作通常采用下列方法生成上述效果:

(1) 巧妙的剪辑。例如,当一个人穿过几棵树或森林后变成另一个人。其缺点是画面无变化过程,显得突兀。

(2) 停住运动动画法(Stop-Motion Animation)。通过对演员每化妆一次拍摄一帧的方法来达到人物逐步渐变。该方法不仅需要许多技巧,而且工作较为枯燥。

(3) 交溶技术(Cross-Dissolve),或称为淡入淡出技术。即在一幅图像淡出(Fade Out)的同时淡入(Fade In)另一幅图像。当两幅图像的几何未对齐时,该方法的效果较差。

(4) 二维粒子系统技术。该技术与图像渐变类似,主要思想是移动第一幅图像的像素块,使其逐渐解体,然后重建成第二幅图像。

从图像处理的角度来看,交溶技术实际上是图像之间的线性插值。图6.3显示了交溶技术的一个例子,其中第一帧和第五帧为关键帧。从该图可以看出,在未对齐的图像区域,两次曝光的痕迹很明显,效果不佳。在第三帧,由于两幅图像的贡献相同,因此该缺陷显得尤为突出。

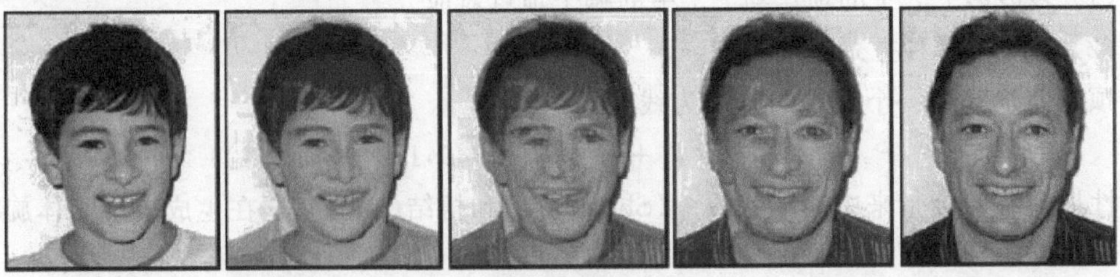

图6.3 图像交溶技术

为了实现两幅二维图像 I_S 和 I_D 的渐变过程,动画师首先基于简单的几何元素建立图像特征之间的对应关系。特征元素可以为网格节点、线段、曲线、点等,然后由各对应特征之间的位置关系计算出渐变所需的几何变换,几何变换定义了两幅图像上的点之间的几何对应关系。满射 $C_0: I_S \to I_D$ 把第一幅图像的几何形状映射为第二幅图像的几何形状,满射 $C_1: I_D \to I_S$ 把第二幅图像的几何形状映射为第一幅图像的几何形状。需同时求解两个映射的原因是源图像与目标图像上的像素不一定是一一对应的。设 P_0 为源图像上的一像素，P_1 为目标图像上的一像素，则源图像和目标图像的 warping 函数 W_0 和 W_1 分别定义为：

$$W_0(P_0,t)=(1-t)P_0+tC_0(P_0)$$
$$W_1(P_1,t)=(1-t)C_1(P_1)+tP_1$$

其中，$t\in[0,1]$。

当两幅图像变形对齐后，可采用简单的颜色插值得到中间帧图像。图像渐变的过程如图 6.4 所示。在由源图像渐变生成目标图像的序列中，前面部分很像源图像，中间部分既像源图像又像目标图像，而后面部分很像目标图像。渐变的质量通常根据中间部分图像的逼真程度来度量。

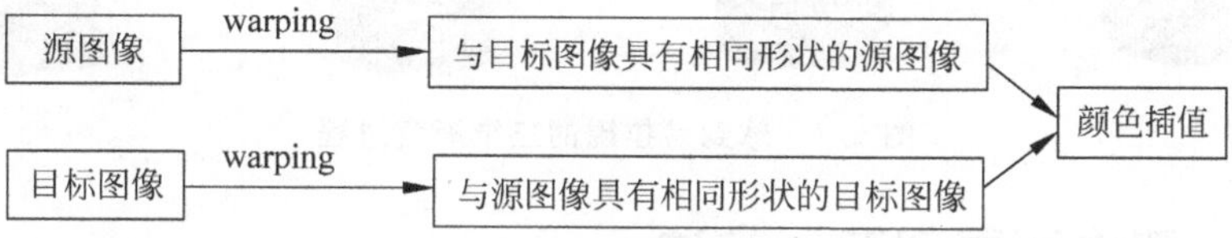

图 6.4 图像渐变的过程

6.3.3 三维渐变技术

所谓三维渐变，是指将一个三维物体光滑连续地变换为另一个三维物体。图 6.5 显示了从某个人头模型渐变为维纳斯头部模型的三维渐变过程，图 6.6 显示了从一棵树模型渐变为另一棵树模型的三维渐变过程。虽然二维渐变技术在影视特技、广告等行业中取得了广泛的应用，但由于二维图像缺乏三维几何信息，它不能像其他三维物体一样进行几何变换，从而使摄像机的动画受到了很大的限制。尽管三维渐变比二维图像渐变要复杂得多，但由于能生成更逼真和生动的特技效果，因此它还是吸引了许多研究者。与二维图像渐变相比，三维渐变得到的中间帧是物体的模型而不是图像，所以三维渐变的结果与视点和光照参数无关，并能够生成精确的光照和阴影效果。在三维渐变中，一旦得到中间帧物体序列，就可以用不同的摄像机角度和光照条件来对它们重新绘制，也可以把它们置入三维场景进行绘制。

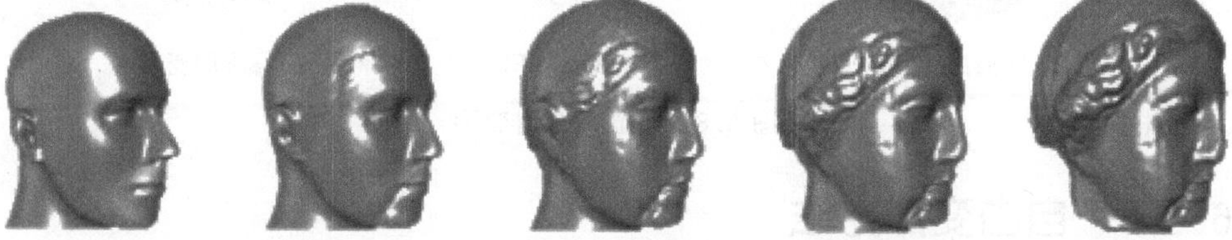

图 6.5 三维渐变，从某个人头模型渐变为维纳斯头部模型

图 6.6 三维渐变，从一棵树模型渐变为另一棵树模型

当给定的两个物体的顶点数和拓扑结构都相同时，只需对对应顶点进行插值便可实现三维渐变。图 6.7 中球到易拉罐的三维渐变即属于这种类型。在该图中，源物体和目标物体均为旋转体，它们具有相同的顶点数。

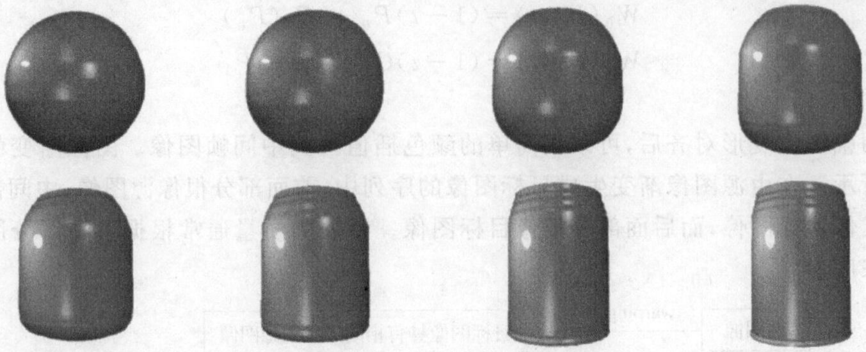

图 6.7　球到易拉罐的三维渐变过程

6.3.4　整体和局部变形方法

空间变形(Deformation)是指将单个几何对象的形状进行某种扭曲、变形，使它变换到动画师所需的形状，如图 6.8 所示。在这种变化中，几何对象的拓扑关系保持不变。空间变形既可以看成是造型，也可看成是动画。确切地说，空间变形属于面向动画的造型。空间变形包括与物体表示有关的变形和与物体表示无关的变形。与物体表示有关的变形通常针对物体的某种特定的表示形式(如多面体、参数曲面等)设计特定的算法。为了在不同的造型和动画系统中实现变形效果，目前人们更致力于研究与物体表示无关的变形方法。顾名思义，与物体表示无关的变形方法既可作用于多边形表示的物体，又可作用于参数曲面表示的物体。

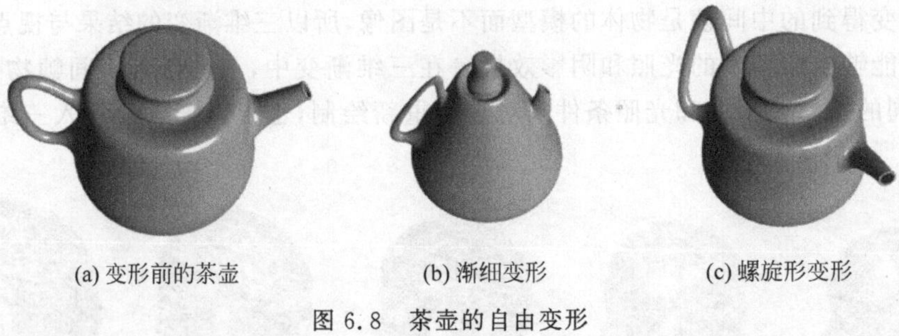

(a) 变形前的茶壶　(b) 渐细变形　(c) 螺旋形变形

图 6.8　茶壶的自由变形

6.3.5　自由变形方法

1986 年，Sederderg 等提出了一种适用于柔性物体动画的一般化的变形方法——自由变形(Free-Form Deformation，FFD)方法，该方法不直接操作物体，而是将物体嵌入一个空间，当所嵌的空间变形时，物体也随之变形。对于二维情形，用双三次 Bézier 曲面：

$$\boldsymbol{Q}(u,v)=\sum_{i=0}^{3}\sum_{j=0}^{3}\boldsymbol{P}_{ij}B_{i,3}(u)B_{j,3}(v)$$

可对二维空间进行变形，它将一个正方形区域变换为一个弯曲的曲面，如图 6.9 所示。

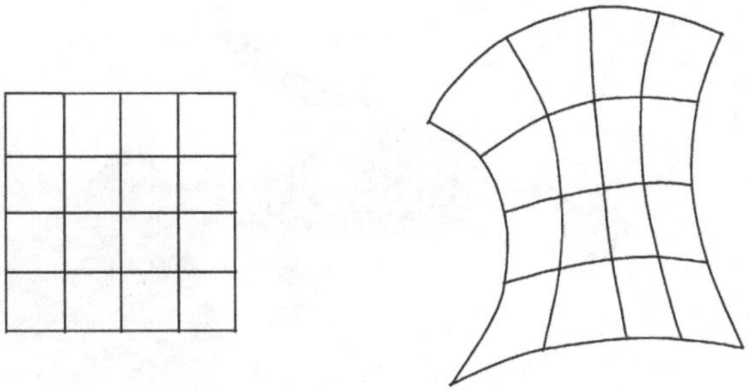

图 6.9 二维 FFD：把网格变形为曲面

同样，一个 Bézier 超曲面：

$$\boldsymbol{Q}(u,v,w)=\sum_{i=0}^{3}\sum_{j=0}^{3}\sum_{k=0}^{3}\boldsymbol{P}_{ijk}B_i(u)B_j(v)B_k(w),\quad (u,v,w)\in[0,1]\times[0,1]\times[0,1]$$

可将一个正方体映射为一个弯曲的物体。其中，$B_i(u)$、$B_j(v)$、$B_k(w)$为 Bernstein 基函数：

$$B_{i,n}(u)=\mathrm{C}_n^i(1-t)^{n-i}t^i$$

这个 Bézier 体由 64 个控制顶点 $\boldsymbol{P}_{ijk}$ 来指定。当物体嵌入该正方体所定义的变形空间时，物体随着 $\boldsymbol{Q}(u,v,w)$的变形而变形。图 6.10 显示了 FFD 作用于茶壶的变形效果。

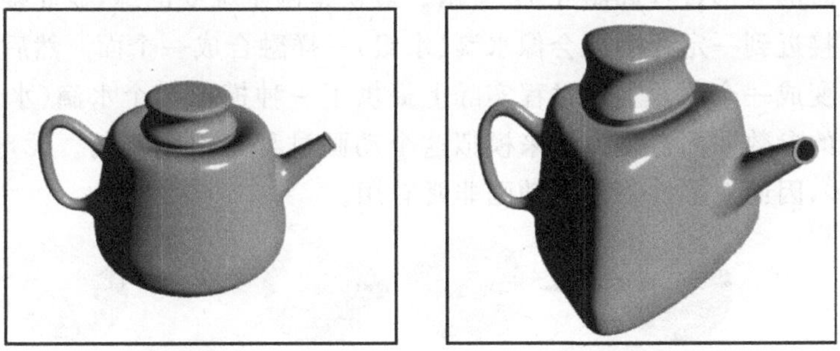

(a) 变形前 (b) 变形后

图 6.10 FFD 作用于茶壶的变形效果

6.3.6 轴变形方法

在自然界中，有一类物体的变形可看成由某条轴线来控制，如蛇的爬行、鱼的游动或树的随风摆动等。用 FFD 类变形来模拟这类变形较为困难，因此研究者提出了一种更简洁的方法来描述这类变形，这就是轴变形方法(Axial Deformation，AxDf)。轴变形是一种通过参数曲线来控制物体自由变形的方法。该方法把物体嵌入轴线的局部参数空间中来实施变形。当轴线变形时，嵌入其参数空间中的各点的位置随之发生变化。用该方法对鱼的游动进行模拟，取得了很好的效果。图 6.11 为龙的轴变形的例子。图 6.11(a)为一条未变形的龙，图 6.11(b)为轴变形后的龙。

6.3.7 元球的造型和动画技术

参数曲面在造型和动画设计中取得了很大的成功，很多造型和动画系统都是基于

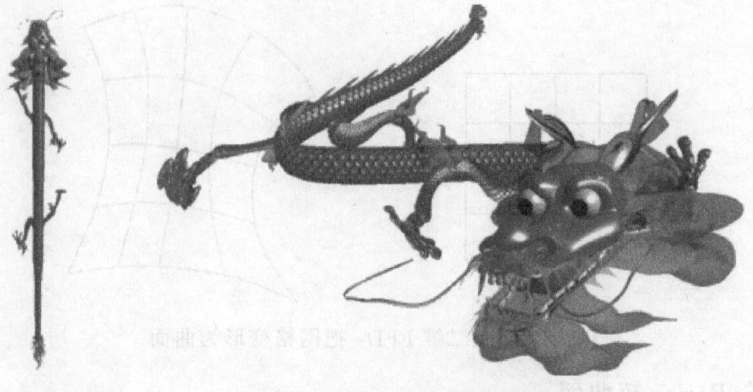

(a) 未变形的龙　　(b) 轴变形后的龙

图 6.11　龙的轴变形

NURBS 曲面的。但参数曲面在表现人体的肌肉、器官和它们的变形等方面比较困难，这促使人们寻找一种新的造型工具。从 20 世纪 80 年代初期开始，出现了一种新的元球(Metaball)造型技术。元球造型属于隐式曲面造型，该技术采用具有等势场值的点集来定义曲面。因此，元球生成的面实际上是一张等势面。

元球相互靠近到一定距离产生变形，再进一步靠近时则融合成光滑表面。以两个元球为例，元球靠近时的变形过程如图 6.12 所示。最初是两个独立的球，彼此接近时，相对的面开始隆起变形，接近到一定程度就会像水滴(水银)一样融合成一个面。然后变成花生形状、胶囊形状，最后变成一个球。上述过程实际上提供了一种模拟两个水滴(水银)融合的动画过程，而用传统的参数曲面造型方法来模拟这个动画过程是很困难的。元球造型很适合表示可变形的物体，因而对柔性物体的动画非常有用。

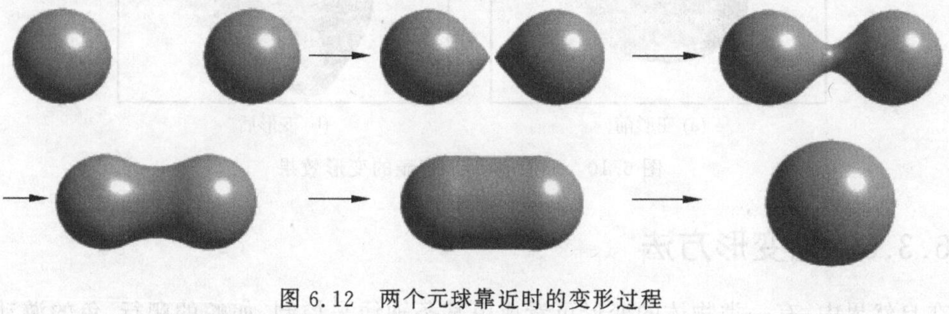

图 6.12　两个元球靠近时的变形过程

6.4　过程动画技术

过程动画是指采用一个过程来描述物体的运动或变形。最简单的过程动画是设立一个数学模型去控制物体的几何形状和运动，如旗帜迎风招展、水波随风荡漾等。较复杂的过程动画则可能包括物体的跳跃、拉伸、爆炸、碰撞等复杂运动。过程动画也经常表现物体的变形，但与在 6.3 节所讨论的 FFD 类自由变形不同。在 FFD 类自由变形中，物体的变形是任意的，可由动画师任意控制；而在过程动画中，物体的变形则基于一定的数学模型或物理规律。

6.4.1 粒子系统

粒子系统是实用的过程动画技术之一，是影视特技中生成特殊视觉效果的一种主要方法。这一方面的先驱是 Reeves，他在 1983 年发表的论文中成功地提出了一种模拟不规则自然景物生成和动态演化的系统，也就是所谓的粒子系统。粒子系统采用了一套完全不同于以往的造型、绘制方法来构造、绘制景物，造型和动画巧妙地连成一体。景物被定义为由成千上万个不规则的、随机分布的粒子所组成，而每个粒子均有一定的生命周期，它们不断改变形状，不断运动。画面上呈现的是景物的总体形态和特征的动态变化。粒子系统的这一特征使得它充分体现了不规则模糊物体的动态性和随机性，很好地模拟了烟花、火、云、水、森林和原野等自然景物，如图 6.13 所示。

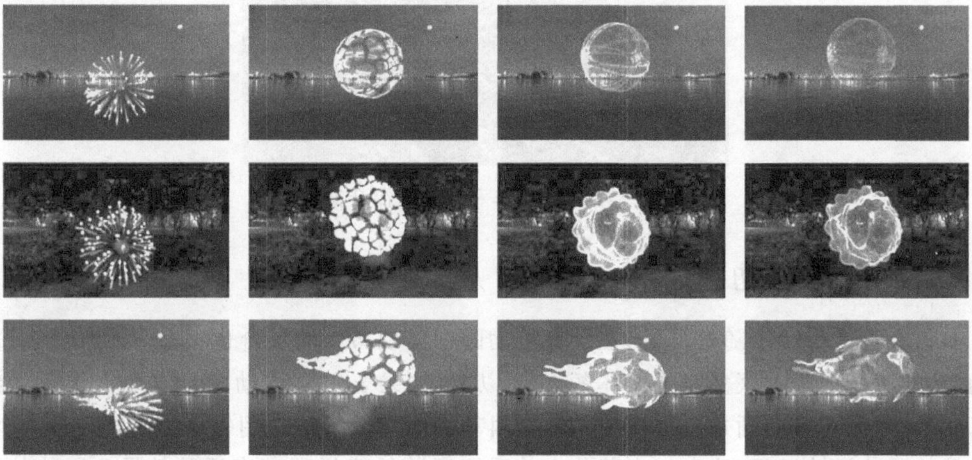

图 6.13 烟花采用粒子系统生成

粒子系统的基本思想是将许多简单形状的微小粒子作为基本元素聚集起来形成一个不规则的模糊物体，每个粒子均经历出生、成长、衰老和死亡的过程，与粒子有关的每个参数均受到一个随机过程的控制。

生成粒子系统某瞬间画面的基本步骤如下：

(1) 生成新的粒子并加入系统中。

(2) 赋予每个新粒子以一定的属性。

(3) 删除那些已经超过其生命周期的粒子。

(4) 根据粒子的动态属性对粒子进行移动和变换。

(5) 绘制并显示由有生命的粒子组成的图形。

粒子系统的思想已成功地应用于包括 Maya、3ds Max、Houdini 在内的大部分动画软件中。电影《龙卷风》《红海行动》中许多出神入化的效果就是采用粒子系统制作出来的。它所模拟的火光、烟雾等特殊光效已广泛应用于电影行业并多次荣获大奖。

6.4.2 群体动画

在生物界，许多动物(如鸟、鱼等)以某种群体的方式运动。这种运动既有随机性，又有一定的规律性。Reynolds 提出的群体动画成功地模拟了这种方式的运动。Reynolds 指出，群体的行为包含两个对立的因素，即既要相互靠近，又要避免碰撞。

Reynolds 用 3 条按优先级递减的原则来控制群体的行为：

(1) 碰撞避免原则，即避免与相邻的群体成员相碰。

(2) 速度匹配原则，即尽量匹配相邻群体成员的速度。

(3) 群体合群原则，即群体成员尽量靠近。

群体动画既可用于大规模人群的仿真，也可用于生成无人驾驶仿真测试场景，如图 6.14 所示。

图 6.14 人群、电瓶车和汽车的混合交通仿真

6.4.3 布料动画

布料在日常生活中随处可见，在计算机动画中出现布料的场合也很多，如服饰、窗帘、桌布、飘动的旗帜等。衣服覆盖了人体的 80%以上，如果要求人体动画具有令人满意的细节和真实感，那么布料动画是不可缺少的。布料动画的一个特殊应用领域为时装设计，它将改变传统的服装设计过程，让人们在着装之前看到服装的式样和试穿后的效果。服装的数字化设计和动画可用于为服装企业提供从三维设计、推款审款、三维改版到直连生产和在线展销的全链路数字化服务。三维数字化建模设计软件 Style3D Studio 可用于数字化服装的设计和动画仿真，如图 6.15 所示。布料动画主要包括几何方法、基于物理模型的显式方法、基于物理模型的隐式方法、近似隐式方法和混合方法。

图 6.15 布料动画例子

6.4.4 脸部表情动画

脸部表情动画在影视特技、人机交互、游戏等方面都具有重要的应用,如图 6.16 所示。目前,这一方面的研究获得了显著的进展,动画师已经能够生成非常逼真的脸部表情动画。脸部表情动画涉及脸部多个器官的协调运动,并有它自己的特殊性。首先,脸的造型越逼真,观众的观察越敏感。脸部造型的复杂程度并非是最主要的,简单的造型也可生成非常生动的效果。其次,在表达情绪时,要注意脸部特征的优先顺序。眼睛、嘴巴、眉毛、眼睑具有高优先级,而下巴、鼻子、舌头、耳朵、头发的优先级较低。在表情动画中,最重要的是眼睛,因为眼睛引导着观众的视线。Walt Disney 曾对他的动画队伍说:"观众看的是眼睛,如果要使角色生动,必须把时间和金钱花在眼睛上。"这充分说明眼睛在表情中的重要地位。另外,头部的运动虽然很小,但也是很关键的。可以想象,如果头部不动,无论脸部表情怎么生动,动画也会显得比较呆板。制作脸部表情动画的一种简单方法为关键帧插值法。该方法先用数字化仪将人脸的各种表情输入计算机中,然后用这些表情的线性组合来产生新的脸部表情。其缺点是缺乏灵活性,难以模拟一些特殊的表情,且不能模拟表情的细微变化。另一种方法为基于肌肉模型的脸部表情模拟方法。在影视特技中,最实用的是表情捕捉法。例如,在电影《指环王》系列中,计算机生成的角色咕噜姆(Gollum)的表情大部分通过捕获演员的表情来得到。

图 6.16 真实感人脸建模和表情

6.5 关节动画

在三维计算机动画中,加入人、动物这样的角色会使画面活泼,具有生机活力。关节动画是实现这类角色动画不可缺少的部分。关节结构由一系列刚体链在关节处连接而成,如图 6.17 所示,其中链结构的自由端称为末端影响器。虽然在机器人学中有平移关节和旋转关节两种类型,但在人体动画中只有旋转关节。在数学上,描述关节链常采用 DH(Denavit-Hartenberg)表示,其坐标架定义在每一个链上以描述一个链相对于其他相邻链的运动,两个相邻链坐标系的齐次坐标变换矩阵称为 A 矩阵。

驱动关节链结构运动的方式有两种:一种是运动学方法,另一种是动力学方法。运动学方法仅考虑物体的位置、速度和加速度等运动参数,这种运动与物体的质量、产生该运动

图 6.17 用关节表示人体动画

的隐含力无关。而在动力学方法中,运动参数完全由动力学方程决定。用$\boldsymbol{\theta}=(\theta_1,\theta_2,\cdots,\theta_n)$表示具有 n 个自由度的关节向量,$\boldsymbol{X}$ 表示末端影响器的位置。

6.5.1 正向运动学方法

在正向运动学方法中,所有关节向量的值均由动画师显式给出,末端影响器的位置由各相邻关节间变换的复合得到。即给定关节向量$\boldsymbol{\theta}$,求$\boldsymbol{X}=f(\boldsymbol{\theta})$。例如,对于一个人,假设末端影响器为脚,那么脚的位置可由臀关节、膝关节和踝关节变换的复合得到。对于图 6.18 所示的两链关节结构,末端影响器的坐标为:

$$\boldsymbol{X}=(x,y)=(l_1\cos\theta_1+l_2\cos(\theta_1+\theta_2),l_1\sin\theta_1+l_2\sin(\theta_1+\theta_2))$$

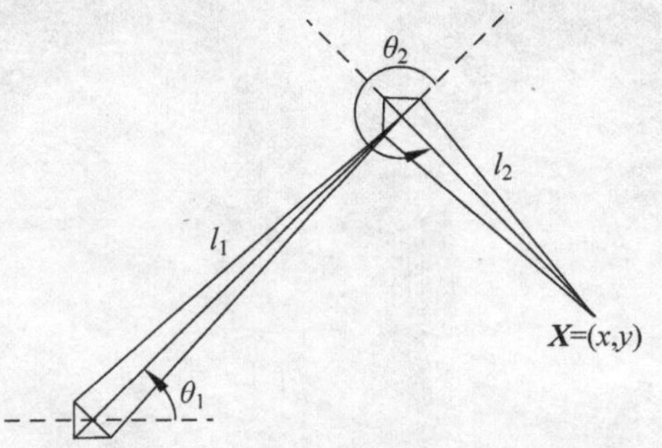

图 6.18 一个简单的平面两链关节结构

6.5.2 逆向运动学方法

逆向运动学方法(Inverse Kinematics,IK)是一种目标导向的运动指定方法。在逆向运动学方法中,动画师指定末端影响器的位置,系统求解各关节向量的值,即给定 $\boldsymbol{X}$,求$\boldsymbol{\theta}$ 。对于图 6.18 所示的关节结构,由余弦定理得:

$$\theta_2=\cos^{-1}\left(\frac{x^2+y^2-l_1^2-l_2^2}{2l_1l_2}\right)$$

从正向运动学公式:

$$\begin{cases}x=(l_1+l_2\cos\theta_2)\cos\theta_1-l_2\sin\theta_2\sin\theta_1\\y=l_2\sin\theta_2\cos\theta_1+(l_1+l_2\cos\theta_2)\sin\theta_1\end{cases}$$

中消去 θ_2,得到:

$$\theta_1=\tan^{-1}\left[\frac{-(l_2\sin\theta_2)x+(l_1+l_2\cos\theta_2)y}{(l_2\sin\theta_2)y+(l_1+l_2\cos\theta_2)x}\right]$$

对于平面两链关节结构，逆向运动学方程的解可以解析求得。但由于 f 是一个高度非线性化的函数，随着关节数目的增加，方程变得越来越复杂，使得解析求解逆向运动学方程几乎不可能，因而通常采用数值计算方法。

对正向运动学方程 $\boldsymbol{X}=f(\boldsymbol{\theta})$ 两边求导，得到：

$$\dot{\boldsymbol{X}}=\boldsymbol{J}(\boldsymbol{\theta})\dot{\boldsymbol{\theta}}$$

其中，$\dot{\boldsymbol{X}}$ 为末端影响器的速度，$\dot{\boldsymbol{\theta}}$ 为关节向量的时间导数，$\boldsymbol{J}$ 为函数 $f(\boldsymbol{\theta})$ 的雅可比矩阵。$\boldsymbol{J}$ 把关节向量的速度映射为笛卡儿空间的速度。

通过求雅可比矩阵 $\boldsymbol{J}$ 的逆矩阵和对当前操作位置局部化，逆向运动学方程的解可线性化为：

$$\mathrm{d}\boldsymbol{\theta}=\boldsymbol{J}^{-1}(\boldsymbol{\theta})(\mathrm{d}\boldsymbol{X})$$

利用该方程，逆向运动学的数值迭代求解过程为：对于给定的末端影响器的变化 $\mathrm{d}\boldsymbol{X}$，在误差范围内，求关节向量的变化 $\mathrm{d}\boldsymbol{\theta}=\boldsymbol{J}^{-1}(\boldsymbol{\theta})(\mathrm{d}\boldsymbol{X})$，其中误差为 $\|\boldsymbol{J}\mathrm{d}(\boldsymbol{\theta})-\mathrm{d}\boldsymbol{X}\|$。若在区间 $[\boldsymbol{X},\boldsymbol{X}_{\mathrm{goal}}]$ $(\mathrm{d}\boldsymbol{X}=\boldsymbol{X}_{\mathrm{goal}}-\boldsymbol{X})$ 上迭代的误差大于给定的阈值，则将 $\boldsymbol{X}$ 到 $\boldsymbol{X}_{\mathrm{goal}}$ 的路径分割成两半，并用 $\boldsymbol{X}_{\mathrm{mid}}=(\boldsymbol{X}+\boldsymbol{X}_{\mathrm{mid}})/2$ 代替 $\boldsymbol{X}_{\mathrm{goal}}$；若在区间 $[\boldsymbol{X},\boldsymbol{X}_{\mathrm{mid}}]$ 迭代的误差满足要求，再从 $\boldsymbol{X}_{\mathrm{mid}}$ 迭代到 $\boldsymbol{X}_{\mathrm{goal}}$，如图 6.19 所示。

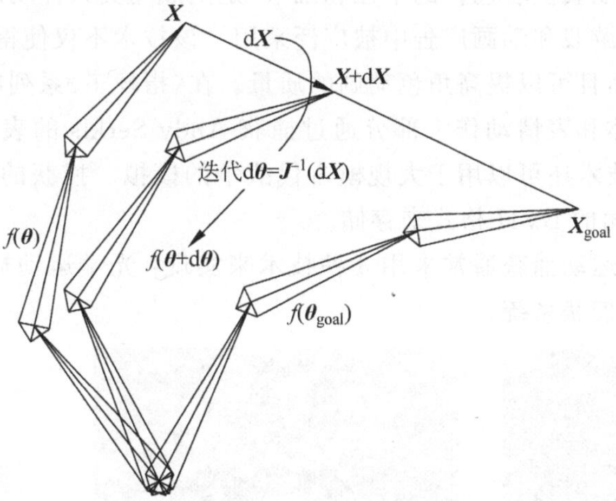

图 6.19 逆向运动学的求解

逆向运动学方法只需给定末端影响器的空间方位，就可反求出整个状态向量。用户的交互非常简便，但该方法需求解不定系统方程，通常存在着多解及求解不稳定现象。当然，求解过程也比较复杂。一种有效的方法是对关节链结构赋以一定的约束来减少多解情形。目前，这两种方法在计算机动画中均得到了广泛的应用。

6.5.3 动力学方法

在动力学方法中，物体的运动是由力和力矩驱动的，由于计算过程依据物理规律，故能生成更复杂和逼真的运动。动力学方法又可分为正向动力学方法和逆向动力学方法。在正向动力学方法中，给定作用于物体的力和力矩，计算各关节的位移、速度和加速度；而在逆向动力学方法中，力和力矩是通过给定的运动学参数反求而得到的。

动力学方法的常用方程为拉格朗日方程：

$$\frac{\mathrm{d}}{\mathrm{d}t}\left(\frac{\partial L}{\partial \dot{q}_i}\right)-\frac{\partial L}{\partial q_i}=\phi_i$$

其中，$L=T-V$，T 为动能，V 为势能，q_i 为广义关节参数，$\dot{q}_i$ 为 q_i 的一阶导数，ϕ_i 为作用于第 i 个关节链的广义力。

在动力学方法中，一个重要的问题是如何控制物体的运动。如果没有有效的控制手段，用户就必须提供具体的如力和力矩这样的控制指令，而这几乎是不可能的。因而，有必要提供高层的控制和协调手段。满足上述要求的一种方法是预处理方法。该方法把所需的约束和控制转换成适当的力和力矩，然后传递到动力学方程中。另一种方法是将约束以方程的形式给出。

6.5.4 运动捕获和运动重现

与通过交互方式设置的动画不同，运动捕获(Motion Capture)采用软硬件系统记录表演者的真实运动信息，并把动作过程复制到一个虚拟的人或动物上。运动捕获也可看成是一种正运动学方法。该方法类似于早期 Disney 公司制作卡通片《白雪公主》时使用的 Rotoscoping 技术，即动画师根据素材画面，用手工交互的方式跟踪获取画面主体的运动信息。运动捕获可以获取表演者动作的个性和细节，是生成逼真人体动画最实用、最有效的方法，因而在影视特技、游戏和动画广告中被广泛采用。该技术不仅使得人体角色动画的制作过程变得非常简单，而且可以提高角色动画的质量。在《指环王》系列电影中，咕噜姆便是一个虚拟的角色，其肢体和表情动作大部分通过捕获 Andy Serkis 的表演来得到。通过捕获大量的运动数据，该技术还可以用于大规模古代战争的模拟。捕获的人体关节运动数据通常采用 BioVision 公司的 BVH 格式来存储。

如图 6.20 所示，运动捕获通常采用 3 种技术来实现：光学运动捕获系统、磁性运动捕获系统和机械式运动捕获系统。

(a) 光学运动捕获系统　(b) 磁性运动捕获系统　(c) 机械式运动捕获系统

图 6.20　运动捕获系统

(1) 光学运动捕获系统。将反射标记附加在表演者身体的关节处，然后用高分辨率摄像机跟踪标记的位置，从而计算出关节运动的参数。对于脸部表情数据，需要的摄像机数为

1～2 个；对于全身的关节数据，需要的摄像机数为 3～16 个(或更多)。光学运动捕获系统具有测量范围大、标记放置适应性强(甚至可放于大象、足球、垒球等上面)、表演者行动自由等优点，属于运动捕获系统中的高端产品。但光学运动捕获系统也具有标记容易被表演者自身遮挡、摄像机定标困难、对光线敏感、价钱贵、难以实时捕获数据等缺点。

(2) 磁性运动捕获系统。把传感器放置于表演者的身上，并测量由发射源产生的低频磁场。传感器和发射源通过电缆与一个电子控制单元相连。通常在每个人身上放置 6～11 个(或更多)传感器。磁性传感器不仅可以传回位置信息，而且可以传回旋转信息。系统采用逆运动学计算人体各个关节的角度，并补偿传感器与真实关节旋转中心的偏差。磁性运动捕获系统能实时测量运动信息，但具有对金属敏感、电缆妨碍表演者的运动、传感器易滑动、低采样率等缺点。

(3) 机械式运动捕获系统。在人的关节处放置电位计，通过电缆直接得到关节处的空间位置。近年来，机械式运动捕获系统结合视觉和深度学习的方法得到了越来越多的关注。

运动捕获数据是表演者真实运动的映像，因而在获取运动数据时，应尽量使表演者与虚拟角色的关节结构尺寸接近。在表演者和虚拟角色的关节结构尺寸(如身高、腿长、手臂长度等)不相同时，若不加修改地直接把运动捕获数据应用到一个不同尺寸的虚拟角色上，就有可能出现运动不协调、双脚离地等不真实的运动。运动重现(Motion Retargeting)可以把一个角色的动画赋给另一个具有相同关节结构但具有不同关节长度的角色，并能保持原有动画的质量。

6.6 运动模糊

在计算机动画中，当摄像机和场景之间的相对运动过快时，会引起时间域走样。在动画画面中，这表现为恼人的闪烁现象。当物体的运动速度较快时，这种不自然现象表现得尤为明显。运动模糊方法通过在时间域上滤波采样的图像，可有效地缓解这类走样问题。如图 6.21 所示为运动模糊效果。

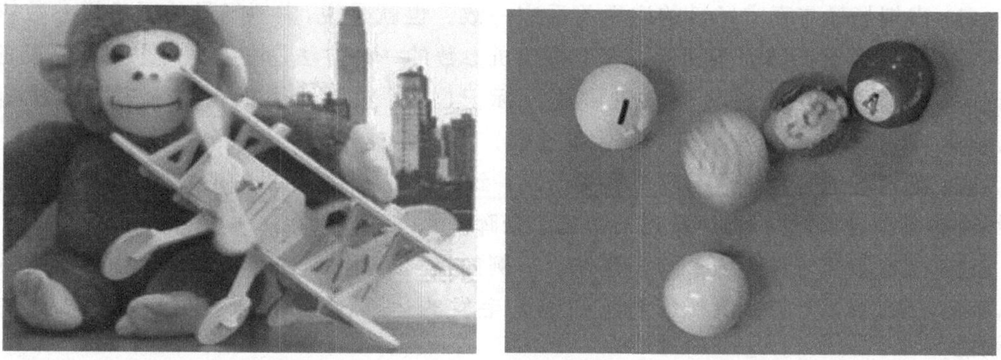

(a) 由于风扇快速转动引起的运动模糊　　(b) 由于台球快速运动引起的运动模糊

图 6.21 运动模糊

根据对真实摄像机的镜头的模拟，运动模糊方法主要分为以下 3 类：

(1) 二维运动模糊。主要采用图像处理技术来形成运动模糊效果。

(2) 三维运动模糊或时间域超采样。在曝光时间内，把整个场景绘制多次，然后把得到的多个采样图像进行加权平均来得到最后的结果图像。

(3) 2.5维运动模糊。先用标准的绘制程序生成一些采样图像，然后计算每个像素在图像中的运动速度，最后根据该速度涂抹图像得到运动模糊的结果图像。该技术是上述两种方法的组合。

6.7 动画后期合成

后期合成是动画设计中的一个重要组成部分，相关的著名商业软件有 Discreet 公司的 Flame 和 Flint、Adobe 公司的 After Effects、SGI 公司的 Composer 等。动画后期合成软件取代了传统的价格昂贵的在线或离线视频编辑器，并能生成许多视频编辑器难以实现的效果。合成软件提供了剪辑、叠化、抠象、合成、图像渐变、图像处理、特殊动画效果制作、音乐编辑、音乐合成、动画实时播放等强大功能，已经成为影视动画软件的核心组件。由于它是全数码合成，因此避免了传统视频系统因多次操作而引起的图像损失。后期合成的一个典型例子是迪士尼影片公司 2000 年出品的巨作《恐龙》。该片堪称好莱坞有史以来最具视觉震撼力的电影之一，全片的 1300 个特效镜头使之成为同类影片中最为复杂、最为壮观的一部，它是世界上首部实景拍摄和动画特技合二为一的电影。片中展示的 30 多种史前生物，从 12 英寸高的蜥蜴龙到 120 英尺高的腕龙，还有禽龙、三角龙、翼龙、狐猴等，将观众完全带入一个亦幻亦真的史前恐龙世界。影片中的史前生物是计算机制作的，但影片中恐龙的生活背景却是外景队到世界各地拍摄的实景，如加州死亡谷、澳大利亚坎贝尔国家公园、夏威夷两大岛、委内瑞拉国家森林公园等。通过图像合成，计算机创造的史前动物与真实场景天衣无缝地融合在一起。当你看《恐龙》时，很难区分哪些是真实场景，哪些是计算机模拟的场景。后期合成的另一个典型例子是影片《阿甘正传》中阿甘与肯尼迪总统握手的画面，它将两个不同时代的人物放在了同一个场景中。

为了把计算机动画制作的虚拟场景与真实场景天衣无缝地合成在一起，需要考虑以下因素：

(1) 虚拟场景与真实场景的透视关系应一致。也就是说，虚拟场景的摄像机参数应与真实场景的摄像机参数完全相同。获取摄像机参数的一种方法是在拍摄时采用专用设备直接记录；另一种方法是在真实场景中放置标记，然后采用计算机视觉中的摄像机定标(Camera Calibration)方法来反求摄像机参数。

(2) 虚拟场景的光照情况应与真实场景一致。例如，真实场景中的太阳，同样应作为虚拟场景的光源，使得虚拟物体呈现出落日的余晖。

(3) 虚拟场景与真实场景的相互作用。例如，虚拟恐龙踩在真实草地上引起草地的变化，真实场景的风吹在虚拟狐猴身上引起其毛发的运动，虚拟场景投射在真实场景中的阴影等。

(4) 虚拟场景与真实场景的遮挡关系。虚拟景物既可能位于真实景物的前面，也可能位于真实景物的后面，也可能相互遮挡。因此，必须采用某些方法确定场景相互之间的前后遮挡关系，如通过用户交互指定、由场景的深度值判定等。

图像合成中的一个重要概念是图像像素的 α 分量。α 分量指明了当前图像在该像素处的透明度，α 为 0 时表示当前图像在该像素为全透明的，α 为 1 时表示当前图像在该像素处为不透明的。许多图像格式支持像素的 α 分量表示，如 TGA、TIFF、Softimage 的 PIC 格式、Photoshop 的 PSD 格式等。α 分量可通过多种途径来获取。一种是由动画软件直接计算。大部分动画软件，如 Maya、3ds Max，生成的图像均包含 α 分量。另一种是采用抠像的方法。蓝屏抠像(Blue Screen Matting)，有些地方也称为色键(Chroma-Key)，是一种常用的方法。在该方法中，被拍摄的主体(不能穿戴蓝色服饰)位于光照均匀的纯蓝背景前面，由于前景和背景的颜色空间不同，拍摄前景图像的 α 分量很容易求出。蓝屏抠像在电影拍摄和电视节目制作中被广泛使用，如新闻和天气预报类节目。

在得到图像各像素的 α 分量后，图像的合成就容易了。假设用 A 和 B 表示输入图像，C 表示合成图像，下标 r、g、b、α 分别表示其红、绿、蓝、α 分量，则常用的图像合成操作 A Over B 的计算公式为：

$$C_{rgb\alpha} = A_{rgb\alpha} + (1 - A_{\alpha}) B_{rgb\alpha}$$

在图 6.22 中，图 6.22(b)为图 6.22(a)中女孩的 α 分量图，其中白色区域内各像素的 α 分量值为 1，黑色区域内各像素的 α 分量值为 0，灰色区域内各像素的 α 分量取值为 0～1。根据上式将女孩图像合成到另一背景，可得到图 6.22(c)。

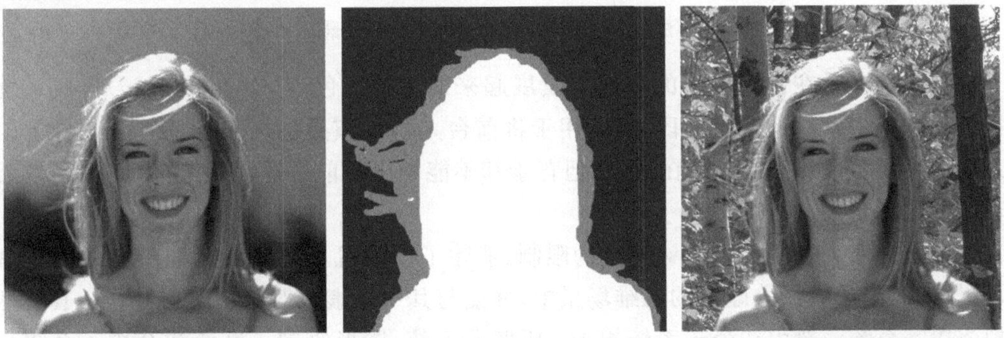

(a) 输入图像　(b) α通道　(c) 合成结果

图 6.22　数字图像合成例子

上述合成方法利用的是图像的 $rgb\alpha$ 信息，它要求图像的前后合成次序由用户指定。消除这个限制的合成方法是 $rgb\alpha z$ 方法，这是一种 $rgb\alpha$ 和 z 缓冲器相结合的表示方法。该方法通过比较参与合成的两幅图像中的场景在同一像素处的深度值来决定合成图像在该像素处的颜色值。由于 z 缓冲器满足交换律和结合律，因此图像合成结果与输入图像的次序无关。

6.8　虚拟演播室

在现代社会中，电视是一种重要的大众传播媒体和娱乐工具，观众对于电视的欣赏品位正在不断提高，这对电视制作也提出了更高的要求。传统的节目制作方式通常是一个栏目占用一个演播室，在当今节目制作量大大增加、内容千变万化的情况下，如果仅仅使用传统方式来完成节目制作，势必要增加大量演播室及相关配套设备。虚拟演播室技术的出现，除了在制作手法上为制作人员提供了极大的创作自由以外，对开拓节目的空间、降低节目制作费用等方面都有着十分重要的意义。不论从经济因素，还是从技术或艺术角度考虑，虚拟演播室技术都具有很强的创造性与实用性。

虚拟演播室是在高速图形计算和视频色键的基础上发展起来的演播室技术。如图 6.23 所示，在虚拟演播室系统中，现场视频可以实时地与计算机产生的三维图形完美无缝地集成在一起，构成一个现实中不存在，但是在电视画面上又起到演播室作用的假想的新的环境和气氛，并可极为灵活地根据用户需求进行定制。一台工作站可与多台摄像机连接，摄像机可在虚拟演播室中随意移动，它突破了传统布景、道具、灯光、场地等演播室制作工艺的限制，虚拟模型可使用户在布景、拆景及储存道具方面节省大量开支。同时，用户还可以通过建立三维模型得到真实道具所不能达到的特殊效果。技术制作人员可以利用鼠标器来激活或改变场景中的任何事物。

图 6.23　虚拟演播室中的虚拟背景

虚拟演播室是在色键系统的基础上发展起来的。传统色键(Chroma-Key)合成系统是电视节目制作中常用的合成手段，通常用于将前台人物表演叠加在不同的背景图像上。色键系统的主要不足在于：前景在运动，但背景却不能做出与前景运动相应的动作，前景无法真正地溶入背景中。

虚拟演播室突破了传统色键系统的限制，消除了摄像机不能与背景同步运动的致命弱点，前景中的演员能深入虚拟的三维场景中，并能与其中的虚拟对象实时交互。一套典型的虚拟演播室系统一般由 3 个子系统组成：跟踪子系统、图形绘制子系统和合成子系统。虚拟演播室中的演员在蓝色屏幕前进行现场表演。摄像机采集前景视频信号，同时摄像机上的跟踪系统实时提供摄像机移动的信息，这些数据被送至一个实时图形计算机。三维计算机图形发生器根据摄像机的当前方位、视角实时生成一个逼真的虚拟环境。以蓝色屏幕为背景拍摄的摄像机图像，经延时后与计算机生成的虚拟背景以相同时码叠加，并通过色键抠图，实时产生一个合成的图像。由于计算机图形技术的迅速发展，计算机实时绘制各种复杂逼真的三维场景已成为可能。这些场景可以与摄像机拍摄的视频信号完美地合成在一起，使演员表演的空间得到扩展。现场的演员在虚拟演播室中与三维背景呈现真实的透视关系，其中允许插入视频片断、三维特技效果、图形、音频等。

6.9 计算机游戏

计算机游戏是指在计算机上运行的游戏软件，是一种具有娱乐功能的计算机软件。它的发展与计算机图形学、计算机动画、人工智能等密切相关。计算机游戏产业的市场惊人，可以与电影产业相媲美。计算机游戏的出现与 20 世纪 60 年代计算机进入美国大学校园有密切的联系。当时的环境培养出了一批编程高手。1962 年，一位叫斯蒂夫·拉塞尔的大学生在美国 DEC 公司生产的 PDP-1 型计算机上编制的《宇宙战争》(*Space War*)是当时很有名的计算机游戏。一般认为，他是计算机游戏的发明人。1971年，被誉为电子游戏之父的诺兰·布什纳尔发明了第一台商业化电子游戏机。进入20世纪90年代，计算机软硬件技术的进步，互联网的广泛使用，为计算机游戏的发展带来了强大的动力。计算机游戏按平台可以分为单机游戏和网络游戏。由于网络游戏中玩家的对手是人，而不是单机游戏中的计算机，因而更具有吸引力。

网络游戏的形式有很多种类，但都离不开战略游戏、动作游戏和角色扮演游戏。

- 在战略游戏中，一切都是实时发生的，要求玩家具备较好的敏捷与宏观指挥能力。代表性的战略游戏有《红色警戒》(*Red Alert*)。动作游戏则强调玩家的反应能力和手眼的配合。
- 动作游戏的剧情一般比较简单，只要熟悉操作技巧就可以进行游戏。通常要求玩家所控制的主角(人或物)根据周围所遭遇的情况变化做出一定的动作，如移动、跳跃、攻击、躲避、防守等，来达到游戏所要求的目标。动作游戏讲究逼真的形体动作、火爆的打斗效果、良好的操作手感及复杂的攻击组合等。一般比较有刺激性，情节紧张，声光效果丰富，操作简单。动作游戏还可进一步分为射击游戏(STG)和格斗游戏(FTG)。射击游戏代表作品有《彩虹六号》(*Rainbow* 6)，格斗游戏代表作品有《热血街霸》(*GetAmped*)。
- 角色扮演游戏(Role-Playing Game，RPG)是目前最受玩家欢迎的游戏类型之一，作为一种新兴的游戏类型，其发展前景广阔。角色扮演游戏为玩家提供一个可供冒险的世界或者一个反映真实的世界，这个世界包含各种角色、建筑、商店、迷宫及各种险峻的地形。玩家扮演虚拟世界中的一个或者几个特定角色在特定场景下进行游戏。玩家所扮演的角色在这个世界中通过旅行、交谈、交易、打斗、成长、探险及解谜来揭开一系列的故事情节线索，最终走向胜利的彼岸。玩家依靠自身的胆识、智慧和机敏获得一次又一次的成功，使自己扮演的主角不断发展壮大，从而得到巨大的精神满足。

游戏的开发离不开游戏引擎。游戏引擎是用来控制游戏功能的主程序，如接受玩家控制信息的输入、选择合适的声音、以合适的音量播放等。引擎相当于游戏的框架，框架打好后，关卡设计师、建模师、动画师可往里填充内容。在3D游戏的开发过程中，引擎的制作往往会占用非常多的成本。游戏引擎提供多种功能，如场景的光照效果、角色的动作设计、绘制、人机交互、物理系统等。物理系统使游戏场景中物体的运动遵循物理规律，使得运动具有真实感。碰撞检测是物理系统的核心部分，它检测游戏中各物体的物理边缘，以防止两个三维物体撞在一起时相互穿过。当玩家撞在墙上时，碰撞检测程序会根据玩家和墙之间的相对位置确定两者的相互作用。

6.10 Flash 动画

2001年的初夏，一首诙谐有趣的歌曲——《东北人都是活雷锋》在互联网上传播开来，这首歌能为观众熟知的一个重要原因是 Macromedia 公司推出的 Flash 网络动画，如图 6.24 所示。传统的动画片段虽然可以用 MPEG 或 AVI 格式进行压缩，然后在网络上发布，但由于其数据量仍然很大，因此在目前的带宽下，实时传输仍有困难。

图 6.24 Flash 动画

Flash 动画充分利用了矢量图形来表现剧情，既简洁明了，又减少了文件大小，从而利于网络传播。Flash 动画的一个重要应用是在互联网上发布广告。由于采用矢量图形来描述对象的形状、大小、颜色和位置等信息，不仅产生的文件相对较小，而且显示的图形与分辨率无关，这意味着即使把矢量图形放大到整个屏幕，还能保持相同的文件大小且不会影响显示质量。

Flash 动画可在网络上快速加载的另一个原因是流式内容。由于用户在观看动画时并非同时看或听一个文件中的每一字节，即用户是逐步接收的。例如，当一个人阅读一本书时，一次仅能看一页。因此，当你阅读网络上的书时，可能希望只阅读开始的几页，而其余的内容在后台以对用户透明的方式下载。如果必须要等待整本书完全下载才能阅读，用户可能会放弃这个站点而点击别处。Flash 的流式功能意味着即便是带有声音、动画和位图的大型文件，也可以几乎同步实时地放映。

Flash 动画另一个吸引人之处在于它的交互性。Flash 可创建一种由用户控制的体验，而这种体验将直接取决于设计者在 Flash 中嵌入的交互性能。用 Flash 可以创建按钮以显示信息、播放声音、跳到电影中的不同位置以及响应鼠标事件。用 Flash 设计的电影可以按照预先定义的速度放映，也可以遵循观看人员所输入的路径进行放映。Flash 通过一个基本但很强大的脚本编辑引擎支持 if-and-end 交互，这意味着 Flash 电影可以下列方式放映：如果按钮 A 按下，则进行动作 1，否则（其他情况，例如按钮 B、C 或 D 按下）进行动作 2。所使用的手段越具有吸引力，观众就越投入。除了前面提到的因素外，还有一个因素在 Flash 演示效果中发挥着重要作用，那就是声音。声音的效果在很大程度上决定了人对事物的响应。没有它，即便是再强烈的视觉效果仍然显得不足。Flash 允许添加声音效果或者将屏幕上的动作加上音轨，所有这些将为观众带来真正难忘的感受。

习题

1. 用关键帧技术上机实现把一个茶壶从位置(0,0,0)平移到(10,0,0)，并同时绕 x 轴旋转 90°的过程。
2. 叙述二维图形渐变的原理。
3. 上机实现自由变形(FFD)方法。
4. 上机实现一个简单的粒子系统。

第 7 章 数据可视化

CHAPTER 7

7.1 数据可视化的含义与分类

7.1.1 可视化的定义

在计算机学科的分类中，对数据进行交互的可视表达，以增强认知的技术，被称为可视化。可视化利用人类的视觉处理能力，结合计算技术，来实现快速高效地理解和分析数据。它将不可见或难以直接显示的数据映射为可感知的图形、符号、颜色、纹理等，增强数据识别效率，高效传递有用信息。可视化的终极目标是帮助人们洞悉蕴含在数据中的现象和规律，这包含多重含义：发现、决策、解释、分析、探索和学习。

可视化的一个简明定义是：通过数据的可视表达，借助人类的视觉智能，增强人们对数据的分析理解能力和效率。从信息加工的角度来看，丰富的信息消耗了大量的注意力，而人类的视觉记忆只能保持和处理几分钟的信息。可视化提供了对数据的某种外部内存，在人脑之外保存待处理信息，有助于解决人脑的记忆内存和注意力的有限性问题。同时，图形化符号可将用户的注意力引导到重要的目标，以减少搜索时间(固定的潜意识搜索，空间索引模式存储了事实和规律)，支持感知推理(将推理转换为模式搜索)。

表 7.1 列出了 4 组不同的二维数据点集(安斯康姆四元数组，Anscombe's Quartet)，每组数据含有一系列的二元数据。传统的数据统计分析方法会计算每个系列数据的单维度均值、回归线方程、误差的平方和、方差的回归和、均方误差的误差和、相关系数等统计属性，来实现对数据的理解。然而，表 7.2 中显示这 4 组数据的统计属性没有差异。传统的数据统计方法无法获取它们的差异信息。美国 Anscombe 等于 1973 年给出的图 7.1 采用二维散点图呈现了 4 组点所示数据集的不同模式和规律。

表 7.1　4 组不同的二维数据点集

第一组		第二组		第三组		第四组	
*x*1	*y*1	*x*2	*y*2	*x*3	*y*3	*x*4	*y*4
10.0	8.04	10.0	9.14	10.0	7.46	8.0	6.58
8.0	6.95	8.0	8.14	8.0	6.77	8.0	5.76
13.0	7.58	13.0	8.74	13.0	12.74	8.0	7.71

续表

第一组		第二组		第三组		第四组	
x1	y1	x2	y2	x3	y3	x4	y4
9.0	8.81	9.0	8.77	9.0	7.11	8.0	8.84
11.0	8.33	11.0	9.26	11.0	7.81	8.0	8.47
14.0	9.96	14.0	8.1	14.0	8.84	8.0	7.04
6.0	7.24	6.0	6.13	6.0	6.08	8.0	5.25
4.0	4.26	4.0	3.1	4.0	5.39	19.0	12.5
12.0	10.84	12.0	9.13	12.0	8.15	8.0	5.56
7.0	4.82	7.0	7.26	7.0	6.42	8.0	7.91
5.0	5.68	5.0	4.74	5.0	5.73	8.0	6.89

表 7.2 Anscombe 实验的 4 组二维数据点集的统计属性

		均值	方差	相关系数
第一组	x1	9.0	10.0	0.816
	y1	7.5	3.75	
第二组	x2	9.0	10.0	0.816
	y2	7.5	3.75	
第三组	x3	9.0	10.0	0.816
	y3	7.5	3.75	
第四组	x4	9.0	10.0	0.816
	y4	7.5	3.75	

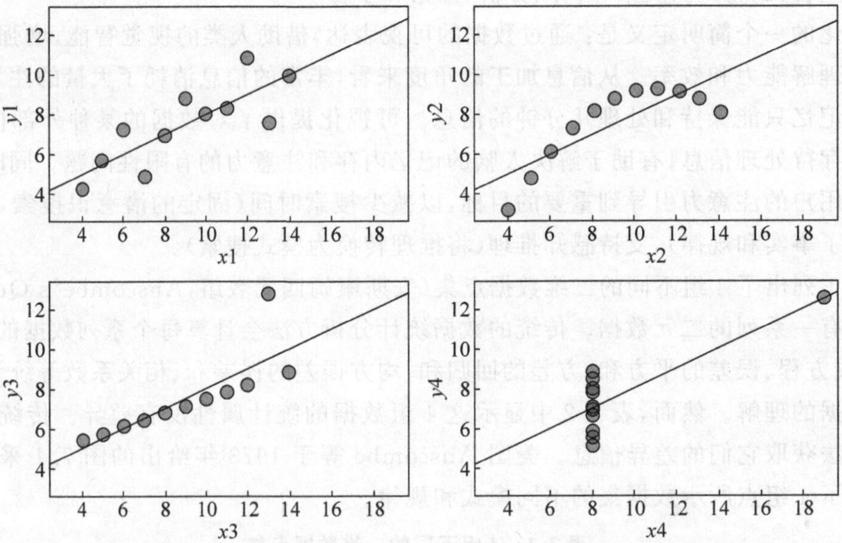

图 7.1 Anscombe 实验的 4 组二维数据点集的可视化

7.1.2 可视化的分类

可视化主要包含科学可视化、信息可视化和可视分析学 3 个方向。

1. 科学可视化

科学可视化的应用领域主要是物理、化学、气象气候、航空航天、医学、生物学等，旨在探索三维空间物理和化学现象的几何、结构、模式、特点、关系、异常和演化。经过数十年的发展，科学可视化的基础理论和方法已经相对成形。

2. 信息可视化

信息可视化的主要处理对象都是抽象的、非结构化的数据集合（如文本、图表、层次结构、地图、软件、复杂系统等）。信息可视化起源于统计图形学，又与信息图形、视觉设计等现代技术相关，关键挑战是在有限的展现空间中以直观的方式传达抽象信息。

3. 可视分析学

可视分析学被定义为一门以可视交互界面为基础的分析推理科学。它综合图形学、数据挖掘和人机交互等技术，以可视交互界面为通道，将人的感知和认知能力以可视的方式融入数据处理过程，促进人脑智能和机器智能优势互补和相互提升，建立螺旋式信息交流与知识提炼途径，完成有效的分析推理和决策。

7.1.3 可视化的意义

数据可视化将不可见现象转换为可见的图形符号，并从中发现规律和获取知识。针对复杂和大规模的数据，已有的统计分析或数据挖掘方法往往是对数据的简化和抽象，隐藏了数据集的真实结构。这可能会产生诸如表 7.1 的例子中所显示的错误或不完善的数据分析结果。而数据可视化可还原甚至增强数据中的全局结构和具体细节。若将数据可视化看成艺术创作过程，则其最终生成的画面需达到真、善、美，以有效挖掘、传播与沟通数据中蕴含的信息、知识与思想，实现设计与功能之间的平衡。

(1) 真，即真实性，指可视化结果是否正确地反映了数据的本质，以及所反映的事物和规律是否被正确地认知和感受。

(2) 善，即易感知，指可视化结果是否有利于公众认识数据背后所蕴含的现象和规律。

(3) 美，即艺术性，指可视化结果的形式与内容是否和谐统一，是否有艺术美感，是否有可欣赏性。

7.2 可视化流程、编码与设计

7.2.1 标准可视化流程

可视化流程以数据流向为主线，其主要模块包括数据采集、数据处理和变换、可视化映射以及用户感知。整个可视化过程可以看成数据流经一系列处理模块并得到转换的过程。用户通过可视化交互和其他模块互动，通过反馈提高可视化的效果。具体的可视化流程有很多种。图 7.2 列出了一个可视化流程的概念图。

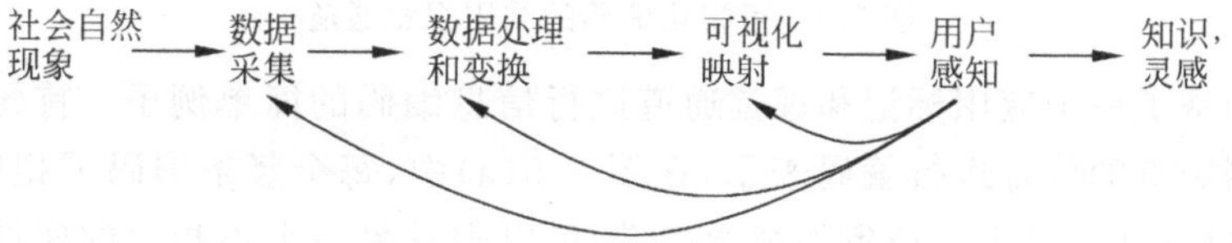

图 7.2 可视化流程的概念图

数据可视化流程中的核心要素包括如下3个方面。

(1) 数据表示与变换：数据可视化的基础是数据的表示和变换。输入数据必须从原始状态变换到一种便于计算机处理的结构化的数据表示形式。通常这些结构存在于数据本身,需要研究有效的数据提炼或简化方法以最大限度地保持信息、知识的内涵和相应的上下文。

(2) 数据的可视化呈现：数据可视化向用户传播了信息,而同一个数据集可对应多种视觉呈现形式,即视觉编码。数据可视化的核心内容是从巨大且多样的呈现空间中选择最合适的编码形式。判断某个视觉编码是否合适取决于感知与认知系统的特性、数据本身的属性和目标任务。

(3) 用户交互：对数据进行可视化和分析的目的是解决目标任务。通用的目标任务可分成3类：生成假设、验证假设和视觉呈现。交互是通过可视手段辅助分析决策的工具。

图7.2中各模块之间的联系并不仅是顺序的线性联系,而是在任意两个模块之间都存在联系。图中的顺序线性联系只是对这个过程的一个简化表示。例如,可视化交互可发生在可视化过程中的数据采集、数据处理和变换、可视化映射等各模块中,用户可进行控制和修改,从而产生新的可视化结果,并反馈给用户。

7.2.2 可视化编码原则

可视化编码(Visual Encoding)是信息可视化的核心内容。数据通常包含数据项及属性值,因此可视化编码类似地由两方面组成：图形元素标记和用于控制标记的视觉特征的视觉通道。标记通常是一些几何图形元素,如图7.3所示的点、线、面等。视觉通道用于控制标记的视觉特征,通常可用的视觉通道包括标记的位置、大小、形状、方向、色调、饱和度、亮度等,如图7.4所示。

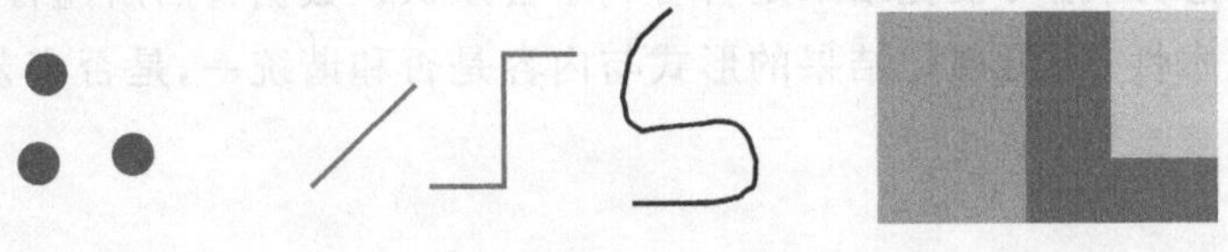

(a) 点　　(b) 线　　(c) 面

图7.3　可视化编码标记示例

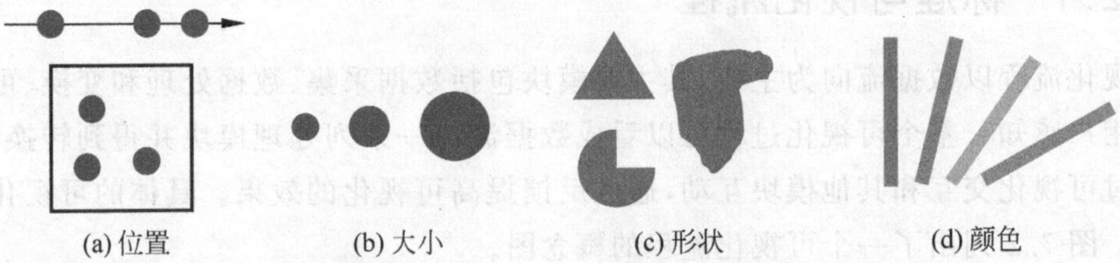

(a) 位置　　(b) 大小　　(c) 形状　　(d) 颜色

图7.4　可视化编码的常用视觉通道

图7.5列举了一个应用标记和视觉通道进行信息编码的简单例子。首先,单个属性的信息可以使用竖直的位置进行编码表示,在图7.5(a)中,每个竖条编码了相应属性值的大小。然后,通过增加一个水平位置的视觉通道,可以表示另一个不相关的属性,从而获得一个散点图的可视化表达。在如图7.5(b)中,散点图精确地利用竖直位置和水平位置(属于

视觉通道)的控制点(标记)在二维空间中的具体位置,达到编码数据信息的目的。通常,在二维显示空间再增加一个空间位置的视觉通道(如深度的位置)不可行。幸运的是,除了空间位置外,可用作视觉通道的元素还有大小、形状、色调等。例如,赋予点(标记)不同的颜色和大小,可编码第三个和第四个独立属性,其结果如图 7.5(c)和图 7.5(d)所示。

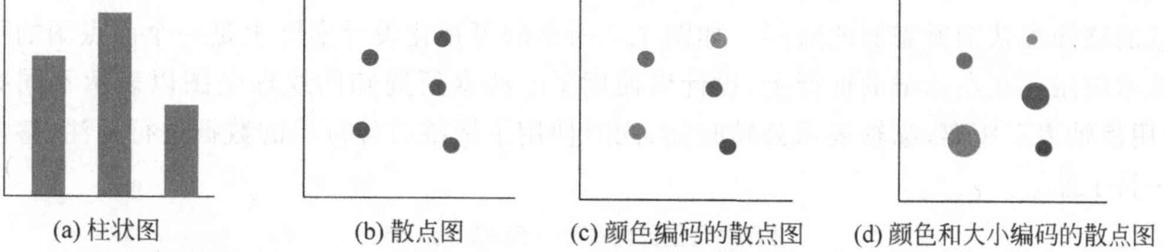

图 7.5 可视化编码应用举例

图 7.5 所示的例子采用一个视觉通道编码一个数据的属性,多个视觉通道同样可以为展示一个数据属性服务。虽然这样做可以让用户更加容易地接收可视化所包含的信息,但在可视化设计时能够利用的视觉通道是有限的,过度使用视觉通道编码同一个数据属性可能会导致视觉通道被消耗完而无法编码其他数据属性。

标记的选择通常基于人们对于事物理解的直觉。而事实上,Cleveland 等观察到,当数据映射为不同的可视化元素时,人对数据感知的准确性是不同的。图 7.6 显示可视化元素对数值型数据、有序型数据和类别型数据的有效性排序,优先级自上而下。

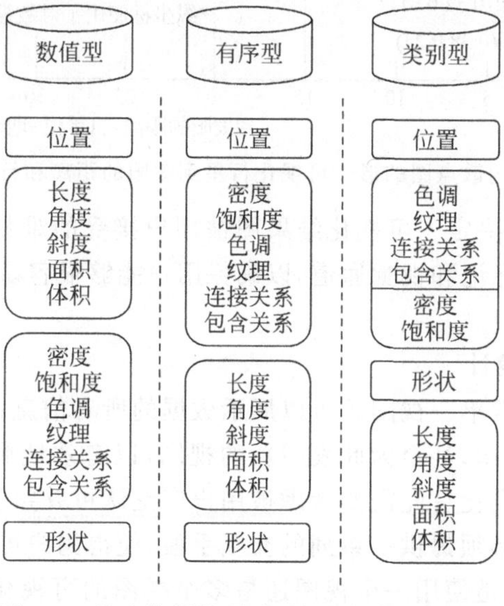

图 7.6 基本数据类型适用的可视化编码方式

7.2.3 可视化设计规范

可视化设计制作包括以下 3 个主要步骤:

(1) 确定数据到图形元素(标记)和视觉通道的映射。

(2) 视图的选择与用户交互控制的设计。

(3) 数据的筛选,即确定在有限的可视化视图空间中选择适量的信息进行编码,以避免在数据量大的情况下产生视觉混乱，也就是说，可视化的结果中需要保持合理的信息密度。

为了提高可视化结果的有效性，可视化设计还包括颜色、标记和动画的设计等。

1. 数据到可视化的直观映射

在选择合适的可视化元素（标记和视觉通道）进行数据映射时，设计者首先需要考虑的是数据的语义和可视化用户对象的个性特征。充分利用已有的先验知识，可以减少人们对信息的感知和认知所需要的时间。如图 7.7 所示的可视化设计实际上是一个散点图的可视化技术应用。在点标记的选择上，设计者使用了一些众所周知的纹理贴图以表示不同的行星，用横轴表示距离，纵轴表示公转时间，同时使用了标签对各行星的数据进行标注，整体信息一目了然。

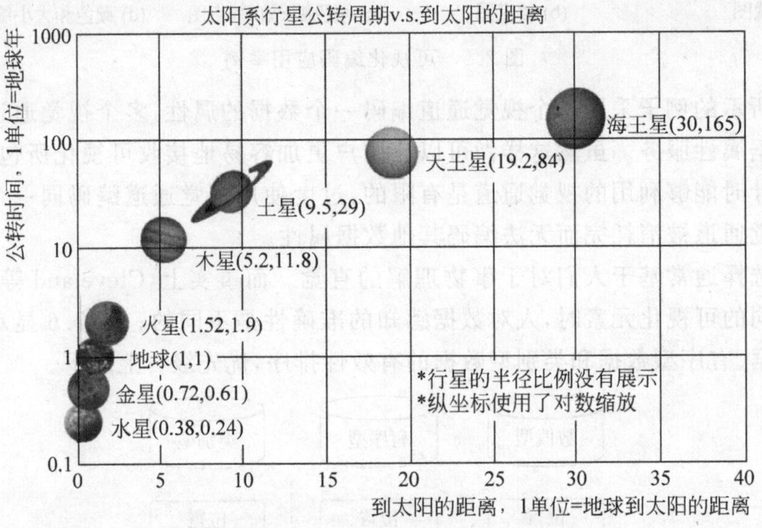

图 7.7　使用散点图的形式可视化行星到太阳的距离和行星公转时间

可视化映射的直观性决定了可视化结果图被用户接受的难易程度。因此，在设计可视化映射时，必须精心选择标记和视觉通道，以确保用户能够很容易地理解可视化所需要展示的数据内容。

2. 视图选择与交互设计

对于简单的数据，通常单一视图就可以展示数据的所有信息；对于复杂的数据，就需要使用较为复杂的可视化视图，甚至为此发明新的视图，以有效地展示数据中所包含的信息。一般而言，一个成功的可视化首先需要考虑被用户广泛认可并熟悉的视图设计。

此外，可视化系统还必须提供一系列的交互手段，使得用户可以按照自己满意的方式修改视图的呈现形式。无论是使用一个视图还是多个视图的可视化设计，每个视图都必须用简单而有效的方式（如通过标题标注）进行命名和归类。

视图的交互主要包括以下方面。

1）滚动与缩放

当数据无法在当前有限的分辨率下完整展示时，滚动与缩放将成为非常有效的交互方式。

2）颜色映射的控制

作为一个可视化系统，调色盘通常是必须提供的。同样，允许用户修改或者制作新的调色盘，这样可以增加可视化系统的易用性和灵活性。

3）数据映射方式的控制

在进行可视化设计时，设计者首先需要确定一个直观且易于理解的数据到可视化的映射。虽然如此，实际数据仍然非常有可能在其他映射方式下展现出用户更感兴趣的特征，因此完善的可视化系统在提供默认的数据映射方式的前提下，仍然需要保留用户对数据映射方式的交互控制。图 7.8 采用两种不同的数据映射方式展示了同一个数据。

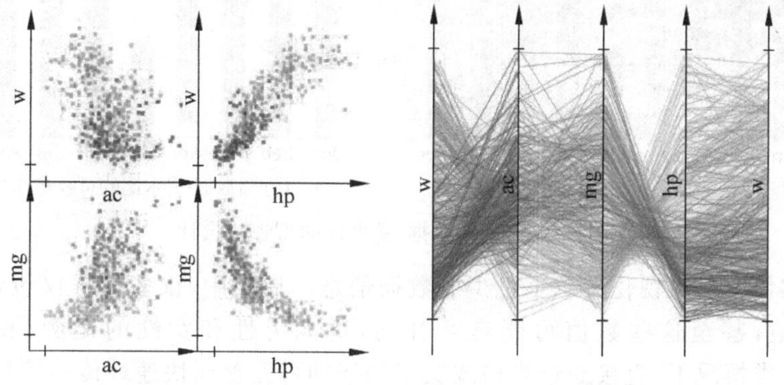

(a) 散点图　　(b) 平行坐标

图 7.8　一个 4 维数据的两种可视化方法

4）数据缩放和裁剪工具

在数据映射为可视化元素之前，用户可能希望对数据进行缩放并对可视化数据的范围进行必要的裁剪，从而控制最终可视化的数据内容。

5）细节层次控制

细节层次（Level Of Detail，LOD）控制有助于在不同的条件下，隐藏或者突出数据的细节部分。美国的 Zinsmaier 于 2012 年给出了图 7.9，清晰地展示了一个大规模图数据不同层次细节下用不同绘制方式产生的可视化结果，该方法既可以提升绘制效率，又不太影响用户对于整个数据的感知。

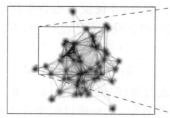

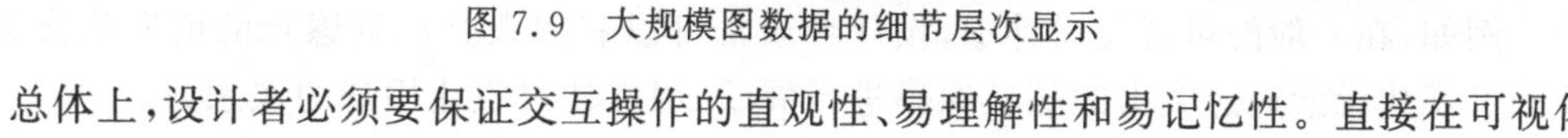

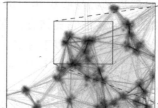

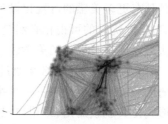

图 7.9　大规模图数据的细节层次显示

总体上，设计者必须要保证交互操作的直观性、易理解性和易记忆性。直接在可视化结果上的操作比使用命令行更加方便和有效，例如按住并移动鼠标可以很自然地映射为一个平移操作，而滚轮可以映射为一个缩放操作。

在确定了数据到可视化元素的映射和视图与交互的设计后，信息可视化设计的另一个关键挑战是：设计者必须决定可视化视图需要包含的信息量。一个好的可视化作品应当展示适量的信息，在失败的可视化案例中，主要存在两种极端情况，即过少或过多地展示了数据的信息。美国耶鲁大学的 E. Tufte 于 1983 年给出了图 7.10，用数据-墨水（Data-Ink Ratio）比值来衡量信息可视化的表达效果。不同的可视化设计的数据-墨水比不同，表达效果也不同。图 7.10(b)的表达效果优于图 7.10(a)。

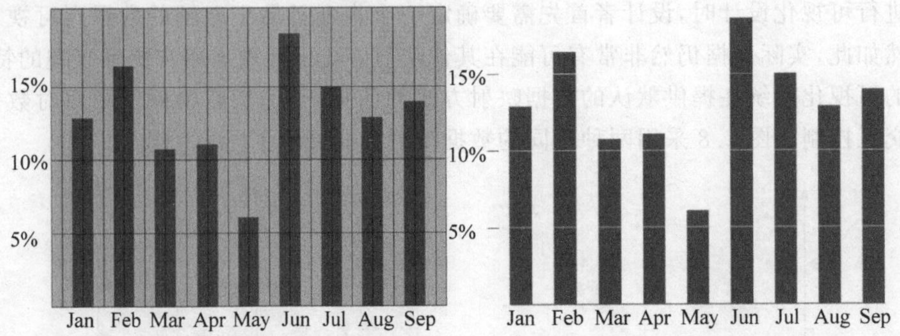

(a) 低数据-墨水比的可视化作品　　(b) 高数据-墨水比的可视化作品

图 7.10　不同数据-墨水比的可视化设计

一种极端情况是可视化展示了过少的数据信息。现实中，很多数据仅包含两到三个不同属性的数值，甚至这些数值可能是互补的，例如男性和女性的比例(相加起来等于100%)。在这类情况下，直接通过表格或文字描述即可完整而快速地传达信息，还可以节省空间。

另一种极端情况是设计者试图表达和传递过多的信息。包含过多信息会使可视化结果变得混乱，也会大大增加可视化的感知复杂度，造成用户难以理解、重要信息被掩藏等弊端，甚至让用户不清楚应该关注哪一部分。

因此，一个好的可视化应向用户提供对数据进行筛选的交互选项，从而可以让用户控制数据的哪一部分被显示，而其他部分则在需要时才显示。另一种解决方案是通过使用多视图或多显示器，将数据根据它们的相关性分别显示。

3. 可视化中的美学因素及可视隐喻

可视化设计者在设计实现可视化的功能(向用户展示数据的信息)后，需要考虑其在形式表达(可视化的美学)方面的改进。可视化的美学因素虽然不是可视化设计的主要目标，但是具有更多美感的可视化设计显然更加容易吸引用户的注意力，并促使其进行更深入的探索，因此优秀的可视化必然是功能与形式的完美结合。在可视化设计的方法学中，有许多方法可以提高可视化的美学性，总结起来主要有以下 3 点。

(1) 聚焦：设计者必须通过适当的技术手段将用户的注意力集中到可视化结果中最重要的区域。如果设计者不对可视化结果中各元素的重要性进行排序，并改变重要元素的表现形式使其脱颖而出，则用户只能以一种自我探索的方式获取信息，从而难以传递设计者的意图。例如，在一般的可视化设计中，设计者通常可以利用人类视觉感知的前向注意力，将重要的可视化元素通过突出的颜色编码进行展示，以抓住可视化用户的注意力。

(2) 平衡：平衡原则要求可视化的设计空间必须被有效利用，尽量使重要元素置于可视化设计空间的中心或中心附近，同时确保元素在可视化设计空间中平衡分布。图 7.11(a)的可视化设计将主要的可视化元素置于视图空间的右上角，违背了平衡原则。图 7.11(b)是实施均衡化后的结果。

(3) 简单：简单原则要求设计者尽量避免在可视化设计中包含过多造成视觉混乱的图形元素，也要尽量避免使用过于复杂的视觉效果(如带光照的三维柱状图等)。在过滤多余的数据信息时，可以使用迭代的方法，即每过滤一个信息特征，都要衡量信息损失，最终实现可视化结果美学特征与传达的信息含量的平衡。

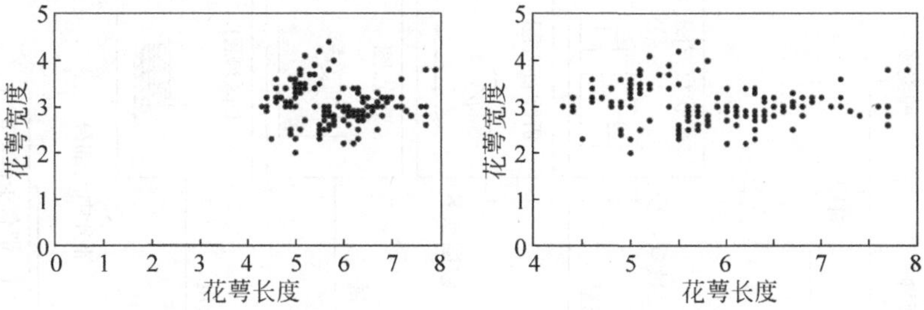

(a) 可视化点分布失衡　　(b) 均衡布局后的效果

图 7.11　可视化设计中的数据分布

用某种表达方式体现某个事物、想法、事件并揭示其间具有某种特殊关联或相似性的方法，称为隐喻(Metaphor)。时间隐喻和空间隐喻是可视化隐喻中常见的两种方式。选取合适的本体和喻体表示时间和空间概念，能创造最佳的可视和交互效果。美国 Kwanliu Ma 等于 2016 年给出了图 7.12，以一棵树的形式生动地呈现了学者研究生涯中的文献发表情况。

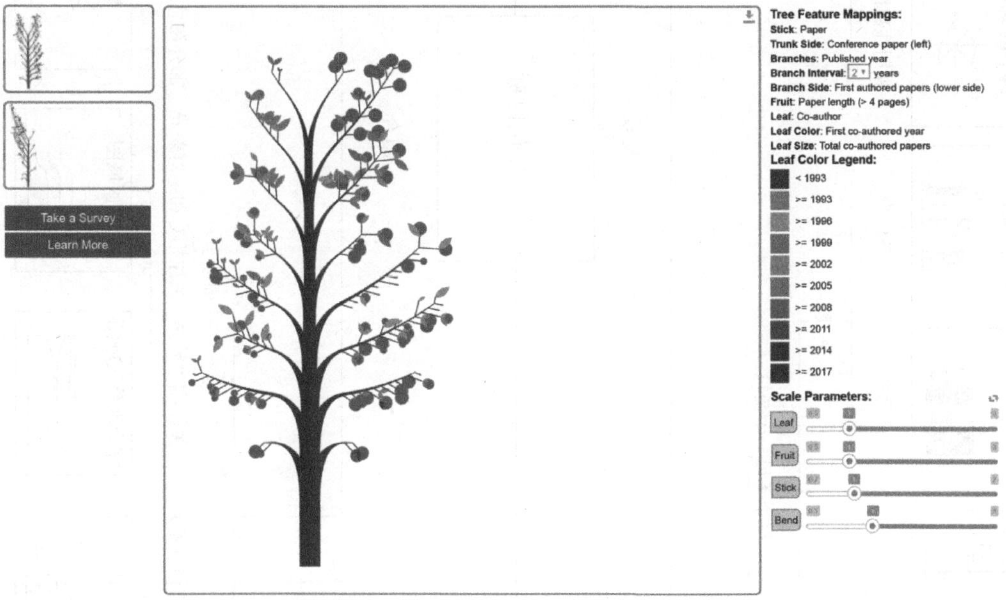

图 7.12　ScholarTree 可视化学者文献发表的细节

7.3　代表性可视化方法

7.3.1　规则表格数据的可视化

在数据可视化的历史中，从统计学发展起来的统计图表可视化发源较早，应用甚广，并且是很多高级可视化方法发展的起点和灵感来源。图 7.13 归纳了根据分析需求可采用的数据可视化方法。

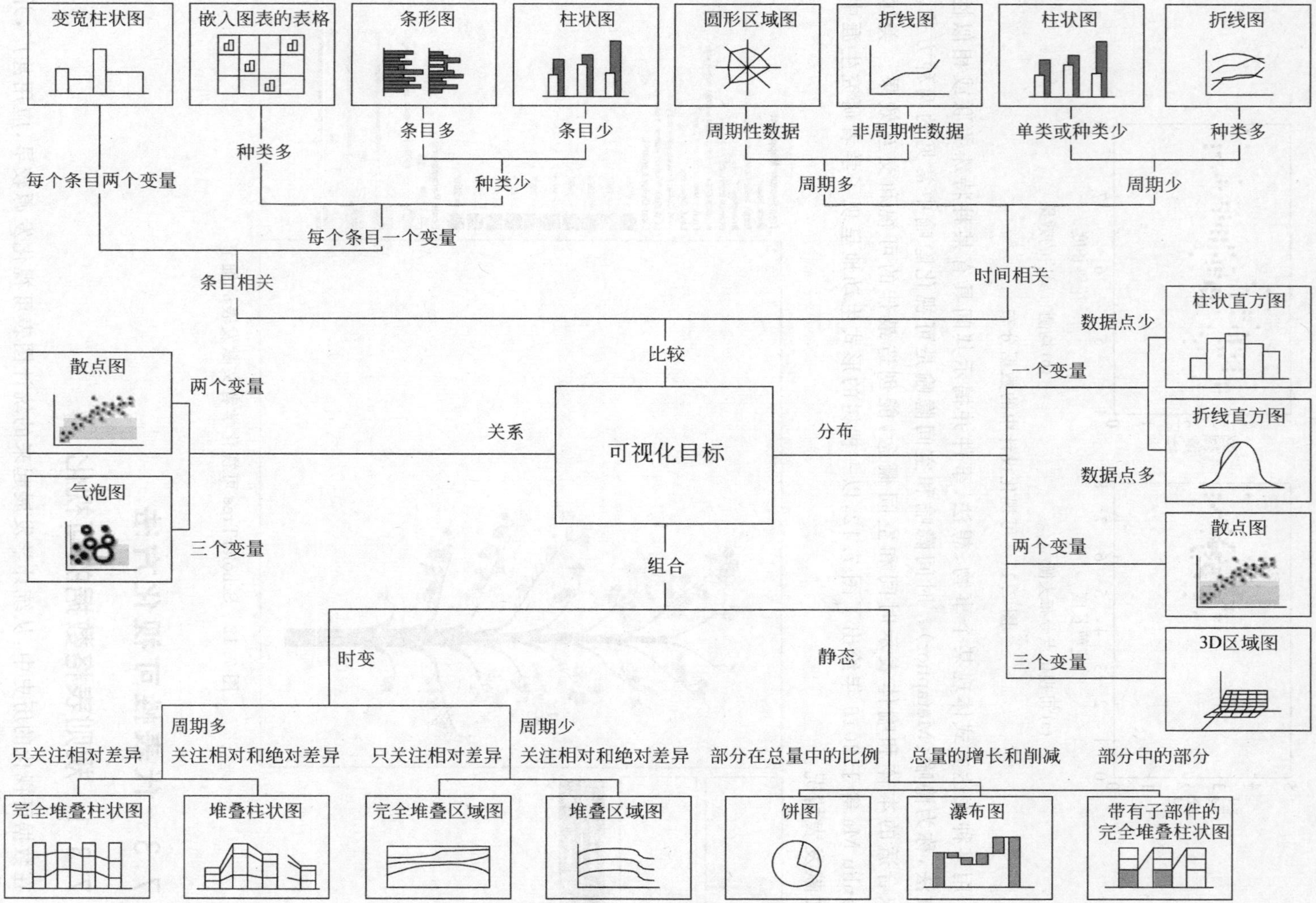

图 7.13 根据分析需求可采用的数据可视化方法

7.3.2 时空数据的可视化

时空数据泛指在每个采样点具有空间和时间坐标的数据。按采样点所在空间的维数划分,时空数据场可划分为一维空间、二维空间、三维空间以及它们对应的时间序列数据。在更高维空间采样的数据往往需要投影到三维或二维空间中显示。根据每个采样点上的数据类型划分,时空数据又可分为标量、矢量、张量和混合数据类型的多变量数据。本节将先系统总结时空数据研究的问题,再介绍标量场、矢量场、张量场的可视化方法,最后介绍时序数据的可视化方法。

1. 时空数据问题分类

广义上来说,时空数据即带有时间标记或空间位置的数据。从数据构成要素的角度来说,时空数据主要有对象(O)、空间(S)、时间(T)和多变量(MV)4 个要素。

在实际的研究中,时空数据常常包含这 4 种要素,但通常各有侧重点,某些要素被弱化,而某些要素被强化。4 种要素相互关联造成了分析的复杂化,依照 4 种要素的组合和强调关系可以进行如下分类。

(1) 对象-空间-多变量(O-S-MV)代表的数据集为多变量空间数据场,其基本组织形式为空间中处于网格中的数据点以及该数据点对应的多维属性(多变量)。虽然在仿真模拟领域会产生时变的多变量空间数据场,但是在研究中依然强调对象、空间、多变量三者,时间要素被弱化。

(2) 对象-时间-多变量(O-T-MV)代表的数据集为时序多变量数据,其基本组织形式为每个数据项的每个属性(变量)对应的时序采样。典型的如传感器数据,每个或每组传感器以一定时间间隔持续采集电信号量化的物理量数据。有时多个传感器会在物理空间中散布,或者传感器本身会移动,从而带来一定的空间位置信息,但是大多数传感器在空间中的分布依然比较稀疏。在研究中强调对象、时间、多变量三者,空间要素被弱化。

(3) 对象-时间-空间(O-T-S)代表的数据集为轨迹类数据,这类数据集通常包含移动的对象,对象某一时刻在空间中的位置采样。典型的如城市数据中的出租车轨迹数据、人群移动过程中留下的 GPS 日志等。

(4) 对象-时间-空间-多变量(O-T-S-MV)代表的数据集结构各异,范围广泛。

2. 空间场数据可视化

1) 标量场可视化

标量场指二维、三维或四维空间中每个采样处都有一个标量值的数据场。可视化方法主要有 3 类。

(1) 颜色映射:将数值直接映射为颜色或透明度。

(2) 构建显式几何特征:计算数据场的特征和模式的几何形状,如等值线、等值面、极值区域。图 7.14(a)展现了二维分布中的等值线。

(3) 可视分类:对数据场的不同特征区域进行分类,并赋予不同的视觉通道,如直接体绘制方法。图 7.14(b)可视化了三维 CT 影像数据的直接体绘制结果。

2) 矢量场可视化

矢量场指每个采样点处是一个矢量(一维数组)的数据场。矢量场可视化主要关注流体模式和关键特征区域。矢量场可视化方法主要分为 4 类。第一类采用拓扑或几何方法直接计算特征点、特征线或特征区域。第二类方法模拟粒子在矢量场中以某种方式流动,计算出

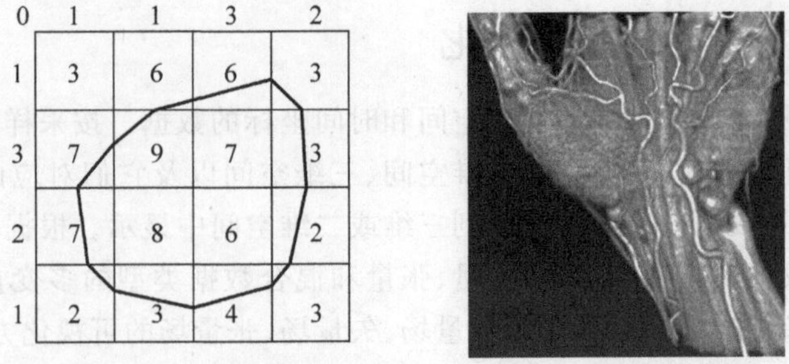

(a) 在二维网格标量场中取值为5的等值线　　(b) 直接体绘制

图 7.14　三维体绘制

几何轨迹，如流线、流面、流体、路径线和迹线等。第三类方法将矢量场转换为一帧或多帧稠密的纹理图像，如随机噪声纹理法、线积分卷积法等。第四类方法采用简化易懂的图标，编码单个或简化后的矢量信息，如线条、箭头和方向标志符等。图 7.15 展示了矢量数据可视化的几种代表性方法。

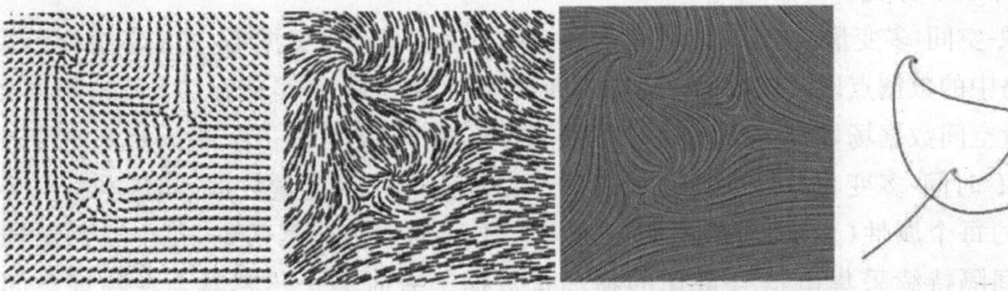

(a) 标记法　　(b) 积分曲线法　　(c) 纹理法　　(d) 拓扑法

图 7.15　矢量数据可视化方法

3）张量场可视化

张量是矢量的推广：标量可看作 0 阶张量，矢量可看作 1 阶张量。张量场可视化方法分为基于纹理、几何、拓扑 3 类。其主要思路和矢量场可视化方法类似，图 7.16 展示了对大脑核磁共振扩散张量场的 3 种可视化实例。

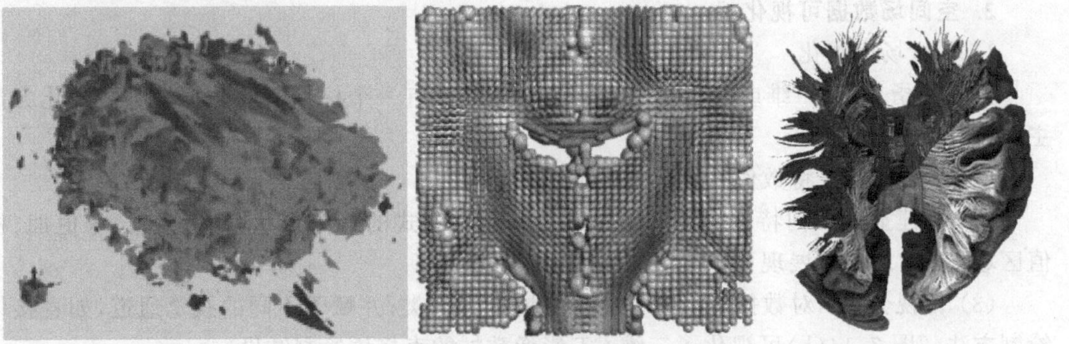

图 7.16　对大脑核磁共振扩散张量场的 3 种可视化方法

3. 时间序列数据可视化

如果将时间属性或顺序性当成时间轴变量，那么每个数据实例是轴上某个变量值对应的单个事件。对时间属性的刻画有 3 种方式。

1）线性时间和周期时间

线性时间是假定一个出发点并定义从过去到将来的数据元素的线性时域。许多自然界的过程具有循环规律，如季节的循环。为了表示这样的现象，可以采用循环的时间域。

线性时间的标准做法是时间线(Timeline)，其中一个轴表示时间维度，另一个轴表示其他变量。例如，图 7.17(a)显示了一维时间序列图，其横轴表达线性时间、时间点和时间间隔，纵轴表达时间域内的特征属性。这种方法善于表现数据元素在线性时间域中的变化，却难以表达时间的周期性。

图 7.17(b)将时间序列沿圆周排列。它采用螺旋图的方法布局时间轴，一个回路代表一个周期。选择正确的排列周期可以展现数据集的周期性特征。此外，图中显示的时间周期是 28 天，从 4 个比较明显的部分可以推断出所有 7 天的整数倍可作为周期。上述两幅图中描述的数据都是某地区 3 年时间内的流感病例的数量，从中可以看出线性和周期时间的不同的重要影响。

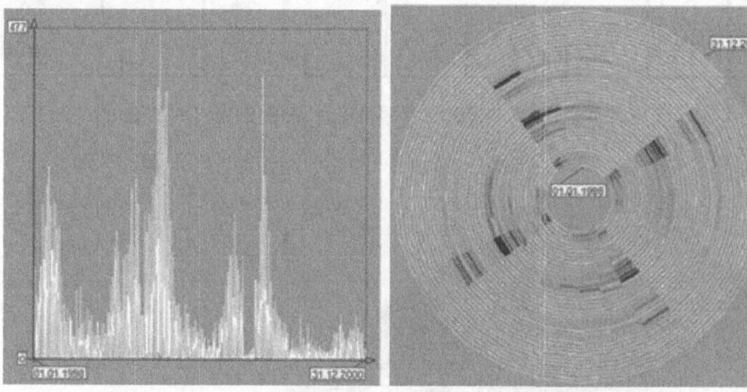

(a) 标准的单轴序列图　　(b) 径向布局

图 7.17　时序数据的线性和周期性表达

2）时间点和时间间隔

离散时间点将时间描述为可与离散的空间欧拉点相对等的抽象概念。单个时间点没有持续的概念。与此不同的是，间隔时间表示小规模的线性时间域，由两个时间点分隔。时间点和时间间隔都被称为时间基元。

在人类社会中，时间点和时间间隔通常为年、月、周、日、小时等诸多等级。采用日历表达时间属性符合人类识别时间的习惯。图 7.18 采用日历视图展示了 2006—2009 年美国道琼斯股票指数每天的变化情况。其中，颜色编码表示涨跌情况：红色表示下跌，绿色表示股指上涨，深浅表示涨跌幅度。图中清晰展现了 2008 年 10 月金融危机爆发前后美国股市的激烈状况。

将日期和时间看成两个独立的维度，可用第三个维度编码与时间相关的属性。荷兰埃因霍温大学的 Van Wijk 等于 1999 年给出了图 7.19，清晰地呈现了一年内不同时间周期(季度、月、周、日)的耗电量的变化规律。

3）顺序时间、分支时间和多角度时间

类似于叙事型小说，时序数据需要考虑先后发生的事情，其中蕴含的信息也会存在分支结构，对同一个事件也可能存在多个角度的刻画。按照时间组织结构，这类可视化可分为线性、流状、树状、图状等类型。

为了呈现一个完整的事件历程和社会行为，可以采用类似于甘特图的方式，使用多个条

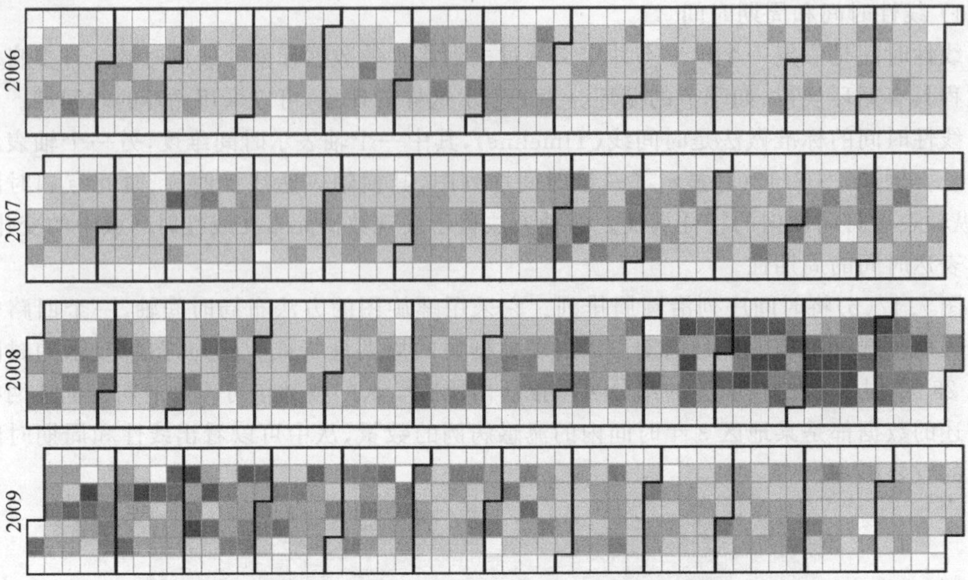

图 7.18 2006—2009 年美国道琼斯股票指数展示

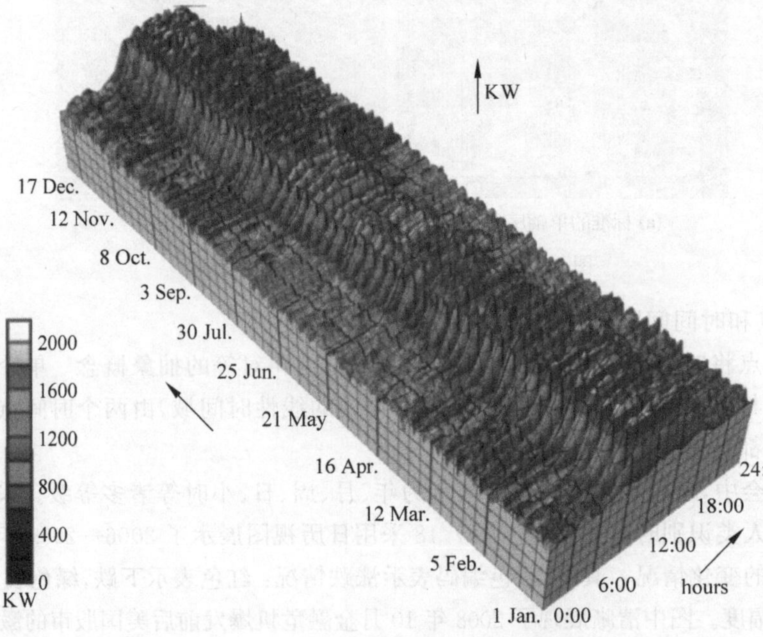

图 7.19 用 x、y、z 轴分别编码小时、日期和耗电量

形图线程表现事件的不同属性随时间变化的过程，线条的颜色和厚度都可用来编码不同的变量。

而基于河流可视隐喻的流状、树状、图状时间主线可以展现事件随时间产生的流动、合并、分叉和消失效果，这种效果类似于小说和电影中的叙事主线(Storyline)。图 7.20 展示了类似于河流的故事主线可视化，其中每条线代表一个开发人员。

此外，对时序数据直观的可视化方法是将数据中的时间变量映射到显示时间上，即动画或用户控制的时间条。动画形式的可视化方法存在局限性，也不是时变型数据可视化的主

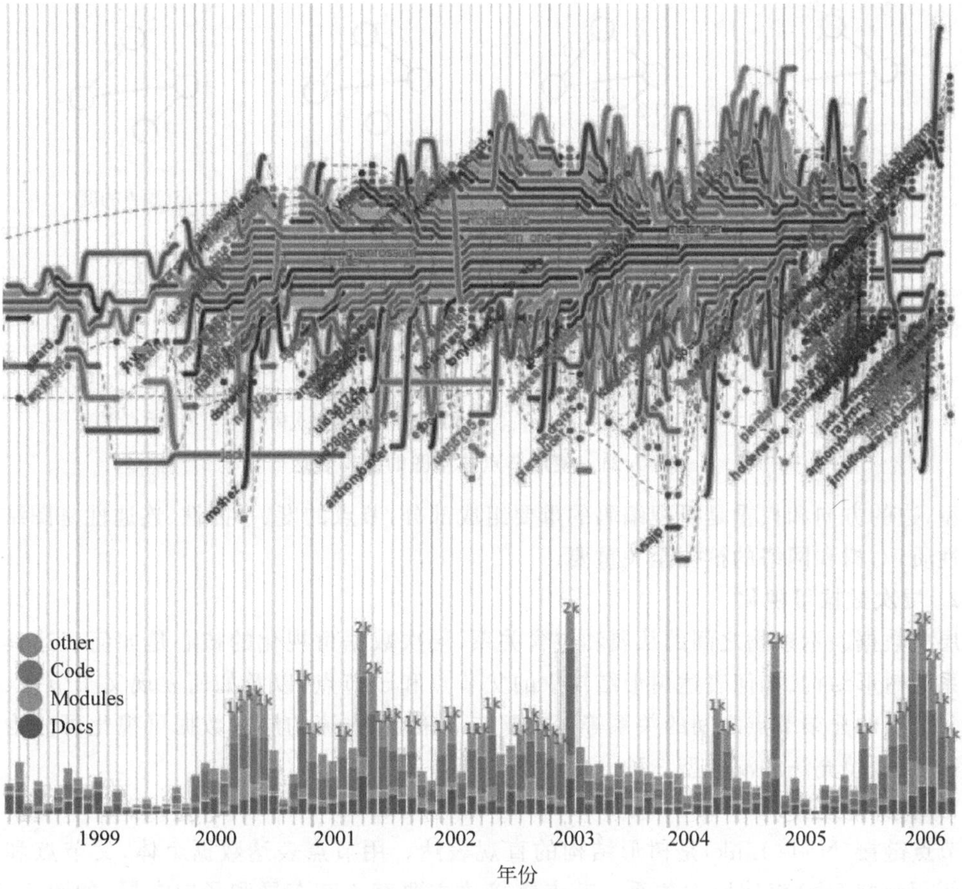

图 7.20 类似于河流的故事主线可视化

流方法。但在诠释某些动态事物的过程中,适当地采用动态可视化方法,可以帮助普通用户了解事物的过程,达到一图胜千言的效果。

7.3.3 层次与网络型数据的可视化

1. 树和图

在具体介绍层次和网络数据的可视化算法之前,先简单回顾树、网络数据和图结构之间的关系。树和网络数据可以用图论中的图结构表达,如图 7.21(a)~图 7.21(h)所示。图 7.21(g)由顶点有穷集合 V 和一个边集合 E 组成。在图结构中,节点称为顶点,边是顶点的有序偶对,若两个顶点之间存在一条边,则它们具有相邻关系,表达为连接图 7.21(g)的两个顶点 i、j 的边:$e_{ij}=(i,j)$。

节点和定义了权重的边构成了加权图,节点和定义了方向的边构成了有向图,反之则是无向图。对于无向图,与顶点 v 相关的边的条数称作顶点 v 的度;对于有向图,从顶点 v 出发的边的条数称为出度,反之为入度。如果平面上的图的边可以不交叉,则称这个图具有平面性。如果图中任意两个顶点之间都存在连通的路径,则称该图为连通图。若一条路径的第一个顶点和最后一个顶点相同,则这条路径是一条回路。连通的、不存在回路的图称为树,即树形结构,反之为网络结构。树形结构和网络结构是层次和网络数据可视化的基本数

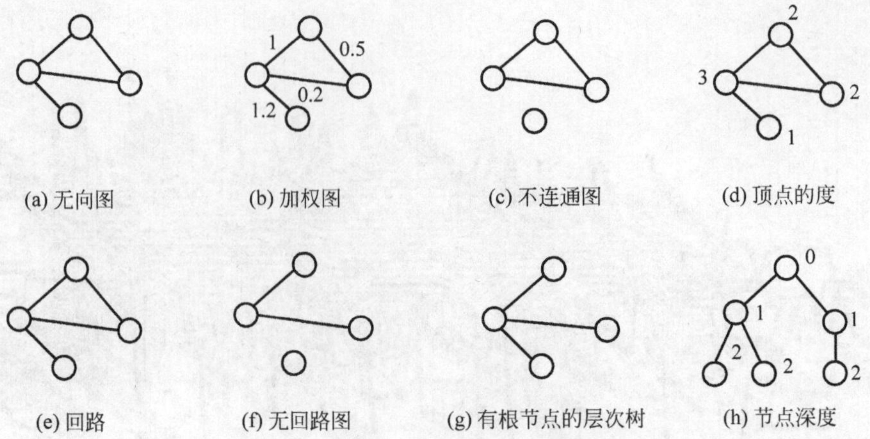

图 7.21　使用节点连接图的结构表达

据类型，边的方向和权重是可视编码的重要组成部分，节点的度、平面性、连通性是图结构的基本性质，对树和网络的挖掘至关重要。

2. 层次数据可视化

层次数据表示事物之间的从属和包含关系，层次数据可视化的核心是如何表达具有层次关系的树形结构、如何表达树形结构中的父节点和子节点，以及如何表现父子节点、具有相同父节点的兄弟节点之间的关系等。按照布局策略，主流的层次数据可视化可分为节点链接法、空间填充法和混合型 3 种。

1）节点链接法

节点链接（Node-Link）是树形结构的直观表达。用节点表达数据个体，父节点和子节点之间用链接（边）表达层次关系。节点链接法主要有正交布局和径向布局，如图 7.22 和图 7.23 所示。图 7.22 中的结构为某软件的函数名称。从图 7.23 可以看出，用户选择节点 A 为新的根节点后，整个布局会随之变化。当树的节点分布不均匀或树的广度和深度相差较大时，部分节点占位稀疏而另一部分节点密集分布，会导致空间浪费和视觉混淆。

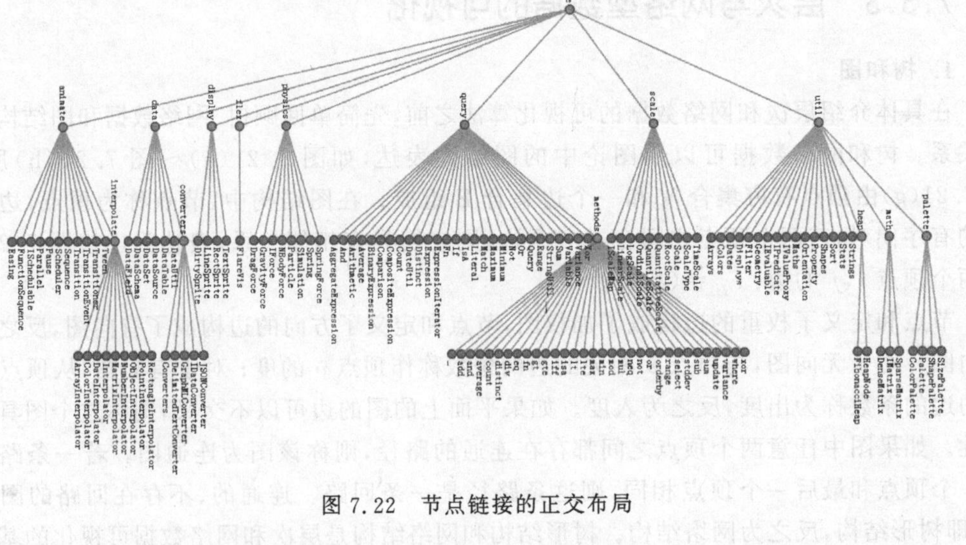

图 7.22　节点链接的正交布局

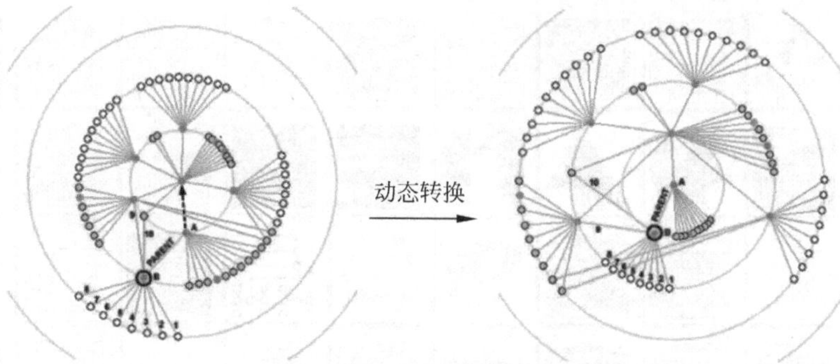

图 7.23 径向布局可视化

2）空间填充法

空间填充（Space-Filling）法采用嵌套（Nested）的方式表达树形结构，代表方法有圆填充图、树图、Voronoi 树图，分别如图 7.24、图 7.25 和图 7.26 所示（由德国的 Balz 等于 2005 年给出）。空间填充法能有效利用屏幕空间，因此也称为空间高效型方法。在数据层次信息表达上，空间填充法不如节点链接法结构清晰，处理层次复杂的数据时不易表现非兄弟节点之间的层次关系。

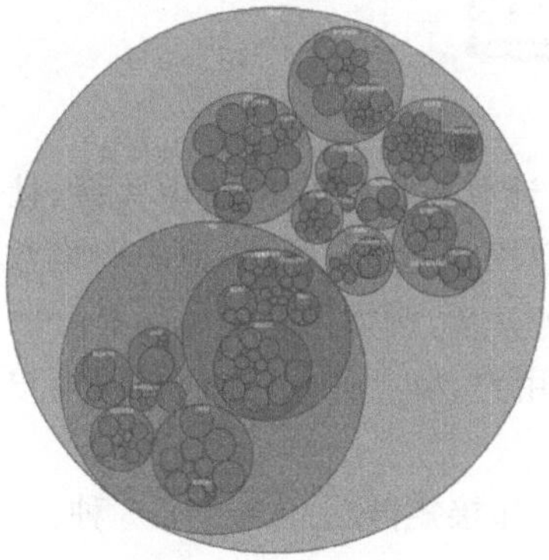

图 7.24 圆填充图

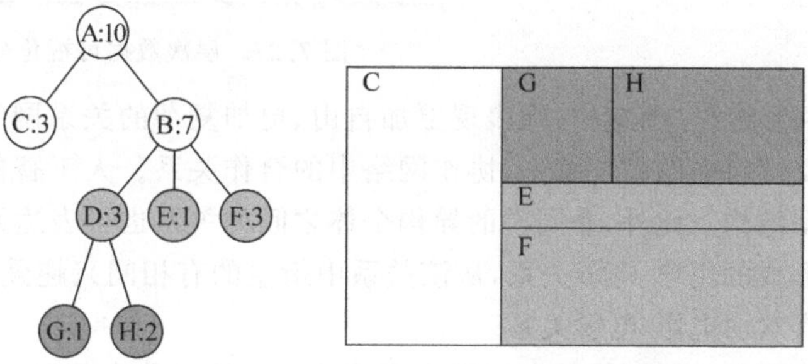

(a) 树形数据结构

(b) 树图表示(颜色编码了该区域数据的深度)

图 7.25 树图

3）混合型

节点链接法和空间填充法具有明显的互补性，因此可以针对数据的特性混合应用这两种布局方法，在空间填充图中嵌入节点链接图，或对节点链接中的某些分支使用空间填充图。弹性层次图是混合布局的代表。

德国的 Jürgensmann 和 Schulz 对几乎所有层次结构的可视化技术和论文进行了总结和分类，制作了海报以及在线动态树可视化检索系统，分类延续了节点链接、空间填充和混合型的思路，分界线的粗细表达了层次的深度，如图 7.27 所示。

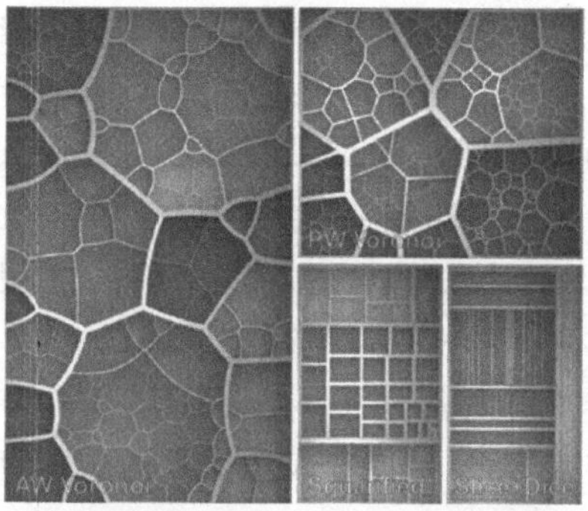

图 7.26 Voronoi 树图

3. 网络数据可视化

层次结构是网络结构的一种特殊形式。层次数据反映个体之间或语义上的从属关系，

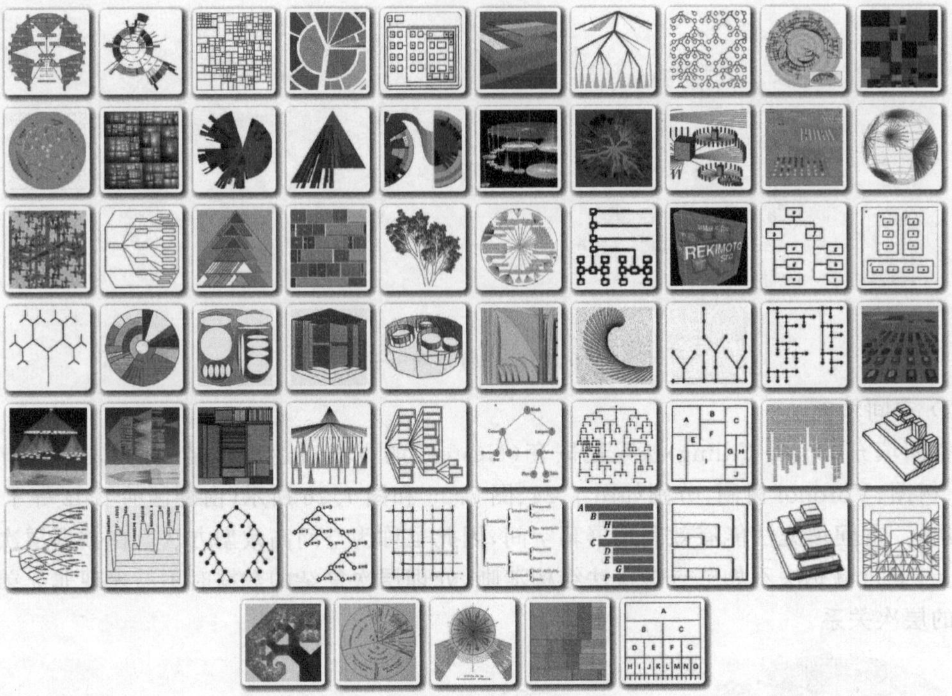

图 7.27　层次数据可视化分类

网络数据(图结构)则表现更加自由、更加复杂的关系网络,如计算机网络中的路由关系、社交网络中的朋友关系、协作网络中的合作关系。人工智能神经网络也是一种典型的网络数据结构。此外,非同类的异构个体之间的关系也可表达为网络关系,例如用户对电影打分而形成的用户-电影关系,从该关系中衍生的有相同兴趣爱好的用户-用户关系,受到相同用户喜欢的电影-电影关系。

主流的网络数据可视化方法按布局策略分为节点链接法、邻接矩阵法和混合型 3 种。

1) 节点链接法

节点链接法是网络的直观表达:节点表示个体,连接节点的边表示个体之间的关系。常用的节点链接法有如图 7.28 所示的力引导(Force-Directed)布局和多维尺度标记(MDS)布局。这两种布局都采用节点在低维空间的距离表达个体之间的相似性。节点链接法对关系稀疏的网络表达较好。但在处理关系复杂的网络时,边与边形成大量的交叉,会导致严重的视觉混乱。

2) 邻接矩阵法

邻接矩阵(Adjacency Matrix)法采用 $N \times N$ 的矩阵表现 N 个个体之间的两两关系,个体之间的相似性用颜色编码,如图 7.29 所示。邻接矩阵可解决关系密集网络中采用节点链接法可视表达的边交叉问题,但是不能有效地表达网络拓扑结构,往往需要结合其他有效的交互方式,因此在表达关系的传递性以及挖掘网络社区的效率上不如节点链接法。

3) 混合型

节点链接法和邻接矩阵法具有明显的互补性。混合型兼取两家之长,针对数据子集的特性,对关系密集型数据采用邻接矩阵,而对关系稀疏型数据采用节点链接法,辅以有效的交互方式,可实现更好的可视化布局。法国的 Nathalie 等 2007 年提出了 Nodtrix 方法,如

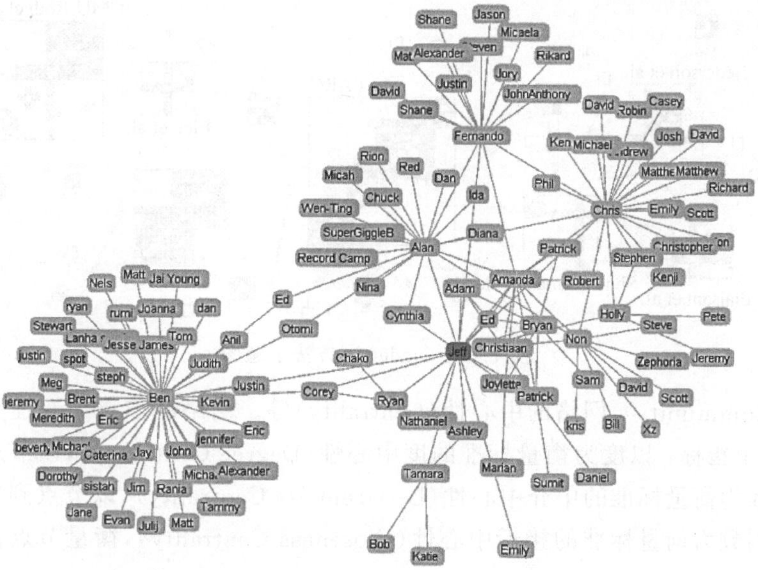

图 7.28 力引导布局算法生成的社交网络

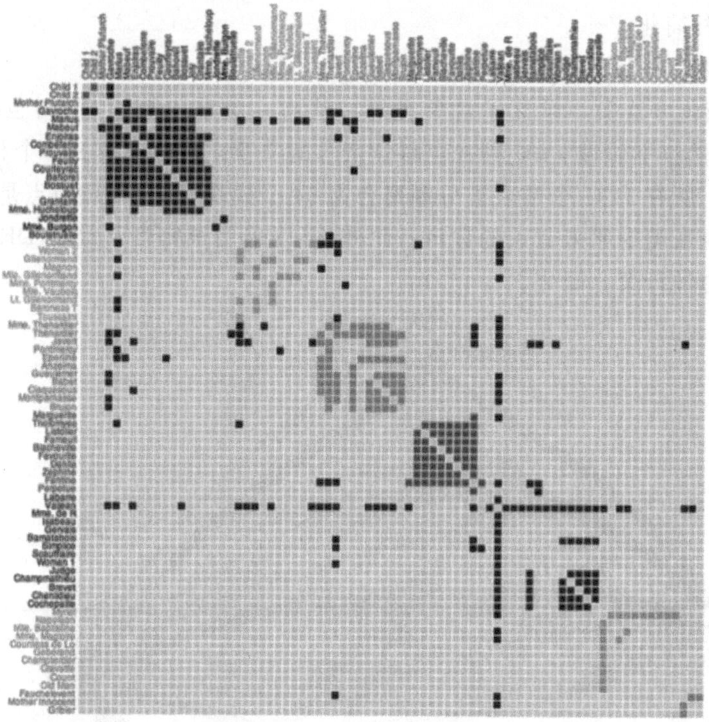

图 7.29 邻接矩阵法示意图

图 7.30 所示。该方法采用局部结合的方式融合两种布局，呈现了信息可视化学术圈学者的合作关系。

对于规模较小的网络数据，网络可视化方法能清晰表达个体之间的连接关系和个体的属性。用户可以通过交互方式观察识别这些特征。而对于大规模的网络数据，分析网络数据的核心是挖掘关系网络中的重要结构与性质，如个体的聚类关系、节点相似性、关系的传

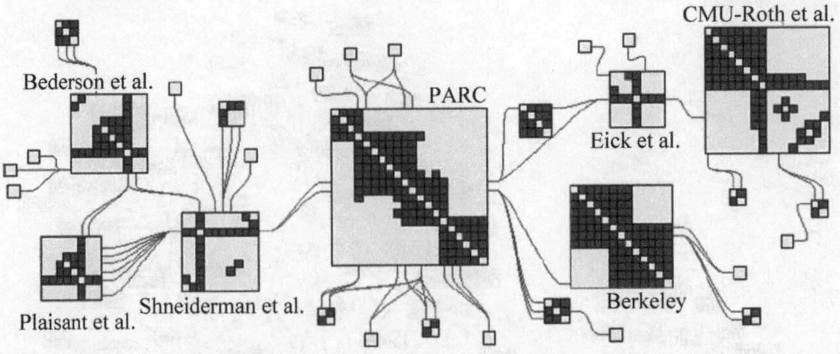

图 7.30 Nodetrix 方法示意图

递性、社区(Community)、网络的中心性(Centrality)等。网络的节点中心性是网络的重要属性,包括多个指标:以度为衡量标准的度中心性(Degree Centrality),以节点在最短路径上的出现次数为衡量标准的中介中心性(Betweenness Centrality),以节点到所有其他节点的距离和的倒数为衡量标准的接近中心性(Closeness Centrality),衡量节点在图中的影响力的特征向量中心性(Eigenvector Centrality)。

4. 图的简化

1) 图的拓扑简化

图的拓扑简化分为节点简化和边简化两种。

(1) 节点简化方法采用社区子群聚类等方法将一类节点聚合,同时也减少边的个数。图 7.31 是对自然科学领域 1431 种社会科学杂志的文章之间的 217 287 个相互引用关系网络的简化结果。所有 1431 个节点被分割聚合为 54 个模块,每个模块节点是一个聚类,而模块的大小则对应聚类中原来节点的数目。此外,可以采用核密度估计(KDE)和聚合的方法同时对节点和边进行聚合简化。

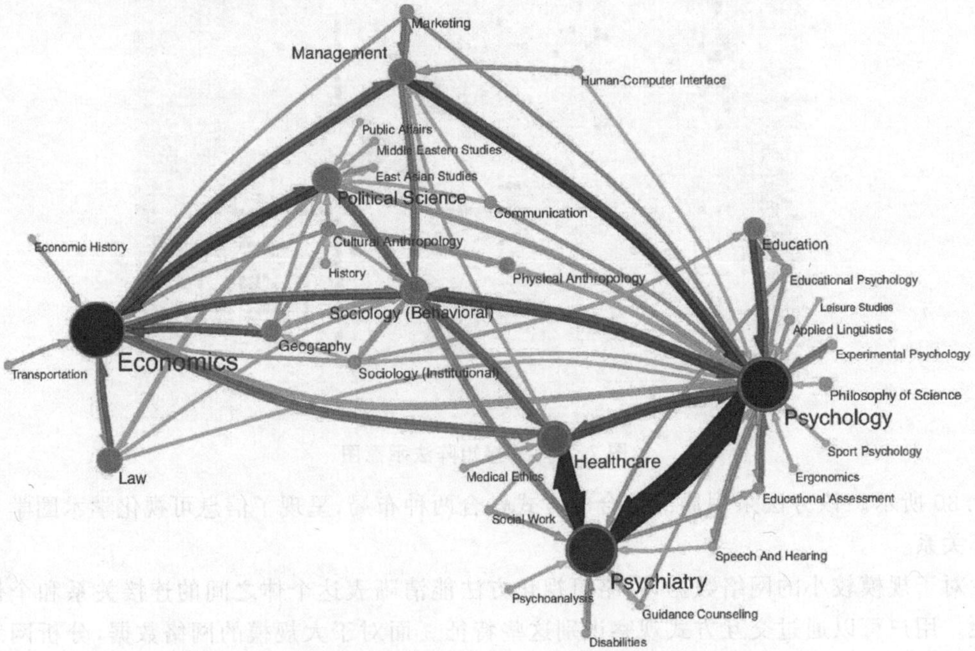

图 7.31 自然科学领域的 1431 种杂志互相引用的聚类可视化

(2) 边简化方法以一定标准对连通网络构造最小生成树,即包含所有顶点的不含回路的连通子图。简化标准根据实际情况可以是边的总长度最短或边长度的差异最小,或是其他。

图的拓扑简化方法遵循两个思路：在前端的数据处理阶段减少图的复杂程度；在绘制阶段从图像层面合并像素点。这两个方法均导致更为抽象的可视化效果。图的拓扑简化不可避免地会造成信息的丢失：在获得更高层次数据抽象结果的同时,丢失了细节信息。

2) 图的边绑定

边绑定是近年来提出的一种既保持图的信息量又提高图的可识别度的方法。边绑定是一类可视化压缩算法,主要针对节点链接图中边过多造成的边互相交错、重叠、难以看清等问题。边绑定不减少边和节点总数,而是将图上互相靠近的边捆绑成束,从而达到去繁就简的效果。荷兰的 Holten 等于 2016 年给出了图 7.32。其中,图 7.32(a)～图 7.32(d)是使用边绑定技术对一个软件中各模块之间的调用关系图进行层次化处理的结果。边的颜色代表方向,绿色表示调用模块,红色表示被调用模块。随着绑定系数加大,相似走向的连线构成线束,使视觉复杂度大大降低,节点间的连接关系也趋于清楚明了。

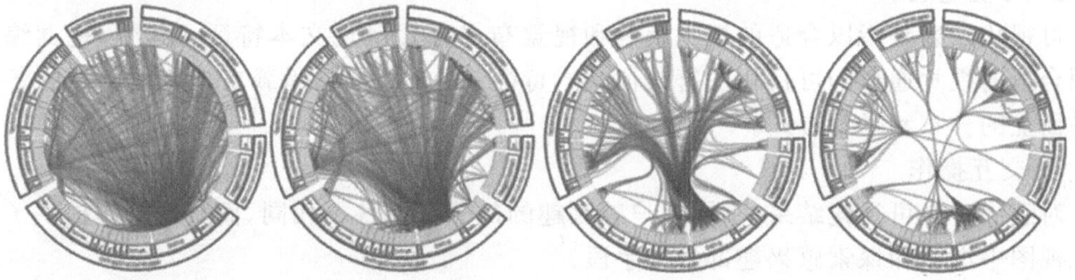

(a) β=0　(b) β=0.25　(c) β=0.75　(d) β=1

图 7.32　层次化边绑定技术中绑定系数对绑定效果的影响

现有边绑定方法的一个共同特征是按照一定标准(方向、力、骨架等),选择在该标准下“相似”的边对其绑定,最终形成图的骨架结构。通过边绑定算法,可在不丢失点和边数目的前提下,展示图的基本结构和边的大致走向,挖掘和展示隐藏在图中的价值信息。尽管边绑定不丢失节点和边的数目信息,对边的走向扭曲却非常大,可能会影响数据表示的准确性。

7.3.4 文本与日志型数据的可视化

文本和日志是一类特殊的类别型数据的组合。若将单个单词、短语或日志令牌看成是一个散点,则文本可视化可转换为常规的数据立方体可视化,多个文档的可视化则可转换成多个数据集或数值域的可视化。文本可视化已成为信息可视化领域的重要组成部分,也广泛用于可视化视图中的标注表达。

1. 文本可视化的基本流程

文本可视化的基本流程包括 3 个主要步骤：文本处理、可视化映射和交互操作。整个过程应围绕用户分析的需求设计。

1) 文本处理

文本处理是文本可视化流程的基础步骤。它的主要任务是根据用户需求对原始文本资源中的特征信息进行分析,例如提取关键词或主题等。对原始文本数据进行处理主要包括 3 个基本步骤：文本数据预处理、特征抽取以及特征度量。

通常，在对文本数据进行分析之前，需要对原始数据进行预处理，以排除数据中的一些无用或冗余的信息。常用的方法有分词(Tokenization)技术与词干提取(Stemming)等。分词是指将一段文本划分为多个词项，并去除文本中不表达任何语义信息的停止词(Stop Word)。停止词是指在文本中出现频率较高，但是对确定文本主题几乎没有用处的词，如英文文本中的 a、the、that 和中文文本中的的、是、得等。词干提取是指去除单词的词缀，以得到单词一般写法的过程，如将英文单词复数 apples 还原为单数 apple，或将动词的不同时态还原，如将 running 还原为 run 等。词干提取可以避免同一个单词的不同表示形式对文本分析的影响。中文语言处理也需要经过中文分词、词性标注等过程。

对文档进行分词和词干提取处理后，可得到表示该文档的一组词项，称为词袋(Bag of Words)。然而，对于大尺度文本，词项的维度非常庞大，不仅为后续工作带来巨大的计算开销，还会影响文本分析结果的精确性。因此，必须进一步对文本进行净化处理，抽取可代表整个文档的特征信息。这些处理是自然语言理解中的基本方法，可以通过使用公开的语言处理软件来完成这些操作。

2）可视化映射

可视化映射是指以合适的视觉编码和视觉布局方式呈现文本特征。其中，视觉编码指采用合适的视觉通道和可视化图符表征文本特征；视觉布局指承载文本特征信息的各图符在平面上的分布和呈现方式。

3）交互操作

对于同一个可视化结果，不同用户感兴趣的部分可能各不相同，而交互操作提供了在可视化视图中浏览和探索感兴趣部分的手段。

2. 文本可视化的代表性方法

1）标签云

图 7.33 Wordle 可视化 The furthest distance in the world

标签云(Tag Cloud)又称为文本云(Text Cloud)或单词云(Word Cloud)，是最直观、最常见的对文本关键字进行可视化的方法，如图 7.33 所示。标签云的基本形式是坐标轴隐式、位置优化的散点图。每个散点代表一个词，词的大小和颜色由词在文本中出现的频率决定。散点的位置需优化设置，以便紧凑美观地展示一组单词。在标签云的基础上，有 Wordle、PhraseNet、WordTree、平行标签云等不同布局形式。

2）主题河流

主题河流(Theme River)是用于可视化时序型文本数据的经典方法。顾名思义，主题河流将主题随着时间的不断变化发展隐喻为河流的不断流动，属于流图(Stream Graph)表示的变种。

香港科技大学的 Cui 等于 2011 年给出了图 7.34，展现了一种拓展的主题河流可视化——文本流(Text Flow)。其中，每个河流形状的颜色带表示一个主题，横轴作为时间轴，河流的宽度表示在某个时间点上与该主题相关的文档数量。文本流可视化方法使用了支流来隐喻主题之间的相互融合或分离，以展示多个时序型文本的主题之间的互相影响。

3）文档散

文档散(DocuBurst)基于径向布局，表达不同层次文本之间的概览-细节关系，体现了词

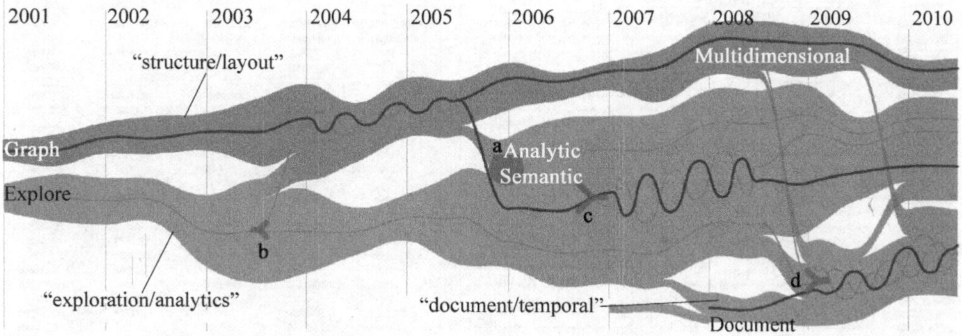

图 7.34 文本流可视化结果

的语义等级。如图 7.35 所示，外层的词是内层词的下义词，颜色饱和度的深浅用来体现词频的高低。其本质是旭日图(Sun Burst)的文本版本。

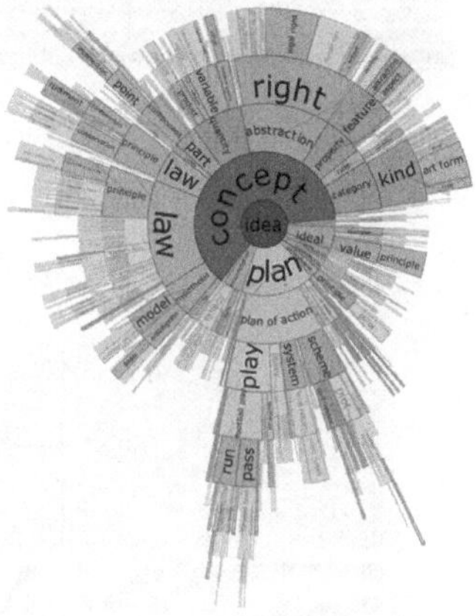

图 7.35 文档散可视化关键词间的层次关系

3. 日志数据可视化

日志数据类型主要有如下特点。

(1) 大尺度：日志记录条目数量多，各种网络或系统每天都能产生海量的日志记录数据。

(2) 非结构化、异构：由于日志数据来源的多样性，日志数据没有统一的格式或结构，一般采用纯文本记录需要的数据或信息。日志数据的异构性也给日志数据的分析和可视化处理增加了难度。

(3) 流数据：日志数据带有时间标签，属于时序型数据。同时，日志数据也是一种流数据，每时每刻都会产生。

(4) 数据陷阱：由于日志数据条目数量非常大，通常需要分布式处理，这也会带来分布式数据存储的数据不一致、不完整等问题。因此，日志数据难免会出现数据记录错误、缺失以及不一致等问题。

日志数据记录了对象随着时序的行为特征信息，分析日志数据能够有效地挖掘对象的行为特征以及引发这些行为的潜在原因。然而，面对海量复杂的流式日志数据，进行人工分析并不可行。利用可视化的方式可以呈现日志数据中隐藏在大量不规则数据中的信息，帮助用户挖掘日志数据中所含的信息，理解被记录对象的行为特性。

针对不同领域、不同类型的日志数据，有不同的可视化需求和方法。以体育比赛日志数据为例，体育比赛日志数据记录了一场体育比赛中的一些关键事件。分析这种数据可以帮助运动员、教练、评论员等相关人员掌握比赛场上的相关细节。针对体育比赛日志数据的可视化和可视分析能够支持用户高效而准确地对数据进行分析。

浙江大学的陈为等于 2016 年给出了图 7.36。其中，图 7.36(a)可视化了 NBA 某个赛季所有比赛场次的数据：左侧是该队伍与其他队伍在该赛季的比赛结果，而右侧则对每场比赛中的得分、篮板、助攻等统计数据进行可视化；图 7.36(b)可视化了一场比赛中发生的事件：上半部分编码主队的信息，下半部分编码客队的信息，而中间则是得分差异图。每个节点代表一个球员，球员的颜色代表球员的位置。

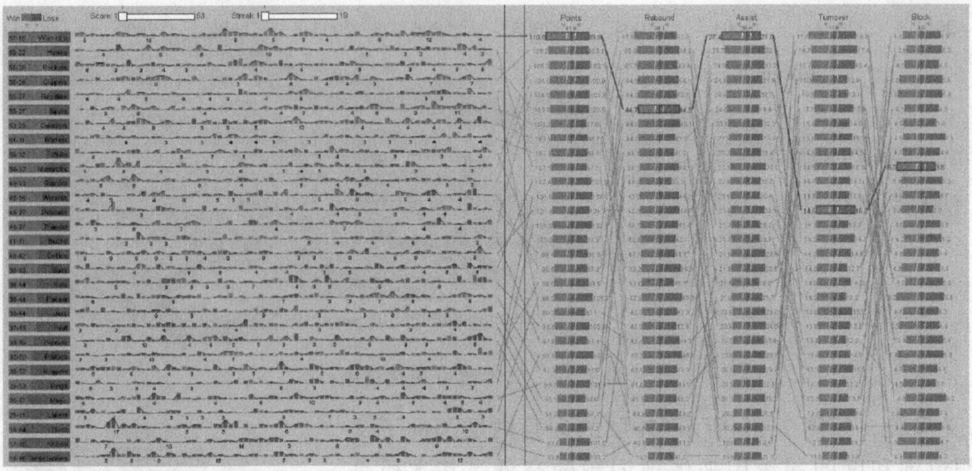

(a)

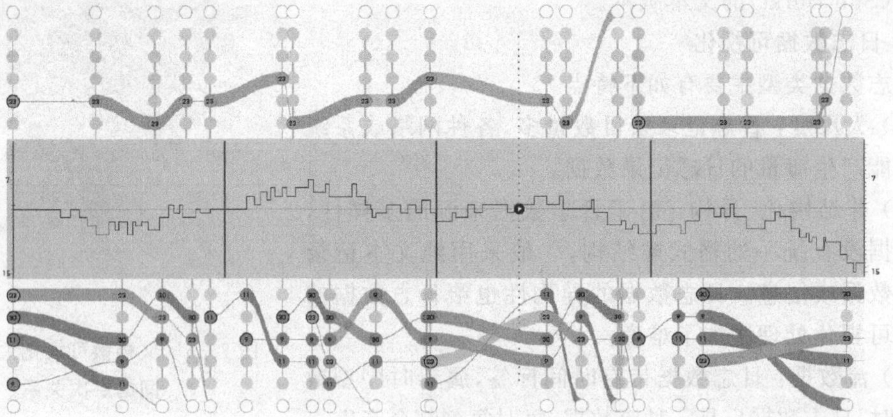

(b)

图 7.36　NBA 比赛数据可视分析系统

浙江大学的巫英才等于 2018 年给出了图 7.37。使用类似于桑基图的方案对足球比赛过程中的阵型变化进行编码。使用带宽表达阵型中不同位置（前锋、中长、后卫）的球员数量。其中，C 表示球权在阵型中的转移，D 表示换人，而 E 表示一个球员在阵型中的时序移动过程。

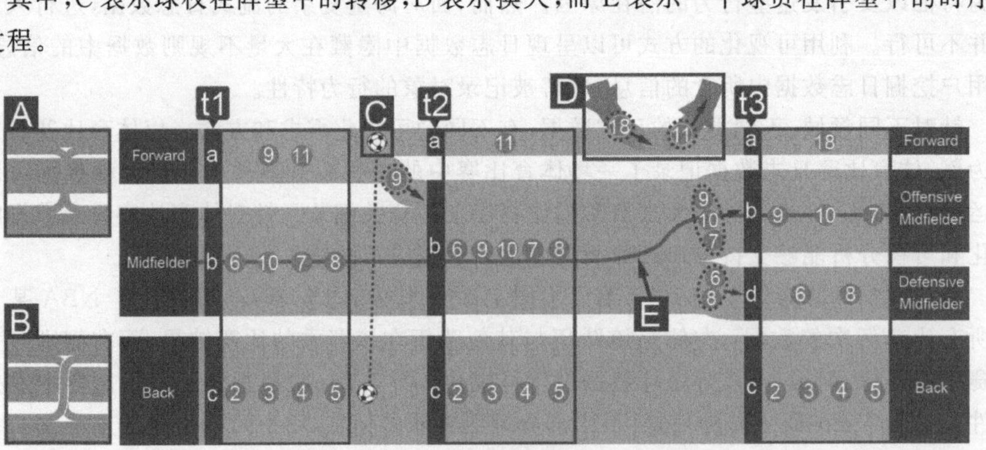

图 7.37　对足球比赛过程中的阵型变化的可视化

7.4 代表性可视化软件与系统

可视化软件可以根据不同标准划分为不同类别。由于用户来源于各个领域,有不同的可视化需求,具备不同的计算机技能,因此不论从用户、应用开发者角度,还是从软件开发者角度,都需要明确用户需要和现有软件系统的类型。下面介绍一些可视化软件的划分标准。

1. 适用领域

可视化软件可以大致归入科学可视化、信息可视化和可视分析 3 个领域。科学可视化领域包括医学图像、地理信息、流体力学等有相应时空坐标的数据。一些软件通用于科学可视化领域的数据,如 VTK、AVS 等。还有一些软件适用于科学可视化中的某些子领域,如医学图像领域的 3D Slicer、地理信息领域的 ArcGIS 等。信息可视化应用领域包括复杂图分析、高维多变量数据、文本和地理信息、商业智能、公众传播和互联网应用等。可视分析软件则更注重分析数据中的规律和趋势,通过可视交互帮助用户发现兴趣点,找到新的问题,从而对复杂数据进行探索。

2. 目标用户

可视化软件从系统结构可以大致分为开发软件和应用软件。开发软件面向可视化开发人员。这类软件需要满足开发人员对可视化流程的控制,包括对流程上各个模块参数的控制和开发新模块新方法的要求。适用范围比较广的开发软件往往采用工具包软件的设计思想,支持对可视化流程的设计(如数据流程结构),将可视化流程中各个组成部分模块化,并使用面向对象、继承等方法方便代码的重复使用。应用软件面向可视化的终端用户。这些用户一般是领域内的专家,了解数据和可视化任务,但一般没有计算机编程的经验。这类软件需要尽量避免编程和复杂操作,通过用户界面完成数据输入、可视化映射、参数调整等操作。对于批处理的工作,可视化软件则一般提供简单的脚本界面。

3. 发布模式

可视化软件可以分为开源软件和商业软件。很多可视化软件源于政府资助的研究项目,没有商业目的。受计算机领域开源运动的影响,很多可视化软件将源代码公开,并免费提供给用户,例如 VTK 等。与之对应,商业可视化软件收取使用费,例如 AVS、Tableau 等。有些可视化软件公司,如 Kitware 公司虽然公布软件的核心源代码,但是通过为用户提供附加服务获取利润。

表 7.3 列出了一些可视化软件工具和它们的适用领域、技能要求和用途等。由于篇幅所限,仅列出重要软件工具的清单。

表 7.3 代表性可视化工具列表

名　　称	开源	付费	适用领域	技能要求	用　　途
科学可视化软件					
3D Slicer	是	否	医学图像	用户界面	应用
ArcGIS	否	是	地理信息	用户界面	应用、开发
AVS	否	是	科学可视化	用户界面 高级编程	应用、开发
GeoVista Studio	是	否	地理信息	用户界面	应用

续表

名　　称	开源	付费	适用领域	技能要求	用　途
Google Earth	否	否	地理信息	用户界面	应用
Insight Toolkit	是	否	医学图像分割和配准	高级编程	开发、工具包
MapInfo	否	是	地理信息	用户界面	应用
ParaView	是	否	科学大型数据可视化	高级编程	开发
VisTrails	是	否	可视化历史	高级编程	开发
Visualization Toolkit	是	否	科学可视化	高级编程	开发、工具包
Weave	是	否	科学可视化	高级编程	开发、工具包
信息可视化软件					
AntV	是	否	信息可视化	中级编程	开发
D3.js	是	否	信息可视化	高级编程	开发
ECharts	是	否	信息可视化	中级编程	开发
Flare	是	否	信息可视化	中级编程	开发
Gephi	是	否	信息可视化	用户界面	应用
Many Eyes	否	是	可视化社区	用户界面	应用、学习
Processing	是	否	信息可视化	中级编程	开发
Spotfire	否	是	信息可视化	用户界面	应用
Tableau	否	是	信息可视化	用户界面	应用、开发
Tulip	是	否	图数据	高级编程	应用、开发
可视分析软件					
GapMinder	否	否	统计数据可视分析	用户界面	应用
Palantir	否	是	可视分析	用户界面	应用
Trifacta	否	是	数据清洗处理	用户界面	应用

习题

1. 请分别说明什么是科学可视化、信息可视化和可视分析。

2. 学者 Hans Rosling 有一个著名的演讲(Hans Rosling's 200 Countries,200 Years,4 Minutes,用图表 4 分钟看 200 个国家的两百年变化),展示了可视化的魅力。这个可视化现在做成了一个在线的交互系统。在这个系统中,选择你感兴趣的数据集,结合可视化结果,再次理解可视化编码。

3. 时空数据中的多标量可视化一直是一个难题,如气象数据中的气压、温度和含水量。请提出 3 种或 3 种以上的解决方法,并实现至少一种方法。

4. 用不同颜色映射(彩虹颜色映射和灰度值映射)对二维温度场可视化,并观察效果。

5. 用邻接矩阵布局可视化任意一个社交网络。

6. 换用节点链接法可视化第 5 题的社交网络,对比两者的区别和优劣。

7. 实现力引导布局的算法,在数据中加入不同模式的子图(如完全连通图、星状图等),观察不同模式的子图在力引导布局下的状态。

8. 找一段文本并使用标签云或 Wordle 的方法进行可视化。

9. 以小组为单位,在常用数据集中找一个感兴趣的数据集。每个组员选择可视化方法显示数据,并增加基本的交互功能。对比各自的方法和效果并讨论。

第8章 虚拟现实与增强现实

CHAPTER 8

虚拟现实(Virtual Reality,VR)是从图形学中自然延伸出来的技术,旨在用计算机营造一个与人在现实世界具有相同感官感受的数字环境。虚拟现实不只是生成场景景象的逼真图像,而是要让用户通过视觉、听觉、触觉和力反馈、嗅觉与味觉等的感觉器官,全方位地感受虚拟环境的存在,并与虚拟场景中的物体进行交互。虚拟现实技术使得人类可以探索一些尚未发生或难以亲身经历的现象和事件,在训练模拟、工程仿真、灾难防护、远程操作等许多方面具有广泛的应用前景。

8.1 虚拟现实概述

人类通过人体的感觉器官来感知周围的世界,以获得对现实世界的体验和认知。如果用户在计算机营造出的物体和环境中的感受如同置身于真实世界中一样,就能够体验现实世界中并不存在的虚幻情景,从而大大扩展人类对现实世界的认知。虚拟现实就是生成、构建这样一个环境的理论、方法和技术。

8.1.1 虚拟现实的基本概念

虚拟现实是采用计算机技术及设备营造的数字化环境,用户在该环境中可以与数字物体互动。虚拟现实技术利用了人类感知系统的主观性,通过技术手段,使数字信息构成的虚拟景象对人体产生逼真的刺激而形成感官体验。2018年,在《自然》杂志发表的书评中,给出了美国空军J. M. Eddins Jr. 制作的虚拟现实环境,如图8.1所示,用户在一个虚拟现实环境中会感受到置身于一个野外的山林中:当他走向前方的树木时,会感到周边的景物逐渐退到身后,眼前的树木离他越来越近,甚至可以观察到树叶的细节,若东张西望,还能全方位地观察周边的环境;也许还能听到远处的鸟叫声……

图8.1 虚拟现实环境

虚拟现实是由计算机图形学、人机交互、多媒体、网络通信、电子学、传感技术、计算机仿真技术、人工智能以及人类感知心理学等多学科交叉发展出来的新型信息技术。虚拟现实环境中的数字化物体称为虚拟物体,用户通常可以与之实时交互。

在很多情况下,完全与现实世界脱节的虚拟现实环境并不能服务于应用的需求,因为实际任务通常是与现实场景关联的。因此,若将需要模拟的虚拟物体直接嵌入现实环境中,在现实场景中对其进行三维注册和实时交互,这种技术称为增强现实(Augmented Reality,AR)。虚拟现实技术与增强现实技术是密切关联,共同成长起来的。

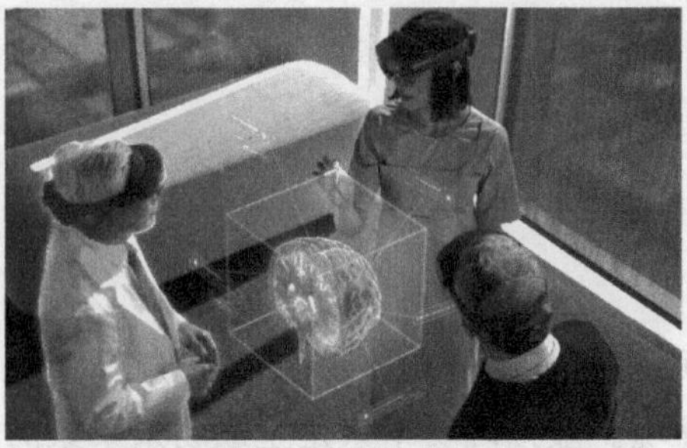

图 8.2 增强现实环境

增强现实技术跟虚拟现实技术非常相似,区别主要在于增强现实中的虚拟物体还需要时刻跟现实环境保持协同与一致。增强现实的 3 个要素是:虚拟物体与现实物体并存、三维注册和实时交互。这里的三维注册是指将虚拟物体嵌入现实场景的空间坐标系中。图 8.2 是微软发布的一个增强现实实例,3 个用户从不同角度观察同一个三维立体的脑部结构,大家可以共享对该物体的操作。例如,中间的女士放大脑部结构信息时,大家将从不同角度看到脑部结构变大,而当她指点脑部结构的某处时,其他用户能够观察并理解她指点的位置。

在虚实混合场景中,如果用户关注的重点是现实世界,引入虚拟物体旨在对现实世界进行扩展和延伸,重在检验虚拟物体与现实世界的协同和配合程度,如评估计划中的重大建设工程完成后形成的整体景观,这种混合称为增强现实;而在另一类场景中,更关注的是虚拟物体本身,引入现实场景只不过是为了增加虚拟物体存在的可信度,例如游览虚拟商场时透过玻璃门看到的真实城市外景,此类混合称为增强虚拟(Augmented Virtuality,AV)。两者共称为混合现实(Mixed Reality,MR)。图 8.3 为 Milgram 于 1994 年提出的虚拟现实连续统的示意图,展示了这些概念间的关系。当在场景中添加虚拟物体成为可能,那么从场景中删除物体也逐渐重要,这称为消除现实(Diminish Reality,DR)。这些技术都是基于现实的,于是将包括虚拟现实在内的所有技术称为扩展现实(Extended Reality,XR)。

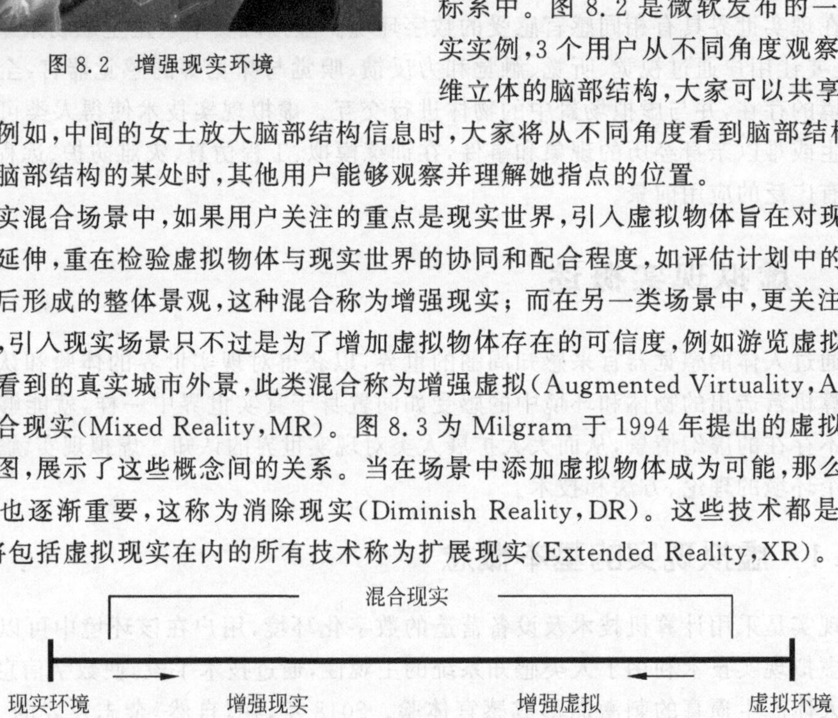

图 8.3 虚拟现实连续统

虚拟现实等基于用户真实体验的技术将计算机与人类交流的方式,从专业化的操作和反馈方式,转变为直观的符合人类知觉通道的交流方式,让人类能够看到、听到甚至触摸到数字化的虚拟对象,使人机之间的交流变得流畅自然。因此,虚拟现实是一种高端的人机接口技术。这是计算机技术新的篇章。

8.1.2 虚拟现实的发展历史

虚拟现实技术的演变发展史大体上可以分为 3 个阶段:二十世纪六十到八十年代的萌芽阶段、探索阶段(1990—2010 年)和产业化阶段(2010 年以后)。

二十世纪六十年代,也就是图形学技术发展的初期,虚拟现实技术开始萌芽。如果计算机图形学可以仅依据数字信息就生成三维的景象，那么，在驾驶模拟器时，飞行学员即可“看到”他在操作时飞机着陆过程的全部景象。由于这样的景象并不是真实存在的，即便因为操作失误，也不会造成实际的危害。事实上，图形学之父 Ivan Sutherland 就致力于研究这样的环境，在 1965 年公布了其设想，并在 1968 年制作了世界上首款增强现实头盔显示器(Head Mounted Display, HMD)，如图 8.4 所示。Sutherland 称其为终极显示器，这体现了他对虚拟现实和增强现实技术的憧憬。但当时采用的头盔是非常笨拙的，甚至需要挂在天花板上才能使用，因此也称为“达摩克利斯之剑”。

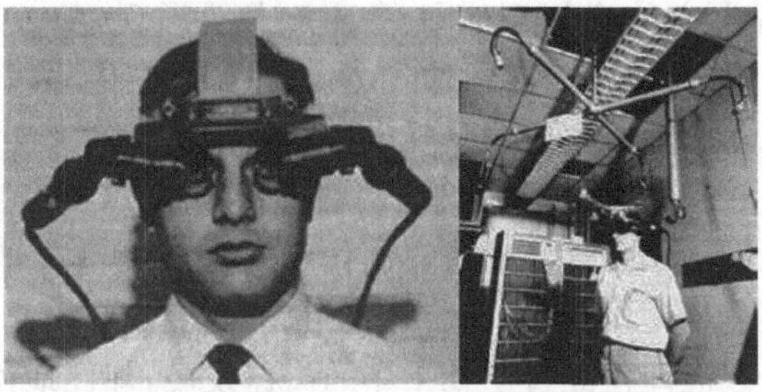

图 8.4 Sutherland 研发的首款头盔显示器

虚拟现实技术尤其是增强现实技术的美好愿景很快被美国军方发现，因此虚拟现实技术的研究被管制而转为秘密研究。直到 1989 年才出现了首款虚拟现实头盔，并出现了虚拟现实一词，虚拟现实才正式成为一门新兴的学科。次年，波音公司开发了首款实用的增强现实系统，用于辅助工程师排布复杂的飞机内部线路，并命名了增强现实一词。1992 年，大型沉浸式虚拟现实系统(Cave Automatic Virtual Environment, CAVE)研发成功，该系统由多块立体投影面组成，成为这期间具有代表性的虚拟现实系统。1993 年，学术界开始举办专门的虚拟现实方向的国际学术会议。随后，虚拟现实的相关研究蓬勃发展，其发展主要集中在两条主线上：虚拟场景如何与人体的感知系统对接；用户如何与虚拟场景或者虚拟对象实时交互。

头盔显示器是将虚拟场景与人类视觉系统直接连接的设备，是虚拟现实诞生的标志性设备。由于虚拟物体并不是真实存在的，因此需要由设备来呈现计算获得的景象。困难在于，现实世界是三维的，用户可以从不同的位置和角度来观察。这时，虚拟物体的外观就会随着视点和视角的变化而不同，并且人类的左右眼所看到的景象也会有差异。这是计算机的显示器或电视机这样的平面显示器很难胜任的。那么，为每一位观察者的视点专门配置一对显示器，根据观察角度的不同而生成专有的画面并显示，以产生跟物体真实存在相同的视觉刺激，用户才会真切地感觉到物体的视觉存在。这是头盔显示器的作用。

增强现实的头盔显示器与虚拟现实的头盔显示器有所不同，原因是在增强现实中，用户还需要观察现实世界，而一般的显示器通常是不透明的，会遮挡来自现实世界的光线。这为增强现实的头盔设计带来了更大的难度。随着光学和电子技术的发展，头盔显示器逐渐变得轻量，其外形和重量甚至接近普通眼镜。时至今日，头盔显示器仍然在发展中，致力于在视野宽度、清晰度、亮度、轻便性等方面进一步提高。

在探索阶段，出现了各种各样的虚拟现实和增强现实显示器和原型系统，满足不同环境的需求。原型系统的关键点在于场景呈现的方式，而头盔显示器作为虚拟现实最为直接的显示器，是其中的关键技术。但是，头盔显示器并非唯一的选择。采用普通显示器或者投影仪，或者拼接而成的大型显示器，通常不需要用户佩戴设备，或者仅仅需要佩戴立体眼镜，对于小范围移动的虚拟现实也具有良好的沉浸感和宽阔的视域。在这个时期，增强现实则有更多的模式可以探索。一种空间增强现实技术采用投影仪在实体模型上营造增强现实环境，而平板电脑或者智能手机因具有良好的移动性，成为实用的呈现工具。这一时期的原型系统探索了各种应用领域的可能性。

近年来，虚拟现实技术发展迅猛，正处于技术爆发和产业化的阶段。脸书、苹果、谷歌、微软、华为等国际头部 IT 企业纷纷发布炫酷的技术和产品演示，催生了新一轮产业革命的浪潮。以虚拟现实头盔为主的虚拟现实硬件设备大量涌现，如 Oculus Rift、HTC Vive、Gear VR 等；增强现实的头戴设备则以 HoloLens 为代表，智能手机成为大众化增强现实的重要载体。这些虚拟现实和增强现实的呈现设备相对于传统的大型投影屏幕，造价更便宜，使用起来也更为方便。它们通过线缆或无线网络连接高端 PC 机甚至各种移动设备，流畅运行多种应用。虚拟现实与增强现实的内容制作和软件研发也在迅速发展中，开始了从研究领域到应用领域的逐步转型，在医疗、教育、娱乐、工业、军事、航空航天等人类生活的各个领域都得到了广泛应用。但即便经过了几十年的高速发展，理性地说，当前虚拟现实技术仍然处于初级发展阶段，离理想的虚拟现实场景，在技术上仍然有巨大的差距。

在虚拟现实技术的发展历程中，人与虚拟现实环境的交互也是关键技术之一，主要任务是选择、触发和操作虚拟物体，从而实现信息的交流。对比人与现实之间的交互方式，不难发现，要自然地抓取或操作虚拟对象，不仅需要感知对象的方位，还需要感知人的行为，才能准确呈现虚拟物体的反馈。由于在虚拟现实环境中需采用自然的交流方式，传统的鼠标键盘甚至图形界面都被抛弃，而数据手套和行为捕获设备则成为重要的交互工具。早期开发的交互设备一般是穿戴式的，通常采用有线方式与主机进行连接。最近 10 年来，随着深度视频捕获器的出现，采用视觉算法也能够稳健地捕获人体动作，特别是深度网络技术的发展，从普通视频中也能较好地获得人体姿态与动作。视觉感知方式的最大特点是无须穿戴和接触，就能够实时捕获人体的动作，这使得智能化的自然交互成为虚拟现实重要的发展方向。

8.1.3 虚拟现实的要素和特点

虚拟现实技术的产生和发展始终围绕为人服务的目标。一个成功的虚拟现实系统设计必须以用户的需求和感受为中心展开。

图 8.5 展示了虚拟现实系统的逻辑图。人是虚拟现实的中心。输入输出交互设备是虚拟现实系统向用户输出模拟信号使用户产生感官体验，进行人机交互的媒介。计算机是计算能力的提供者，是处理和控制中心；建模计算软件是虚拟现实技术的软件核心，提供环境模型及交互的数字化信息和模型。

虚拟现实具有 3 个重要特征：沉浸感（Immersion）、交互性（Interactivity）和构想性（Imagination），常被称为虚拟现实的 3I 特征。

（1）沉浸感是指用户在虚拟环境中体会到的身临其境的程度，用户所感知的虚拟环境应该是三维的、立体的、多通道的，用户如同置身于真实存在的环境中一样。因此，沉浸感是对用户与虚拟环境信息交流品质的描述。

（2）交互性是指用户能对虚拟环境中的物体如同在现实世界中一样进行操控，并得到

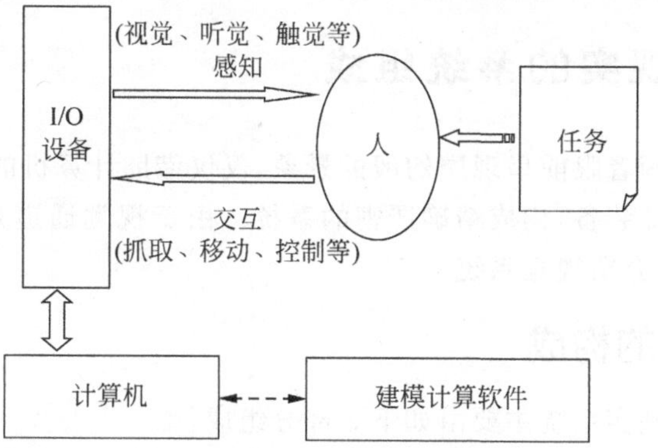

图 8.5 虚拟现实系统的逻辑图

即时的反馈。

(3) 构想性是指虚拟环境可异于真实世界,其运行规则可与真实世界的规则有所不同。例如采用不同于现实世界的光照着色计算,可突出大规模海量信息中对用户最关键的信息;灵活改变空间尺度,用户可以突破生理限制,进入宏观或微观世界进行研究和探索;灵活改变时间流逝的速率,对瞬间或漫长的过程,可选取合适的时间段进行观察;在娱乐和社会交流中,可构造玄幻式的游戏空间,创建属于自己的虚拟世界。

虚拟现实环境的体验感依赖于系统给予人类感知系统的刺激,这些刺激汇聚到大脑,还要受到体验者自身心理因素的影响。一般来说,虚拟现实环境生成的刺激与实际物理环境相比总是存在一定的差异,特别是不同感官通道的刺激未能协调一致的情况下,会导致人体心理上的不适感。当体验者置身于一个全封闭沉浸式的虚拟现实环境中时,这种不适的感觉更为明显。因此,一个良好的虚拟现实环境需要满足人体感官通道的生理规律和心理规律。

虚拟现实必须要满足实时性(Real-Time),即系统能够根据用户当前的视点位置和视线方向实时地改变呈现在用户眼前的虚拟环境画面,并在用户耳边和手上实时产生听觉和触觉/力觉响应。要较好地满足人类的视觉感受,实时绘制的帧率至少要达到 60 帧/秒,力触觉计算绘制帧率要到 1000 帧/秒以上,这对于很多绘制系统是极大的挑战,尤其是要满足真实感的品质时。

虚拟现实系统通常由多个环节构成。当一个系统有多个串行环节时,会导致从刺激触发的时间到用户接收到刺激的时间之间的间隔太长,也就是时间延迟(Time Delay)。例如,用户从静止状态突然转动头部,那么随着头部的转动,其视野中的景象应该立刻发生变化。但是,一般系统从头部转动,到为传感器捕获这一转动,再到绘制和呈现转动后的虚拟场景,最后呈现到用户视野中时,可能已经过了一段时间,这段时间就称为时间延迟。时间延迟导致人体的动作和虚拟现实系统生成的刺激之间的时间失配,可能引发用户心理上的问题。一般而言,时间延迟越小越好。

实时性和微小的时间延迟是实现协调性的基础。对增强现实而言,沉浸感通常被融入感代替,即让用户获得虚拟物体与现实环境融为一体的感受。此外,增强现实不强调构想性,取而代之的是实用性。不过,在交互性、实时性和小的时间延迟上,增强现实与虚拟现实一致。尽管感受时,体验者的心理因素仍然存在,但不占据重要地位。

8.2 虚拟现实的系统组成

虚拟现实要在观察者眼前呈现魔幻般的景象,仅仅借助计算机的计算能力是不够的,还需要辅以一整套的特殊装备,构成精确严密的系统。由于视觉通道是人类信息量最大的基础通道,因此本节着重介绍视觉系统。

8.2.1 系统的构成

一个典型的虚拟现实系统主要由如下3部分组成。

(1) 呈现设备或系统:虚拟现实环境的呈现设备主要有头盔显示器、CAVE等,配以定位跟踪设备、立体显示设备等。

(2) 虚拟环境3D人机交互界面:虚拟现实系统借助一系列设备为用户提供直观自然的人机接口和必要的输入/输出功能。用户能通过自然的动作或运动(如抓取、走动等)为计算机提供输入,同时,可通过视觉、听觉、触觉/力觉等多感官通道接收计算机产生的信息,获得身临其境的感受。

(3) 用来生成虚拟环境的计算机系统及软件:用于内容生成以及驱动虚拟现实应用的计算机,在虚拟现实环境中是透明的。系统一般拥有多个CPU以支持高性能并行计算,同时还拥有多个图形流水线以支持多个视图的实时立体显示。

1992年,Cruz-Neira等提出了CAVE的原型,采用多个屏幕作为显示器,由跟踪器实现用户头部姿态与显示器的三维注册。交互界面采用自然的人机交互方式,采用语音识别、手持交互设备等工具实现。计算机接收传感器的交互请求以及跟踪器头部姿态的估计参数,为各个子显示器绘制正确的内容和画面。2013年,Boas在一篇综述虚拟现实进展的文章中给出了如图8.6所示的沉浸式的CAVE环境。

图8.6 完全沉浸于虚拟环境的操作人员

虚拟现实经过数十年的发展,衍生出了大量原型系统和应用系统。根据环境和应用需求的不同,开发了大量用于显示、交互、定位跟踪等目的的硬件,而出于对内容制作的需求,场景建模、绘制、动画等技术也不断深入和发展。在增强现实技术的发展中,则大量引入计算机视觉的最新进展,将其应用于空间注册与自然交互等方面。

近年来,随着智能手机的快速发展,手机也成为虚拟现实的主要应用设备,兼具显示器、交互界面与计算机的功能,可以构成最为简单便捷的虚拟现实或者增强现实系统。随着互联网技术尤其是移动互联网技术的发展,智能手机上的虚拟现实,尤其是增强现实技术,成为新的爆发点。

8.2.2 虚拟现实的呈现

虚拟现实环境的呈现,既需要产生对视觉系统的光学刺激,也需要专用设备来显示画面。目前常用的提供光刺激的基本设备有两种:显示器和投影仪。显示器以像素单位发光；投影仪则将光线投射出去，在幕布等介质上反射出光线。虚拟现实环境的呈现方式有很多，如头盔 HMD、CAVE 或环幕、立体显示器等。

呈现设备按照距离眼睛远近可以分为近眼设备、近身设备与远距离设备 3 种。近眼设备主要指头盔显示器和智能眼镜等，是最为直接的呈现方式。将设备固定在头部，当用户运动导致视点变化时，系统将自动生成相应视点下的画面，无须调整显示器。头盔显示器容易产生封闭环境的视觉体验，形成良好的沉浸感。图 8.7 是一个简易的虚拟现实头盔，左右显示器上呈现的内容非常相似，但因两眼视点的位置差异而略有不同。

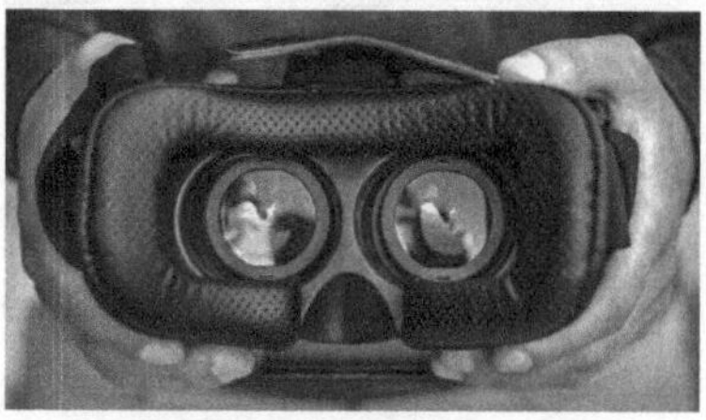

图 8.7　虚拟现实头盔

增强现实的头盔显示器跟虚拟现实的头盔显示器有明显的差异，因为增强现实必须能够观察到现实环境。

稍远一些的显示器是手持式的移动设备、显示屏幕等，也有佩戴在身上的投影仪等近身设备。这些设备通常不能产生最佳的沉浸感，但是具备方便、灵活、快捷、视野宽阔等特点。这一类显示器，尤其是投影仪，在增强现实的呈现中有更多的应用，例如在实物表面投射光线而营造增强现实的效果。对裸眼立体显示设备而言，用户无须再佩戴眼镜或者头盔，就能获得良好的立体视觉效果。

远距离的呈现设备通常需要多个屏幕拼接而成，例如 CAVE 就是由多个平面幕布构成的一个立方体，由立体投影仪将影像投影到幕布上，形成虚拟现实环境的沉浸式呈现。更大的显示器是投影幕布或投影墙，通过拼接构成一个封闭的空间，甚至构造成 360°的全空间。由于投影幕布或者投影墙一般是固定的，因此需要根据用户的运动来调整幕布上的画面绘制。另外，为了获得立体感，用户还需要佩戴特殊的眼镜。图 8.8(a)展示了 Visbox 公司设计的 CAVE 的原理，图 8.8(b)为一个实际场景，图 8.8(c)为运行时的场景。

(a) 原理示意图　　(b) 实际场景　　(c) 运行场景

图 8.8　虚拟现实 CAVE 的原理和实例

虚拟现实的呈现设备仍然在发展之中，由于人类的眼睛经过了千万年的进化，是非常精密的器官，因此虚拟现实呈现设备也需要在分辨率、视野宽广度、亮度、轻便程度、计算性能、网络通信等方面提高性能。

8.2.3　虚拟现实的交互

在虚拟现实中的交互是让用户能以自然的方式实现与虚拟现实环境的信息交流，其中的主要任务是环境导航以及选择和操纵虚拟物体。2015 年，美国南加州大学的 Suma 等介绍创意研究所混合现实实验室的项目时，展示了虚拟现实的一种交互界面，如图 8.9 所示，用户手上穿戴的设备是为了捕获手部运动，屏幕上的双手是用户的双手在虚拟环境中的映

图 8.9　虚拟现实中的 3D 交互界面

射。用户用手的动作来操控自身的运动和虚拟物体。

虚拟环境的导航其实是指用户在虚拟环境中漫游,用户采用交互方式告知系统自己想去的地方,计算机则呈现给用户在途中看到的所有画面。在训练飞机着陆的虚拟现实系统中,用户通过交互界面调整飞行器的机身姿态,虚拟现实系统根据用户的调整呈现出相应的景象,使用户感受到降落过程中掠过高山和地面的情景;而用户根据所见到的景象进一步调整机身姿态,直至着陆。

虚拟物体的选择和操纵一般在小范围的场景或者近景中进行。如果要旋转一个物体,可以先选中它,然后推动它旋转。如果要它运动,可以直接推动物体,使其具有速度而产生运动。可是,用户的行为如何被虚拟现实系统知晓呢?这就涉及系统对用户交互意图的精确感知。例如,用手指点击物体表示选择物体。此时也需要模拟人的动作对于虚拟物体的影响,例如手指点击到物体外表时所导致的效应和反馈,并被用户的知觉器官所感知。

虚拟现实对交互有很高的实时性要求,响应要足够快速,并且时延足够小。三维空间的交互极具挑战性,需要发展出更为自然的交互方式和工具。

如果说虚拟现实的视觉呈现取得了巨大的成功,听觉模拟也很不错,在涉及触觉和力反馈的时候,则效果仍然欠佳。尽管计算机能够根据模型计算反馈力量的大小,但是要在物理上对人体产生这样的作用力,仍需使用昂贵的设备。模拟嗅觉和味觉体验也非常困难,当然这两种知觉系统在很多情形下是不必要的,目前关注不多。

8.2.4　空间注册的跟踪器

跟踪器(Tracker)是空间注册设备,旨在确定一个运动物体与其他物体或环境之间的空间变换关系。在虚拟现实与增强现实中,必须实时确定用户当前的视点和观察方位,才能以正确的视点、视向等参数绘制出正确的画面。在交互过程中,也需要根据用户的连续动作,或者手持物体的运动,确定用户的交互意图,通常也需要通过跟踪器来实现。跟踪注册是虚拟现实与增强现实的基本问题,其精度和速度是非常重要的因素。

跟踪器的任务一般分为两种:一种是确定目标的位置,即在三维空间中的坐标,有时也称为定位,仅有 3 个自由度(3DoF);另一种则不仅要确定目标的位置,还需要确定三维姿态,有 6 个自由度(6DoF)。从原理上讲,只具有定位功能的 3DoF 跟踪器可以通过进一步组合构成 6DoF 跟踪器。

头盔上的跟踪器是为了实时估计头部的位姿变化,从而确定绘制场景的相机参数。在 CAVE 等虚拟现实环境中,原则上仅需要定位用户的视点位置,不需要其朝向,但是眼睛的位置事实上与头部位姿关联,因此仍然需要 6DoF 跟踪器。在交互过程中,跟踪器用于感知用户操作设备时的位姿、人体肢体的位姿、定位目标的位置等。跟踪器必须满足实时性,甚至强实时性,并且时间延迟很小,以保证用户的沉浸感。总之,跟踪器在虚拟现实和增强现实中都有非常重要的作用,是技术诞生初期就必须解决的关键技术。

跟踪器一般分为两类:一类主要依赖传感器的测量及其结构化布局(基于硬件的方

法)；另一类是视觉计算的方法(主要基于软件计算)。基于硬件的方法需要在场景中安排传感器，通过传感器测量的数据实现空间的注册。它们佩戴于用户身体上或附着于运动物体之上，可对相应部位或物体进行跟踪。跟踪器一般采用电磁技术、超声技术、光学技术，也有基于惯性单元和纯机械方式的。

惯性跟踪器(Inertial Trackers)的隐蔽性很好，不需要任何发射源，具有外形小巧、在三维空间中不受运动范围限制的特点，其缺点是定位精度较差。目前的大部分智能手机都内置了惯性跟踪器，可用于智能交互，并且有效地提高了视觉位姿算法的精度。而机械式跟踪器可提供位置和方向参数。它们外形多样，有的形如桌面上的台灯般简单，有的则采用异常复杂的外骨架(Exoskeletons)结构。机械式跟踪器的缺点是较为笨拙，而且在运动上也有限制，现在基本上被淘汰了。

电磁跟踪器是早期的产品。附着在目标上的电磁跟踪器中包含几组线圈。这些线圈在电流脉冲下产生磁场。通过获取磁场的强度和角度，可计算得到目标在三维空间中的位置和方向。这一类跟踪器的缺点是在测量和处理时有一定时延、跟踪范围有限、易受周围环境中含铁材料的干扰等。这类产品的典型代表如图 8.10 所示，有 Ascension Technology 公司的 Nest of Birds™ 和 Polhemus 公司的 FASTTRAK。

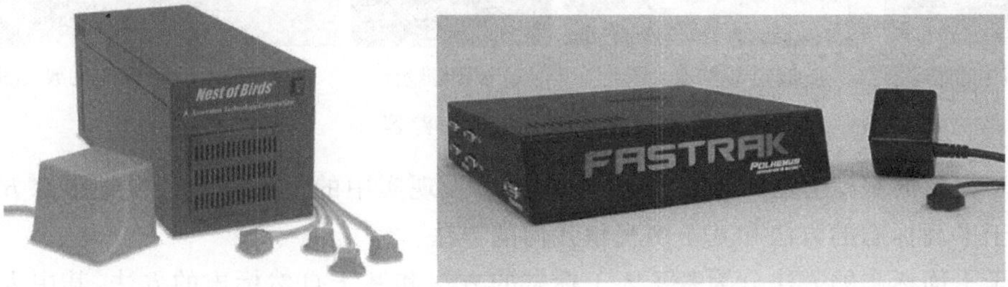

(a) Nest of Birds (b) FASTTRAK

图 8.10 电磁式跟踪器示例

超声跟踪器一般由发射装置(Emitter)、接收装置(Receiver)与控制单元(Control Unit)组成。发射装置与控制单元通过电缆线相连，它含有 3 个呈三角形分布的扬声器，它们向接收装置发出高频超声信号以跟踪接收装置的位置和朝向。接收装置也与控制单元相连。与发射装置类似，它前端也有 3 个呈三角形分布的小麦克风，它们一般以每秒不低于 50 次的采样频率对发射装置发出的超声信号进行采样，并将采集到的信号传送给控制单元，由控制单元实时计算处理后得到接收装置的方位。超声跟踪器的缺点是精度较低、时延长，而且容易受到环境中的噪声和其他回声的影响。Logitech 公司的超声跟踪器 Logitech Ultrasonic 3D Mouse 除了能跟踪方位外，在接收装置上还设置了多个按键以实现三维鼠标的功能，给用户提供像二维鼠标按键一样的输入控制方式，如采用图 8.11 所示的三维鼠标选择三维菜单。

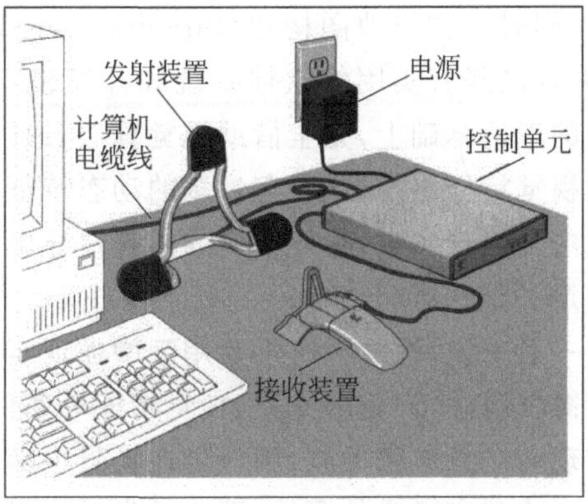

图 8.11 Logitech 超声三维鼠标

光学跟踪器大多采用已定位的两个以上的红外摄像机获取场景中运动物体的立体图像,然后基于获取的图像信息反求出运动物体在三维空间中的位置和方向。一般情况下,如图 8.12(a)所示,红外摄像机悬挂于被跟踪物体的前上方,而被跟踪的物体上需要设置一些标记(如小球),如图 8.12(c)所示,这些标记的作用是将来自红外摄像机的红外光线反射回红外摄像机的发光二极管(LED),以提供运动物体的方位信息。基于荧光的跟踪器,则利用荧光的自发光特性实现较为准确的定位。随着红外激光的使用,光学跟踪器的精度进一步提高,频率高,可延展性能好,通常采用结构性的布局来提高跟踪的场景大小和跟踪精度。HTC Vive 中的头盔和交互工具就是使用红外激光实现的。红外激光的定位精度误差在 2mm 以内,抖动范围在 0.3mm 以内。控制器的频率为 250Hz~1kHz,时间延迟小,并且帧率很高。

(a) 在场景中的跟踪器　(b) (a)中框的放大图　(c) 被跟踪物体　(d) (c)中框的放大图

图 8.12　光学跟踪器

基于视觉的跟踪方法日新月异,正在成为增强现实中的主流方法。视觉跟踪方法一般分为基于平面标志的方法和基于多视角几何的方法。

基于平面标志的方法分为基于人工标志的方法和基于自然标志的方法,其中人工标志一般是预先人为设计的黑白图案,而自然标志是具有充分特征的自然图像。基于平面标志的跟踪算法主要利用图案特征明显以及平面维度低的特点,实现快速、稳健、精确的跟踪。尽管标志是二维的,但是由于第三维度可以由前两个维度轴向的叉积得到,因此获得的是 6DoF 的跟踪结果。当然,基于平面标志的方法需要预先设定,这为普通的用户带来一定程度的不便。

不依赖任何标志,基于现场的多视角视频画面自动实现 6DoF 的跟踪,是非常理想的。目前,同时定位与地图构建(Simultaneous Localization And Mapping,SLAM)是其主流代表,并且已经有实用的软件系统和开发包,如 ARCore/ARKit。SLAM 方法建立在多视角几何的理论基础上,完全借助视觉算法,通过画面中特征的匹配进行注册跟踪方法。当场景中的视觉特征不足,或者有过多的动态特征时,算法容易失败。因此,SLAM 主要用在智能手机的增强现实中,智能手机的内置惯导单元陀螺仪可以提供高精度的朝向参数,从而较好地稳定了跟踪器的结果。

一般来说,视觉方法主要用于增强现实,而较少用于虚拟现实。在虚拟现实环境中,为了提高沉浸感,现场的光照、视觉特征等条件通常较差,因此难以应用视觉方法。而增强现实与现实场景紧密关联,用户可在场景中随意移动,若在现场安装支持跟踪的辅助装备,则可能影响现实场景的原貌,因此通常采用无须特定装备的更为简单的视觉技术。基于硬件的跟踪方法更多地用于虚拟现实环境。

在虚拟现实环境中，跟踪器主要的任务是提供头盔显示器的位姿，以及为交互中的物体或人体运动提供参数。在增强现实环境中，空间注册通常需要在较大范围内实现对目标体的跟踪。

8.2.5 计算机及软件开发平台

操控虚拟现实的计算机及其软件是虚拟现实的“大脑”。虚拟现实的呈现系统、交互工具和跟踪器是虚拟现实的外围设备，类似于人体的四肢和五官，需要经过大脑的综合处理才能协调运作。随着技术的发展，智能手机等逐渐成为重要的计算设备，尤其是搭载了摄像头和无线网络，使虚拟现实和增强现实可以为大众所用。

由于虚拟现实环境全部是数字的，从虚拟环境的3D模型构建、环境中的物体运动或交互反馈的规则建立，到跟踪器的精确计算以及虚拟环境的绘制和合成等，都由计算机来完成。各种外部设备与计算机通常都通过标准的接口实现输入输出。无线网络更是使得通信变得非常便捷，目前常用的增强现实头盔 Hololens 2.0 已不需要通过电缆与计算机连接，非常便利。另一方面，虚拟现实环境通常需要巨大的计算代价，在这种情况下，如果任务紧急程度较低，就可以通过互联网或者无线网络将需求传送到服务器，计算完成以后再反馈到终端，从而使终端上的计算能耗大为降低。

普通的软件开发人员要搭建这样的环境是非常困难的，必须借助一个强有力的开发平台作为工具。Unity Technologies 公司在2005年首次发布了Unity3D 1.0，主要针对Web项目和虚拟现实的开发。由于其强大的场景构建能力，并且是开源的，吸引了大量开发者。后续版本可以支持更多的操作系统，既支持 Windows 和 macOS，也支持 Android 和 iOS，还支持游戏机 Wii、PS3 和 XBox360 特别是手机和游戏。2016年发布了5.4版本，提供了非常逼真的虚拟现实环境的搭建、绘制、动画、交互等效果，成为虚拟现实环境开发的标准工具。虚拟现实领域目前使用最为广泛的 HTC Vive 头盔显示器及其交互设备也是在 Unity3D 上搭载的。

增强现实技术与虚拟现实技术有很多共同之处，因此通常借助 Unity3D 的环境构造能力。但是，增强现实需要与现实世界保持高度一致，因此通常还需研发专业的开发包嵌入 Unity3D 中。苹果公司的 ARKit 和谷歌公司的 ARCore 等智能手机平台上的开发者软件包(SDK)、微软公布的 PC 机上的增强现实开发平台(Mixed Reality Toolkit，MRTK)等也都嵌入在 Unity3D 中。ARKit/ARCore 的核心部分采用视觉方法检测和跟踪对象，以实现增强现实技术必需的三维注册、交互以及虚实融合所需的算法。

随着虚拟现实和增强现实软件开发平台的完善，应用开发成为方便快捷的任务，从而推动虚拟现实技术更广泛地应用于大众的日常生活和生产活动中。

8.3 立体视觉的生成原理

人类依赖于知觉感官来感受外部世界，所获取的大部分信息来源于视觉。因此，实时生成与观察者当前视点和视线方向一致的虚拟场景的立体图像，成为观察者对虚拟环境产生沉浸感的至关重要的因素。由于人类双眼同时接收视觉信号，因此可以产生立体视觉，感受3D形体，并产生相应的距离感。要在人眼中生成立体的虚拟世界，就需要为人的双眼提供具有视差的虚拟场景图像。

8.3.1 人类视觉系统的刺激

人的两只眼睛结构相同，水平排列，相距约为60mm，朝向正前方。光线经过瞳孔进入眼球，由晶状体调节聚焦，在眼底成像。在观察同一物体时，景物投影到左、右眼的视网膜上。由于两只眼睛之间有距离，因此同一个物体点在两只眼睛视网膜上的成像点位置略有差异，这个差异称为视差。物体离眼睛越近，视差越大；反之，就越小。准确地说，如图8.13所示，物体距离与其在视网膜上的视差成反比关系，大脑从双目视差中获得深度线索，从而对场景产生深度感。

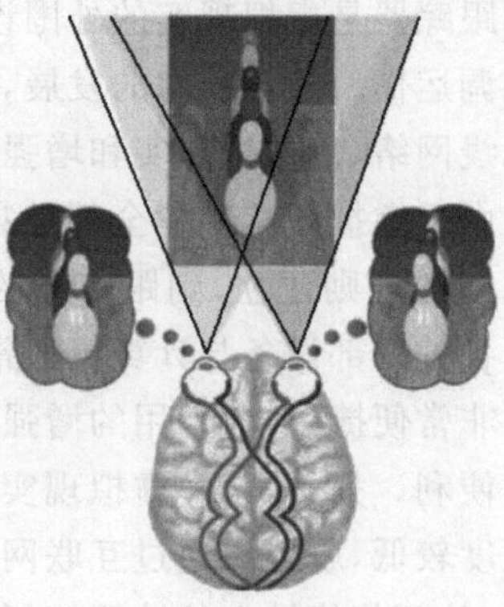

图8.13 外界光线在左、右眼底视网膜上成像

人对深度的感知是一个综合认知过程，除了双目视差外，还包括以下因素。

(1) 运动视差：运动视差是由观察者和景物发生相对运动所产生的，这种运动使不同尺寸和位置的景物在视网膜的投射发生变化，产生深度感。

(2) 眼睛的主动调焦：通过主动调整焦距，可以看清楚远近不同的景物。晶状体的调节是通过其附属肌肉的收缩和舒张来实现的，肌肉的运动信息反馈给大脑协助立体感形成。

(3) 人的其他经验和心理作用：例如图像的颜色差异、纹理差异、对比度差异、景物阴影、遮挡关系、显示器尺寸、观察者所处的环境，都影响着人们的立体感觉。

要模拟现实世界对视觉系统产生的感官刺激，就必须考虑人左、右眼的精确位置，为每只眼睛提供相应的光线刺激。由于跟踪系统具有感知人眼位置的能力，因此可以确定两只人眼与虚拟环境的关系。根据左、右眼的位置绘制生成的图形会在视网膜上自然形成视差，生成场景的立体感。目前，虚拟现实系统中主流的三维显示技术是视差型三维显示，通过分别为用户的左、右眼提供不同的画面，形成虚拟世界的立体感。

视差型三维显示根据观察者是否需要佩戴左、右眼图像分离设备进一步分为两类：需要佩戴图像分离设备的方式和无须佩戴图像分离设备的方式。左、右眼图像分离设备包括立体眼镜、头盔等；无须佩戴图像分离设备的方式采用其他光学方法来分离左、右眼图像，如全景视场三维显示系统，但离普及应用尚有距离。

8.3.2 立体图像生成的照相机模型

虚拟现实显示器呈现的场景图像，必须按照显示器与眼睛的远近、视场角、解像度，对其绘制参数做相应的调整。通常采用对称透视投影成像相机模型，如图8.14所示。假设显示器位于眼睛的正前方，为左、右眼分别设定绘制参数，主要包括如下几点。

(1) 位置(Position)：相机所处的位置，设定为左、右眼瞳孔的中心。

(2) 方向(Orientation)：选取头顶的方向为上方，并且视线朝向眼睛的正前方，一般左、右眼的设定相同。

(3) 宽高比(Aspect Ratio)：显示器屏幕的宽度和高度的比率，大部分清晰度的显示器的宽高比为 16：9。

(4) 视角(View Angle)：视角用于决定成像平面的高或者宽与眼睛所张的角度。一般只设定宽度方向的夹角(Width Angle)，因为高度方向的夹角(Height Angle)可借助宽高比直接计算得到(Height Angle＝Width Angle/Aspect Ratio)。因此，视角通常表示视域(Field Of View，FOV)的大小，图 8.14 中的视角是显示器的竖直宽度与瞳孔张成的角度。

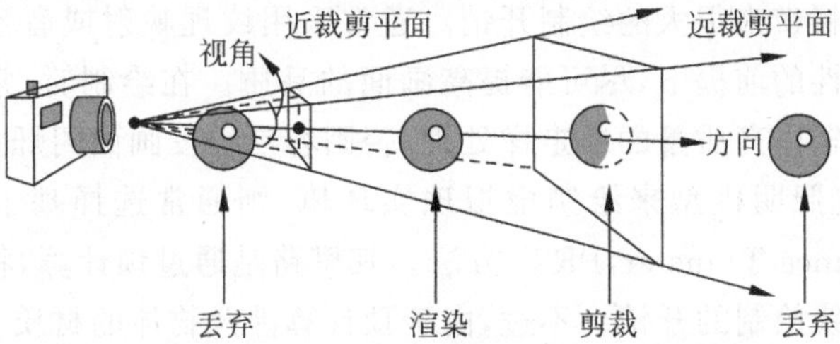

图 8.14　相机模型

(5) 近裁剪平面(Near Clipping Plane)距离与远裁剪平面(Far Clipping Plane)距离：只有在视域四棱锥内位于近裁剪平面和远裁剪平面之间的物体才需要进行绘制。近裁剪平面与远裁剪平面均与视线方向垂直，它们与相机位置之间的距离即为近裁剪平面距离和远裁剪平面距离。因此，裁剪面的选取应该根据场景的具体尺寸确定。远平面与近平面距离的比值越大，图形绘制在深度上的判断精度越低，越可能导致判断遮挡关系时失误，引起画面闪烁等。因此，这个比值要尽量紧凑。

为使观察者对场景形成立体感，计算机必须根据观察者的左、右眼的视差生成同一场景两幅不同的图像。如图 8.15 所示，在实时绘制时，左、右眼相机的参数，除了位置参数外，其他参数原则上应该是相同的。

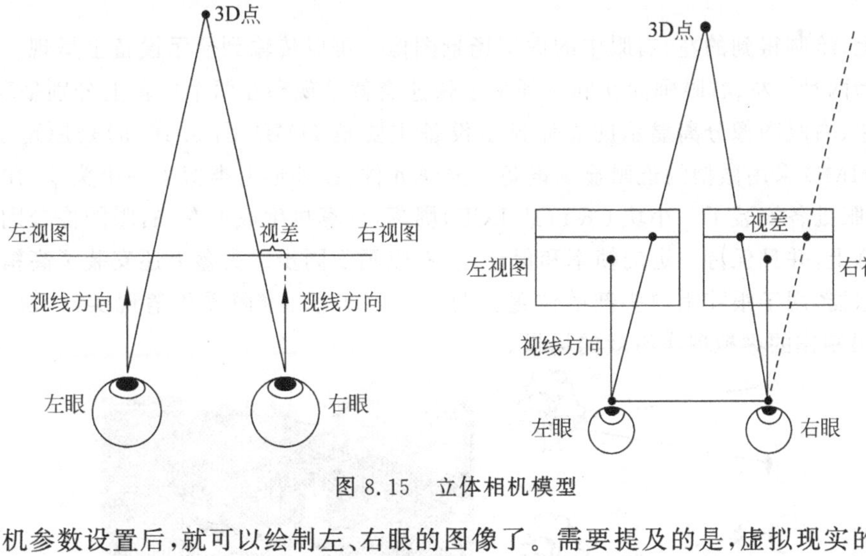

图 8.15　立体相机模型

相机参数设置后，就可以绘制左、右眼的图像了。需要提及的是，虚拟现实的显示器多种多样。在 CAVE 或者环幕的情形下，通常需要绘制多幅图像并对它们进行拼接，且屏幕与绘制的图像平面并不重合，绘制的图像需要进一步通过函数映射到屏幕上。幸运的是，在 CAVE 上，对于每一块平面屏幕，这个映射可以简单地采用一个 3×3 的矩阵线性表示。如果显示器是曲面的，如环幕，映射函数则为非线性的函数。

8.3.3 虚拟现实的绘制技术

在相机参数设置以后，通过绘制技术可得到在观察者眼中场景的当前画面。虚拟现实和增强现实对绘制的要求是一致的，必须确保实时性和微小时延，其次才是真实性和动态性。

一般来说，虚拟现实环境的数据量较大，尤其是采用拼接的大屏幕进行呈现时，需要绘制高分辨率的图形，将带来很大的绘制开销。通常采用纹理映射或者预计算等开销比较小的方法，在保证实时性的前提下，尽可能提高画面的品质。在绘制时，常采用比较简单的局部光照明模型，同时辅以高质量的反走样处理，否则容易引发画面闪烁。

若需采用全局光照明模型来绘制虚拟现实环境，则通常选择基于预计算的辐射传递(Precomputed Radiance Transfer, PRT)方法。其思路是通过预计算，将光线多次反射的过程保存下来，减小在线绘制的开销。不过，由于预计算涉及物体的材质、形状等，在动态场景中，其实现有很大难度。随着技术的进步，在规模不大的场景中，光线跟踪等方法已经可以实现全局光照的实时绘制。

在绘制增强现实环境时，需要考虑虚拟物体与其融入场景的空间一致性、光照一致性和交互一致性。如果虚拟物体有一部分被现实场景中的景物遮挡，则需要在画面中去除虚拟物体被遮挡的部分；为了使虚拟物体表面呈现的光照效果与现实场景保持一致，需要重建现实场景的光照环境，并根据它来绘制虚拟物体。此外，当虚拟物体嵌入现实场景后，虚拟物体的阴影可能投射到现实场景的景物上，现实场景中的阴影也可能投射到虚拟物体表面上，而这一切都跟场景的几何形状相关联，因此需要对现实场景进行局部几何重建。总之，增强现实环境中虚拟物体的绘制更为复杂。

8.3.4 立体显示的主要设备及原理

原则上，绘制得到的左、右眼中的虚拟场景图像就可以传输到显示设备上呈现。显示设备主要分为两种：左、右眼画面在同一屏幕上快速交替呈现和在两个屏幕上分别呈现。

采用左、右眼图像分离显示的立体显示设备主要是 HMD，图 8.16(a)是原理示意图。虚拟现实 HMD 采用微型的近眼显示设备及光学元件，在外形上类似于一个头盔，在头盔上对应左、右眼处各安装了一小块 CRT(或 LCD)屏幕，计算机生成的左、右眼图像分别显示在对应的屏幕上，并且保持一定的帧率和保证左、右眼画面同步。头盔上还安装了高精度的三维定位跟踪器，用于跟踪用户头部的位置。图 8.16(b)是玩家佩戴头盔现实器，玩 Vertigo Games 公司制作的虚拟现实游戏的场景。

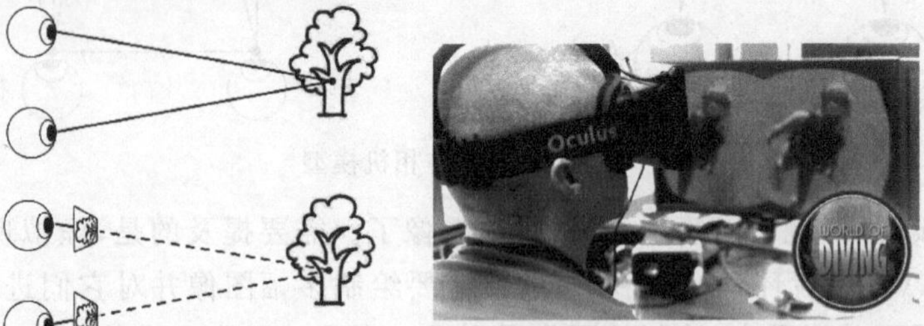

(a) 视觉原理　　(b) 头盔中呈现的画面

图 8.16　虚拟现实头盔显示器的原理

HMD的显示器不断进化，从平面屏幕逐渐发展到曲面屏幕，极大地扩展了视野。HMD的另一个主要进展是轻量化和网络化，如图8.17所示，虚拟现实(VR)头盔的主要代表有：Facebook发布的Oculus Rift，如图8.17(a)所示，以及HTC与Valve公司发布的HTC Vive，如图8.17(b)所示。最简易的显示器是采用手机作为显示器，如图8.17(c)所示，手机屏幕上划分左眼和右眼的画面区域，中间用一个隔断阻挡来自另一个画面的交叉干扰。

(a) Oculus Rift　(b) HTC Vive　(c) 用手机作为显示器的虚拟现实头盔

图8.17　虚拟现实头盔

增强现实所需的头盔显示器在观察到虚拟场景时，必须同时观察到现实场景，也就是需要穿透显示。一般的显示器通常会阻断来自现实世界的光线。解决的方案一般分为两种：一种是视频穿透式头盔显示器，在眼睛的前方配置双目摄像头，代替眼睛观察来自现实世界的光线，在与虚拟物体图像合成后，呈现在显示器上；另一种是光学穿透式头盔显示器，在眼睛的前方是既具有透射功能又具有反射特性的玻璃镜片，使得现实场景的光线直接进入人眼，而虚拟物体的影像则通过微型投影仪投射到镜片上，再反射进入人眼，构成叠加的虚实融合的画面。

从目前的发展趋势来看，光学穿透式头盔显示器已经成为主流，主要原因是可以良好地观察现实场景。图8.18(a)是美国UNC的Henry Fuchs小组设计制作的一个视频穿透式头盔显示器，前方的两个摄像头为左、右眼分别提供现实场景的当前影像，与虚拟物体融合以后，呈现在微型显示器上。事实上，图8.4展示的第一款头盔显示器也是一个光学穿透式增强现实头盔显示器，而图8.18(b)是微软2019年发布的智能眼镜Hololens 2.0，具有明亮清晰的画面、精确的定位以及宽阔的视野。Hololens配置了深度视频和无线网络，用户可以自由移动，并实现智能感知与交互。

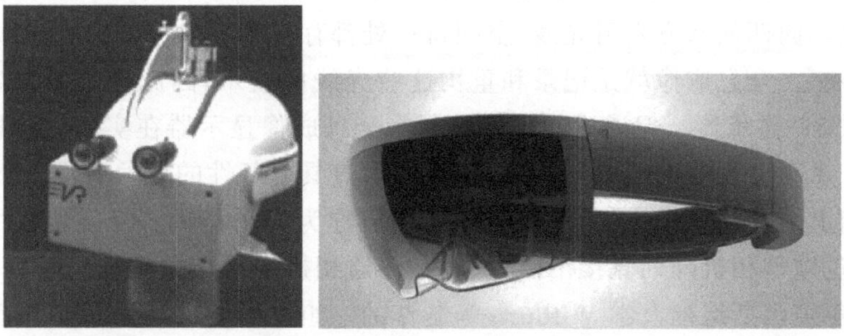

(a) 视频穿透式头盔显示器　(b) Hololens 2.0

图8.18　视频穿透式头盔显示器和增强现实智能眼镜Hololens 2.0

头盔显示器是需要佩戴的设备,并不方便。如果能够使普通显示器或者投影屏幕上呈现的画面产生立体感,那么用户就不用佩戴头盔了。这种同时提供左、右眼画面的显示器是同源的,即同一个显示器上既显示左眼的画面,也显示右眼的画面,裸眼观察这样的画面会充满重影。形成立体感的关键在于使观察者的左、右眼只接受各自应看到的画面。用户通过佩戴立体眼镜可以保证左眼只看到左视图的影像,右眼只看到右视图的影像。

立体眼镜按其左、右眼图像分离原理有时间平行和时间多路复用两种,根据采用的技术,分别被称为被动立体显示和主动立体显示。被动立体显示大量用在电影院中。它采取双投影仪,投影不同物理性质的偏振光,如方向不同的线偏振光,或旋转方向不同的圆偏振光。立体眼镜左、右眼分别在光学上对其进行过滤,只通过与其相对应的画面。主动立体眼镜则采用同步快门开关,投影仪或显示器必须有高刷新率(大于120Hz),通过时分方式过滤左、右眼视图。图8.19(a)为美国NVIDIA公司的3D立体显示系统,图8.19(b)为用户佩戴的眼镜实物。

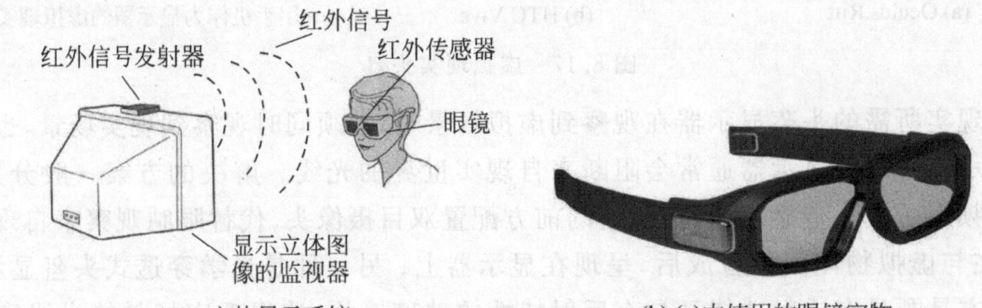

(a) 立体显示系统　　(b) (a)中使用的眼镜实物

图8.19 NVIDIA立体眼镜的基本配置

立体眼镜既可用于普通的桌面型虚拟现实系统中,也可用于由多个投影屏幕构成的沉浸式或半沉浸式虚拟现实系统(如CAVE)中。将跟踪器附着于立体眼镜上可跟踪用户当前的视点位置,以生成符合其所在方位的正确的立体图像。在公共场所,为了便于远距离观看,通常需要很大的屏幕。一般来说,单个屏幕是无法满足要求的,通常会将多个屏幕拼接成一个巨大的屏幕。拼接的大屏幕可以采用LED显示器,也可以采用投影仪,关键需要协调各显示器的内容和亮度。

近年来,裸眼3D显示器逐渐引起了大家的关注。裸眼3D显示器不需要观察者佩戴设备就可以获得3D立体感。在自然状态下,眼睛之所以能够看见场景及其变化,是因为物体上的每一个点都向四面八方发射光线,空间每一处都存在来自各个方向的光线,并且具有不同的相位与振幅。全息成像就是记录和重构这些光线的技术,因此理论上全息显示器是最为理想的裸眼3D显示器。但通过物理手段制作全息成像显示器在实用化阶段遇到诸多困难。在计算技术高度发展的情况下,光场技术成为最具可行性的技术手段。所谓光场,就是从各标准方向上捕获的场景影像,获取光场的相机称为光场相机。光场相机的拍摄原理有很多,例如通过微型相机阵列直接拍摄,或者在普通相机中采用微型镜头阵列。图8.20(a)所示为2005年美国斯坦福大学Wilburn等制作的一组光场相机,图8.20(b)为阵列相机拍摄的一组图像阵列。

现实场景中光线的分布可以由光场相机捕获,虚拟物体投向任意方向的光线则由图形学计算生成。这些信息仍然需要由一种立体显示器来呈现,以形成3D视觉。一种直观可

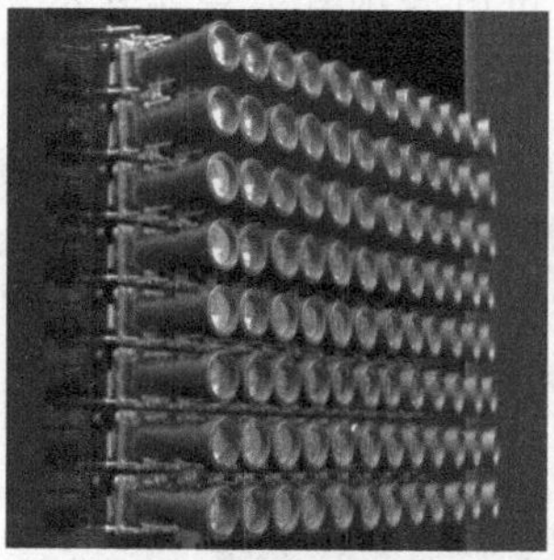

(a) 光场相机阵列

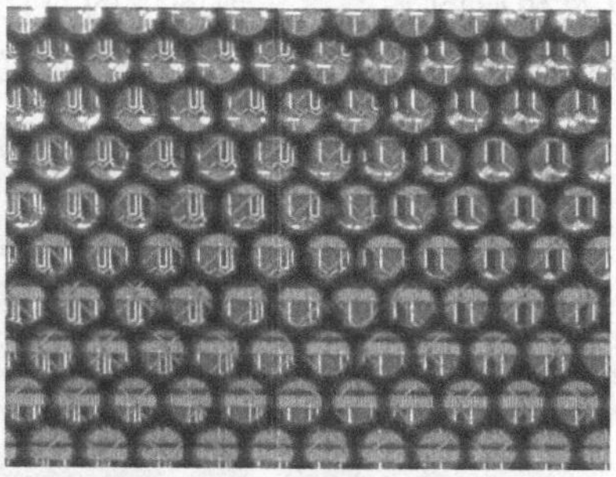

(b) 光场相机拍摄的图像阵列

图 8.20 光场相机拍摄的一组图像

行的方案是，通过一系列高速旋转的臂张成三维空间，在旋转过程中分布在臂上的发光体呈现虚拟物体在三维空间各相应点处应发出的光线，通过人眼的视觉暂留形成虚拟物体的立体视觉。但是，这样的显示器分辨率不高，而且只能呈现漫反射表面；由于有一个高速旋转体而存在安全隐患，并受到空间的限制。在跟传统显示器相似的近似 2D 的立体显示器上，如何显示 3D 场景呢？一种简单的办法是采用视差屏障(parallax barriers)，如图 8.21 所示，通过精确设置的遮蔽，使一些像素仅仅左眼可见，另一些像素则仅仅右眼可见，这样观察到的影像就是 3D 立体的了。当然，这样的方式也会降低显示器的分辨率。

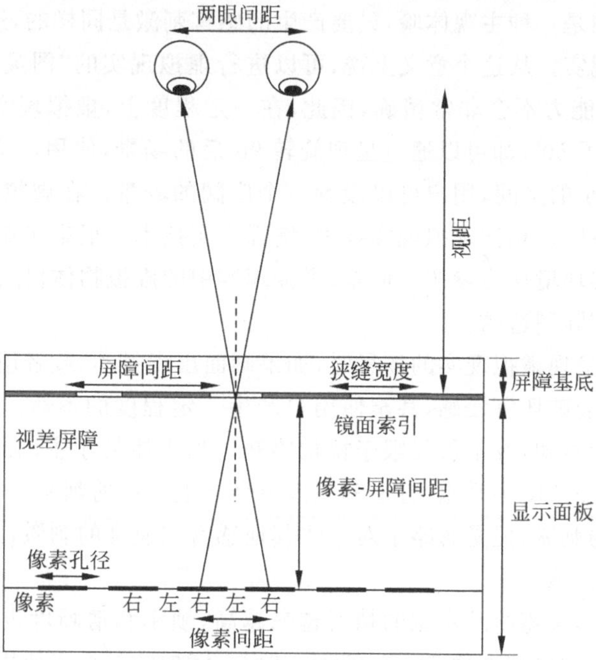

图 8.21 视差屏障显示器的原理

立体显示器只能提供具有视差的 3D 场景呈现。由于场景中的景物表面朝不同观察方向投射的光线可能不同，为了给出从不同视点和视线方向观察场景的正确影像，通过光场相机获取的光场影像还需要通过计算和重构。图 8.22 是美国 MIT 的 Raskar 小组实现的裸眼立体显示器的原型，该显示器由多层图像构成，如图 8.22(a)所示；图 8.22(b)给出了原始的光场图像以及相应的显示器呈现图像的对比，可以发现其差异非常小；图 8.22(c)的左上角给出了光场图像组，其余的是重构光场图像的图层。

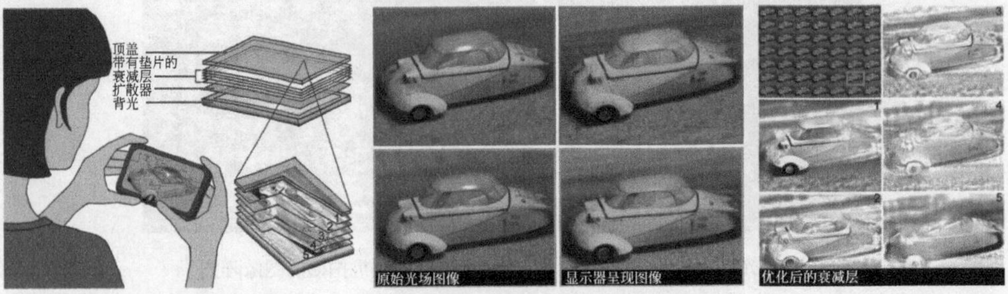

(a) 裸眼立体显示器的原型　(b) 裸眼显示与原始光场的比对　(c) 光场图像组与图层

图 8.22　基于计算的多个显示层构建的裸眼 3D

8.3.5　虚拟现实的心理效应及对策

虚拟现实的沉浸感归根结底是一种人的感知。由于人的感知是一个主观的过程，并在多个通道上同时进行，当虚拟现实给用户的知觉刺激不全面、不稳定、不一致和有时间延迟时，可能引发各种心理效应。在完全封闭的虚拟环境中，这种心理效应更为明显。相对而言，增强现实的心理效应容易被忽略。

由于人类的感知是一种主观体验，只要产生的感官刺激是同样的，用户将无法分辨感知的对象是虚拟还是现实。从这个意义上说，可以进行虚拟现实的“图灵测试”。在虚拟环境中，人体的方位感知能力不会非常精确，因此，在一定程度上，虚拟现实技术可以“欺骗”用户。例如，人体旋转了 50°，却可以通过呈现旋转 90°后的场景，使用户感受到他旋转了 90°。这样，在一个相对狭小的空间，用户可以漫游一个广阔的场景。在虚拟环境中，用户也可以成为“巨人”或者“飞鸟”。相比虚拟现实技术，增强现实技术则很难在知觉上欺瞒用户，因为所有的场景都有现实环境作为参照。但是，增强现实中的虚拟物体仍然可以充满创意，不需要是见过的或能够实际制造的。

不过，当显示器呈现虚拟现实的场景时，如果画面出现抖动，或者用户头部转动以后，画面仍然短暂停滞，就会破坏沉浸感，甚至使用户产生一定程度的不适。更重要的是，人类在现实世界中对环境的感知，并不仅仅限于视觉感知。当人体处于主动或者被动的运动状态时，人体的前庭就对加速度很敏感，骨骼和肌肉也会产生一定的刺激。如果仅仅在视觉信息通道产生场景变化的刺激，但是忽略了对人体其他感官加速度的刺激，人体就会感受到不真实，有时还会产生不适感。

随着技术的进步，头盔跟踪定位的精度越来越高，帧率和清晰度也达到了很高的水平，这使得提供的光线刺激更加准确、稳定、清晰。但是，怪异的是许多使用虚拟现实头盔的人，即使不做剧烈运动，仍然会感到眩晕、疲劳甚至呕吐。这成为制约虚拟现实头盔推广的一个重要问题。用户佩戴一段时间后，往往会引发恶心、眼疲劳、丧失方向感及其他不适，尤其是早期的虚拟现实头盔，曾引发严重的不适感。有数据表明，使用立体头戴式显示器的人中，有 80%～95%经历过多种上述症状，其中 5%～50%因症状严重而中止使用，称为视觉诱发晕动症。晕动症的产生因人而异，其重要影响因素包括以下 6 个方面。

(1) 绘制程序是否采用了较为准确的物理参数进行绘制。如果绘制画面的瞳距、视角等参数与用户实际参数不同,会带来视觉与经验预期的不一致,从而产生眩晕感。

(2) 头盔光学系统与用户光学系统不匹配,犹如佩戴了不合适的眼镜一样会引起眩晕。

(3) 用户是否习惯了 VR 头盔。经常佩戴 VR 头盔的用户比不经常佩戴 VR 头盔的用户耐受时间更长。

(4) 用户的身体健康条件。

(5) 头盔显示设计存在内在缺陷,例如视觉辐辏调节冲突,会给人脑带来一定的不适应感。

(6) 生理因素:感官冲突。人的视觉提供身体方向的信息,人的前庭提供线性加速度、角加速度与位置的信息,人的本体感觉系统提供四肢和身体位置的信息。当人的感官与基于个人经验的预期知觉冲突时,也会出现同类反应。

爱丁堡大学心理系虚拟环境实验室在关于立体显示对人眼肌紧张的影响的一个临床测试实验中,选取了 20 个成年人作为被测试对象。被试者被置于静止的自行车上,在虚拟场景中,沿着一条虚拟的乡村小路骑行,被试者通过 HMD 获取立体视觉。经过 10 分钟的轻度练习后,对这些被试者进行测试。测试结果颇有点出人意料:对远距离视觉(Distance Vision)、双目融合(Binocular Fusion)和会聚(Convergence)的测试清楚地表明多名被试者存在双目紧张(Binocular Stress)的情况;其余被试者也存在类似紧张的症状,如模糊的视觉(Blurred Vision)。

在总结报告中,他们分析得出了产生双目紧张的主要原因在于图像的聚焦深度不同,如图 8.23 所示。通常,当人眼在看近处的物体时,画面聚焦在近处并略向内旋转;而当人眼关注远处的物体时,场景画面的焦点则需要后移。这种调节是在潜意识中完成的,几乎无法通过意识来控制。然而,立体显示设备并不能改变有效聚焦平面。因此,眼睛只能拉紧眼肌来做出调整。这种冲突称为视觉辐辏冲突(Vergence-Accommodation Conflict,VAC)。该报告还讲述了一些可能的解决办法,如动态聚焦(Dynamic Focal)。最近,Facebook 宣布已经研发出解决该问题的原型系统,但距离实用化还有很长的距离。从工作原理来说,视觉辐

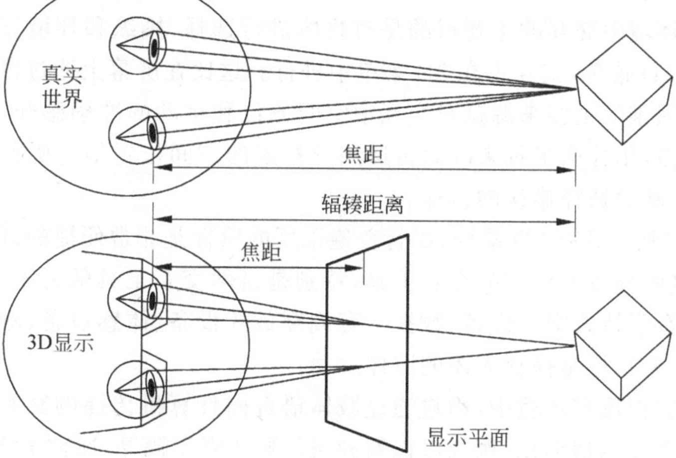

图 8.23 视觉辐辏冲突的原理

辏冲突在 HMD 上更为突出，因为显示器提供的光源离眼睛很近，成像的焦距很小，但是眼睛注视远处使肌肉产生会聚的距离很大，容易造成严重的辐辏冲突而产生眩晕。

降低晕动症的对策有以下 4 种。

(1) 变速是引发模拟器眩晕症的主要原因，瞬间变速比逐步变速感觉更舒服，所以要尽量缩短变速的时间；开发者应避免擅自移动摄像机；垂直方向上的变化特别容易让人失去方向感，所以在任何时候都应该避免在 VR 视点移动中设计崎岖或倾斜的地形和使用楼梯；把视点后退、横移和旋转等操作的次数降到最低，尽可能让用户朝着眼前视线方向运动。

(2) 保证用户总能够环顾四方。

(3) 虚拟现实设备和内容尽量让用户的前庭在虚拟世界中获得与在真实世界中相近的感知信息。

(4) 在视野中增加静态参照物。

虚拟现实头盔在画面的稳定性、视野、清晰度、舒适度等方面已经有长足进步，晕动症有很大程度的减轻，但是仍将在一定时间内存在。

8.4 虚拟现实交互

虚拟现实是一种新的环境，需要开发更为自然的交互技术，并尽可能采取人在现实环境中习惯的交互方式。

8.4.1 人机交互概述

人机交互的目的是进行信息的交流，既向计算机传递用户和环境的需求，也向用户传递计算机据此做出的响应和反馈。在虚拟现实系统中，传统的基于二维鼠标和键盘等输入设备的 WIMP(Windows、Icons、Menus 及 Pointing Device)交互范式已不再适用。取而代之的是，用户将通过一系列新的交互设备，如三维鼠标、数据手套、体感设备等，与虚拟世界中的物体进行直接的、三维的交互。例如，传统的二维菜单被三维菜单所取代，用户可通过手势、语音等方式直接输入。

目前在虚拟环境中交互的主要目的是对物体进行选择、操纵和环境导航。虚拟现实中的交互常常采用 3D 菜单，交互也在 3D 菜单中进行。这比在屏幕上通过鼠标单击来操纵物体要困难得多。困难的主要来源是对交互中空间方位和运动的准确感知，例如要选择虚拟空间中的一个物体，用什么工具来准确传递用户指定的空间位置信息呢？如果这种信息不准确，用户就会不断地选择错误的目标。

早期的 3D 交互工具有 3D 鼠标，尽管普遍采用的鼠标是非常便捷的，但是 3D 鼠标使用起来非常笨拙，这就导致对新型的交互工具，特别是自然交互工具的需求。在虚拟现实中，主要的交互设备有手持式交互设备、数据手套或穿戴式设备、体感设备、触觉与力反馈装置等，这些设备的主要目标是捕获人体的肢体运动。

在漫游式的虚拟现实环境中，用户通过肢体语言向计算机传递的交互语义通常还需要获得计算机的反馈才能精细化，例如虚拟驾驶飞行器或者车辆等，通常采用方向盘等仿真工具触发相应的虚拟现实场景动态画面来实现交互。图 8.24 展示了一个基于虚拟现实的驾驶环境，外面的风景均为虚拟现实呈现。用户可通过踩踏油门或者刹车来制动，转动方向盘来操控行驶方向，当用户眼前呈现出相应的景象时就可以产生良好的沉浸感。当然，这种制动也可以通过语音、手势等交互方式实现。

图 8.24 基于虚拟现实的驾驶环境

在虚拟现实环境中，触感和力反馈交互是非常重要的要素，但是要在触摸、操纵虚拟物体时获得逼真的触觉和力反馈，相应的交互装置是高难度的。例如，用户伸手抓取眼前的球体，如果能感受到球体表面粗糙的橡胶颗粒对手的皮肤产生的触觉以及球体表面具有弹性的力反馈，则用户将能获得抓取到虚拟球体的逼真感受。目前在触觉和力反馈交互装置方面已有若干产品，嗅觉和味觉尚处于实验室研究阶段。增强现实与虚拟现实中的交互总体上有很多相同之处。

8.4.2 手持式交互设备

手持式交互设备正变得越来越先进。由于其使用的灵活性，因此较适合人机交互频繁的场合。下面介绍两种面向虚拟现实应用的手持式交互设备：Wii Remote 和 HTC Vive。

1. Wii Remote

Wii Remote 又称 Wiimote，是任天堂游戏主机 Wii 的主要控制器。不同于普通电子游戏机所采用的游戏控制面板(Gamepad)，Wiimote 的外形及按钮操作与电视遥控器类似，可握持在手中，特别适合指向、挥动等操作，图 8.25 给出了该设备的外观。因此，即便是普通用户也感觉使用起来很直观、方便。

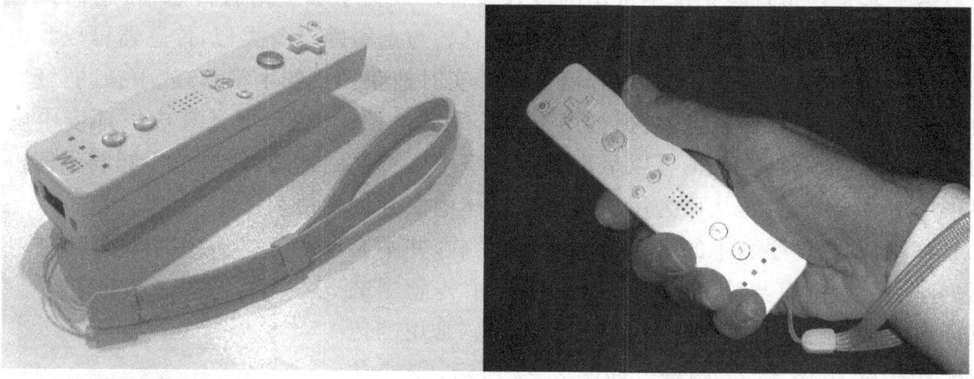

图 8.25 Wiimote

Wiimote 通过蓝牙与游戏主机连接，其最重要的特征是运动感知能力。由于采用了加速计(Accelerometer)和光学传感技术，它支持指点、平移及旋转等操作。在游戏软件中，Wiimote 可化身为球棒、指挥棒、手术刀、刀剑、手枪甚至是方向盘，让用户与屏幕上的虚拟物体进行直观的互动。

自 Wiimote 于 2005 年 9 月在东京游戏展(Tokyo Game Show)上发布以来，由于其独特的功能以及与传统游戏控制器的明显差异，一直受到业界的关注。而且，由于其卓越的性价比，Wiimote 正成为黑客的新宠。通过再造，Wiimote 可用于各种与 Wii 不相关的设备，如用作音控、控制吸尘器等。自然，Wiimote 也可用于取代计算机的鼠标和键盘，通过挥动

Wiimote 与计算机进行无线通信，用户可将它作为一种手持交互设备，控制虚拟环境中的虚拟物体。

图 8.26 HTC Vive 的手持式交互设备

2. HTC Vive

HTC Vive 发布的虚拟现实设备包括一款头盔显示器和与之配套的手持式交互设备。2015 年，HTC Vive 发布了首款设备；2018 年，发布了 HTC Vive Pro，如图 8.26 所示。新的设备具有很高的解像度(1440×1600)，刷新率为 90Hz。2021 年 5 月，公布了新款的设备 HTC Vive Pro 2.0，具有 120°超大视场角，解像度进一步提高(2448×2448)，刷新率为 120Hz，具有非常好的视觉体验。同时，公布了 Vive Facial Tracker，实现了眼动和面部表情的跟踪，并在 HTC Vive Pro 2.0 上配置。

虚拟现实最为成功的交互是 HTC Vive 的手持式交互手柄，交互手柄的顶端有高精度的位姿估计参数，用户通过操作交互手柄来选中、操纵物体对象。HTC Vive 采用红外激光来实现定位，因此必须在室内搭设一个小屋，并在屋顶搭设传感器，交互只能在传感器覆盖的范围内进行，从而限制了整个系统的移动性。使用 HTC Vive 可实现虚拟现实中精妙的操作，如打开抽屉、选择物体、取出物体等。HTC Vive Pro 2.0 配备了开发者软件包，方便构建虚拟环境中的交互方式，可在 10 米×10 米的空间中实现跟踪定位，并支持多人使用。

8.4.3 数据手套

数据手套是虚拟现实系统中常用的输入设备。数据手套上附有传感器，它们分布在手掌和手指的关节处，以获取用户手形的准确信息。与点跟踪设备类似，传感器可以是电磁式的，也可以是机械式或光学式的，但都需要能够实时捕获用户的手掌和/或手指的运动，将其转换成关节角度的数据。这些数据被用来分析手势的语义，也可以计算虚拟环境中虚拟物体的运动变化，依据这些数据可以呈现虚拟环境中虚拟手的运动，使虚拟手能同步模拟现实世界中用户手部的运动，从而为用户与虚拟物体的交互提供便利。

通常，嵌在数据手套中的传感器很薄、很柔软，并不会让用户产生手套中有异物的感觉。数据手套中传感器的个数可多可少，主要取决于其实现方式和价格。常用的传感器配置数目为 18 和 22 两种。如图 8.27 所示，22 个传感器的位置如下：大拇指上两个，食指、中指、无名指和小指的两个底部关节上各一个，每两个相邻手指之间的分叉处各一个，手掌中两个，手腕上两个。而 18 个传感器的配置中，只是在除大拇指外的其余 4 个手指的最上面的那个关节处各减少了一个。

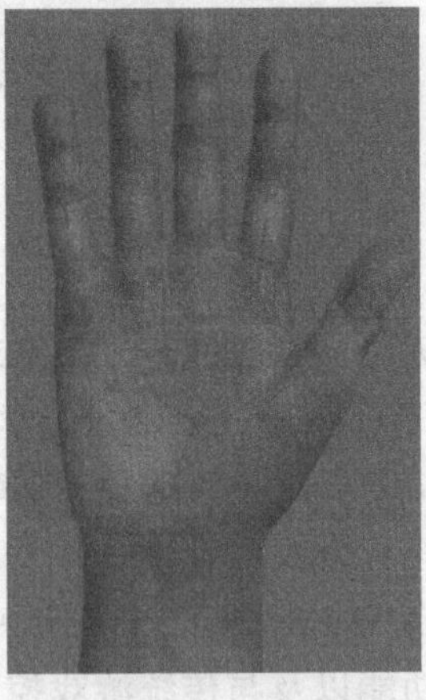

图 8.27 数据手套传感器的配置

商用数据手套的种类较多。Immersion 公司是目前唯一能提供数据手套全套产品的公司。如图 8.28 所示，其主要产品包括：具有 18 个或 22 个传感器的 CyberGlove 手套及其无线版 CyberGlove Ⅱ；能在每个手指和手掌上提供触觉(Tactile)反馈的 CyberTouch 手套；采用外骨骼(Exoskeleton)结构，通过外骨骼的拉动给用户手指提供力觉(Haptic/Force)反馈的 CyberGrasp 手套；以及位于产品线最高端的、能提供手和手臂处力觉反馈的 CyberForce 手套。

(a) CyberGlove

(b) CyberTouch

(c) CyberGrasp

(d) CyberForce

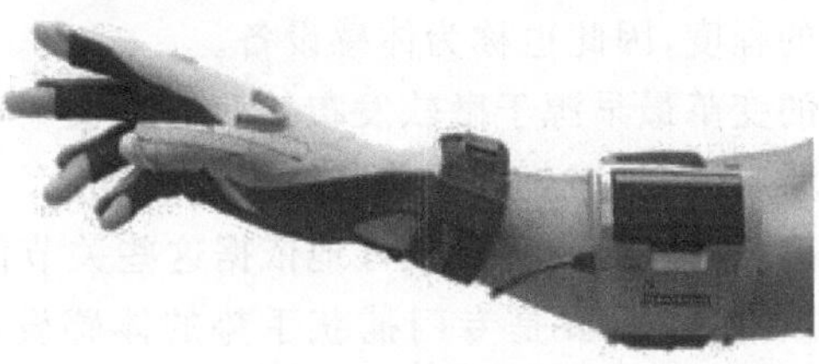
(e) CyberGlove Ⅱ

图 8.28 Immersion 数据手套产品

其他常见的商用数据手套包括如图 8.29(a)所示的 Fakespace Labs 开发的能用于测度任意两个或多个手指之间是否发生接触的 Pinch Glove 数据手套，如图 8.29(b)所示的 Fifth Dimension Technologies 公司的 5DT 数据手套以及主要用于 PC 游戏的 P5 手套等。

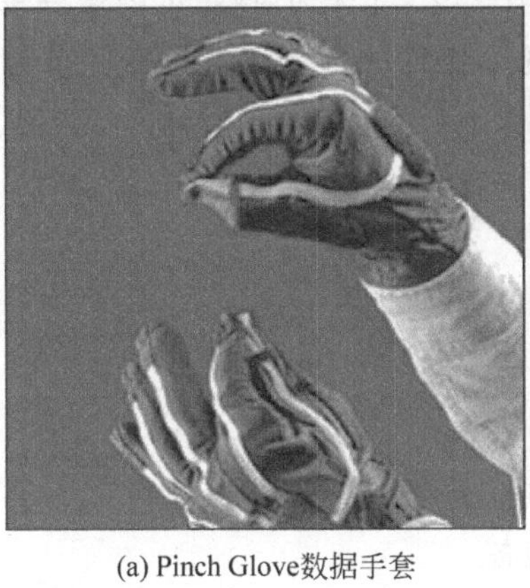
(a) Pinch Glove数据手套

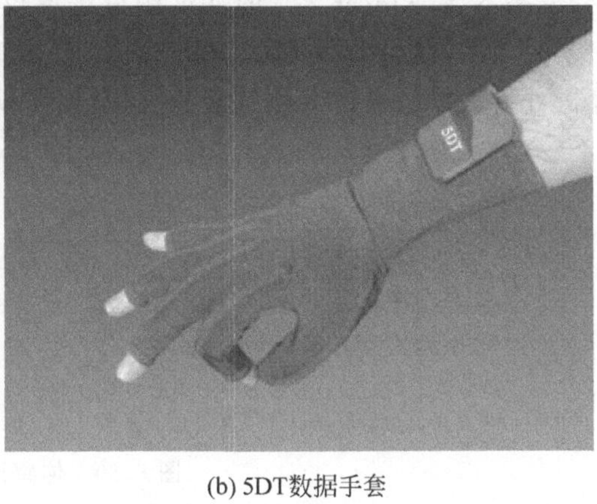

(b) 5DT数据手套

图 8.29 数据手套

数据手套有左、右手之分，但目前虚拟现实应用程序能真正实现双手操作的还很少。此外，在使用数据手套时，还需要在用户的手腕部或手背上放置一个 6 自由度定位跟踪器，以跟踪用户的手的整体运动。一般来说，数据手套的生产商都会在其产品上预留放置定位跟踪器的位置。

数据手套是具有更多自由度的交互工具，尽管用户需要穿戴在手上，由于获取手部运动参数的准确性和流畅性大为提高，数据手套曾经是虚拟现实中重要的交互工具。类似的穿戴式设备还有感知人体肢体动作的设备，用于感知人体肢体的运动参数，并可以进一步分析动作的智能化语义。

8.4.4 体感交互设备

在现实世界中，人类以自然的方式与周围的事物交互。既然虚拟现实是模拟现实世界，那么在该环境中交互的理想模式就是采用肢体语言实现交互。也就是说，用户无须穿戴和接触任何设备，也无须学习，就可以自然地交互。

要实现这样理想的模式，就需要准确捕获人类的肢体运动并理解其蕴含的语义。在人体没有穿戴任何设备或装置的情况下，最简单的方式就是视觉计算。但是，长期以来，视觉计算的稳健性和精度不够稳定，使得这一技术无法实施。深度视频传感器的出现迅速地改变了这一格局，依赖算法就可以稳定、准确地捕获肢体关节的定位，使对人体肢体语言的分析准确到实用的程度，因此也称为体感设备。

交互技术的变革最早源于微软发布的 Kinect 传感器，它首次以较高的精度和频率捕获人体的深度视频，并同时捕获人体的肢体关节的位置。由于有深度信息，人体骨架的位置动态估计变得准确、稳健，因此可以较好地依据这些关节信息分析用户的肢体语言，并且驱动物体的运动。Leap Motion 是专门捕获手势的体感设备，使得对手势的理解也迅猛发展。开发者很快将其用于虚拟现实中的交互。

所有的体感设备的成像原理都是类似的，一般配备一个普通视频摄像头，用于捕捉视频画面；另有一个红外线发光器，向场景发射红外光斑，场景对光斑的反射光被传感器捕获，从而分析出场景深度。差异主要在于成像的深度范围，捕获手势的深度范围较小，而捕获整个肢体动作的深度范围则较大。图 8.30 是常用的两款体感设备。体感设备的深度视频图像一般分辨率不高，Kinect 2.0 的深度图分辨率仅有 512×424，但是彩色图像分辨率高达 1920×1080。英特尔公司发布的 RealSense 也体现了良好的性能。通过对关节位置的计算，计算机分析人体的肢体动作甚至语义，从而实现交互。

(a) Kinect身体交互设备

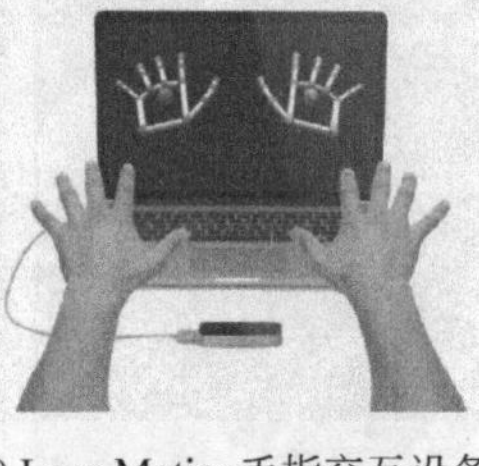

(b) Leap Motion手指交互设备

图 8.30 体感设备

体感交互设备正在快速发展。借助计算机视觉技术的发展和深度学习的强大威力，即便没有深度视频，仅仅依赖一般的视频信号，体感交互设备也能精确感知人体肢体的运动。这必将使得肢体语言在人机自然交互中的应用更为便捷。体感设备尤其适合增强现实环境中的交互。由于用户无须穿戴或手持任何设备，极大地增强了用户对系统的沉浸感。例如，在空无一物的空中，用户能够看到钢琴键盘，并且可以弹奏它，生成动人的乐曲。

8.4.5 触觉与力反馈

触觉是人体重要的感官通道，一般分为皮肤和骨骼两种感知方式。例如，手抚摸动物毛发时有柔软舒适的触感，一般由皮肤感觉到；用户手持探针在接触到牙齿或者骨头时，则会产生较强的阻力,感觉到对象坚硬的质地,这种触觉主要由骨骼感知,称为力反馈。在虚拟现实中,无论是皮肤产生的触觉,还是骨骼产生的力反馈,都是根据手或交互设备的定位信息,由计算机根据对象的材质模拟出相应的触觉响应,再反馈给用户。在很多交互操作训练中,触觉和力反馈都是非常重要的因素。

触觉模拟一直是非常困难的技术。皮肤的触觉模拟一般采用电极的震动来产生。如图 8.31 所示,在远程通信的过程中,女儿用手抚摸视频中妈妈的手臂,当系统发现女儿的手与皮肤接触时,就会产生震动,刺激身在异地的母亲胳膊上的肌肤,使之产生被轻抚的感觉。2019 年,香港城市大学的团队 Yu 等与多家单位合作,在《自然》杂志撰文发表了一种新的无线皮肤触觉模拟器,实现了这一目标。如图 8.31(a)所示,妈妈的胳膊上需要贴上人工制造的触觉生成器,当虚拟的小手抚过胳膊时,触觉生成器上的相应电极会产生相应的肌肤刺激,妈妈就会感觉到孩子温柔的抚触感。如图 8.31(b)呈现了实际使用时的场景以及与 VR 环境的逻辑关系。当然,肌肤的触觉模拟技术要达到应用级别仍然有很长的路要走。

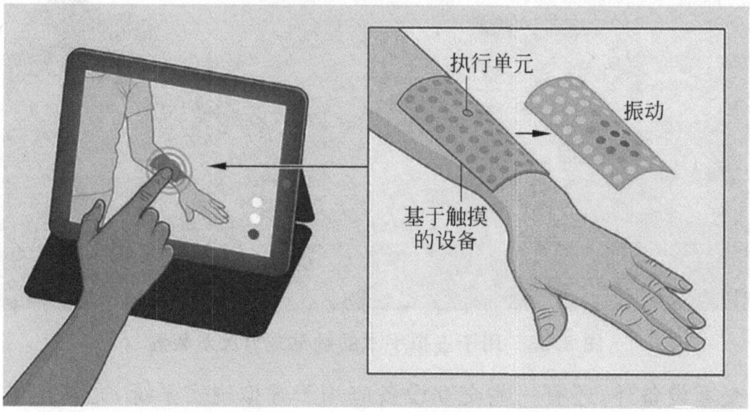

(a) 皮肤触觉模拟的原理

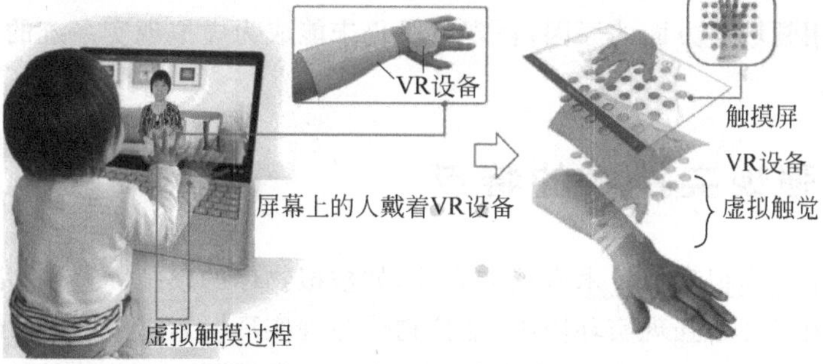

(b) 皮肤触觉模拟的应用及工作原理

图 8.31 模拟皮肤的触觉

触觉的另一种形式是由骨骼感知到的。用户在操纵虚拟物体时受到的反作用力需要由计算机模拟计算,再由力反馈装置传递到用户,从而使用户获得真切的操作感受。当手术刀划过坚硬的组织时,不仅要看到组织被手术刀切割后的景象,也要使用户同时感受到阻力,才能使训练医生获得更真实的手术体验。力反馈装置通常是非常昂贵的,并且移动性不好,只是在一些高端环境中应用。美国 3D Systems 公司的触觉式力反馈装置如图 8.32 所示,该公司公开了开发人员可以使用的开发软件包 OpenHaptics®，开发者可以方便地将力反馈设备和 3D 导航添加到各种应用中，模拟触觉材料诸如摩擦和刚度等方面的属性，广泛应用在 3D 设计和建模、医疗、游戏、娱乐、可视化以及模拟中。图 8.33 给出了力反馈装置在医疗中的应用场景。

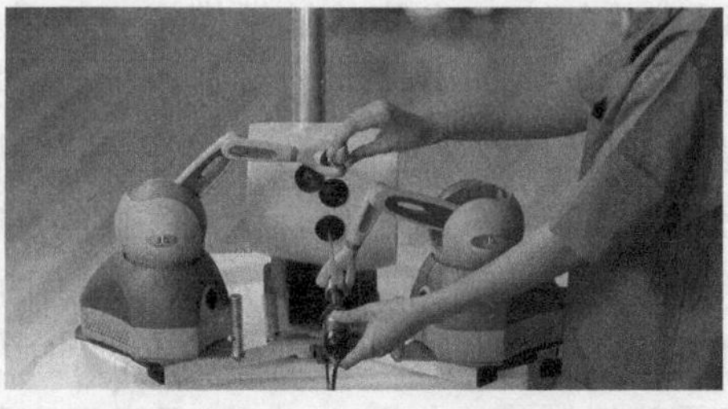

图 8.32　美国 3D Systems 公司的触觉式力反馈装置

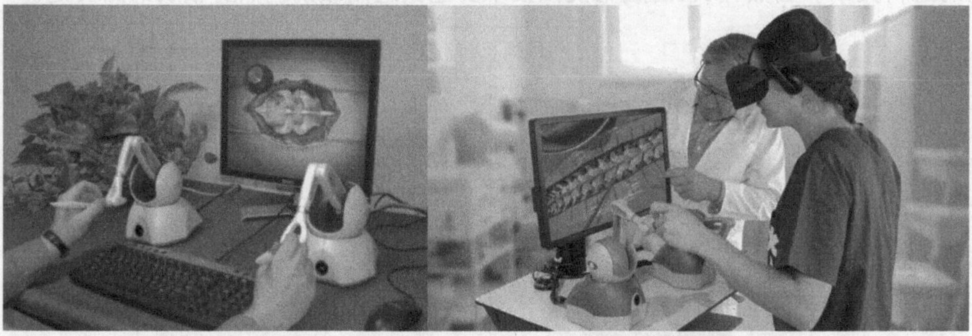

图 8.33　用于虚拟手术的触觉式力反馈装置

除了上述交互设备外，还有一些交互设备应用于虚拟现实系统，尤其是供研究和实验用的虚拟现实系统中。这些输入设备包括生物医学传感器(Biomedical Sensors)、语音识别系统(麦克风、A/D 转换器、附加的 PC 卡、语音识别软件等)等。但从总体上说，这些设备由于价格、稳健性、应用领域等方面的原因，在现阶段仍未能成为虚拟现实系统的主流设备，在此就不一一介绍了。

8.5　增强现实技术的特点

增强现实技术与虚拟现实技术有很多共性，如虚拟物体的模拟和呈现、用户与虚拟物体的交互等。但是由于在增强现实环境中，虚拟物体与现实环境紧密关联，除了用于呈现的显示器外，增强现实在跟踪感知、交互、虚实融合等方面也发展了一套独特的技术。

8.5.1　增强现实的简易模式

采用配备摄像头的智能手机所观察到的场景是以视频的形式呈现的，这样的场景称为视频场景。我们以视频增强现实为例，简单说明增强现实场景的模型和制作过程。

如图 8.34(a)所示，当用手机对准现实场景时，所看到的是 2D 的画面。如果要往场景中添加虚拟物体并进行呈现，就需要将虚拟物体注册到现实场景中，即实现 3D 注册。为此，首先需要为现实场景建立坐标系。对于视频场景，可借助其中视觉特征明显、简单方便的平面标志作为工具，如图 8.34(b)所示。平面标志容易检测和定位，有助于建立稳定、稳健的虚拟物体对现实场景的空间注册关系。

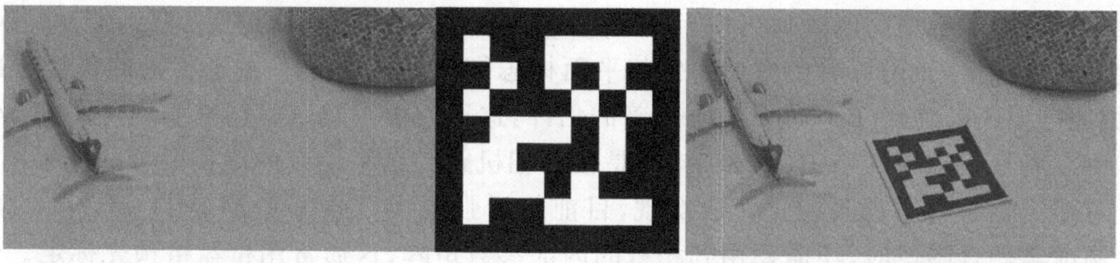

(a) 原始图像　(b) 标志图像　(c) 现实环境中放置标志的图像

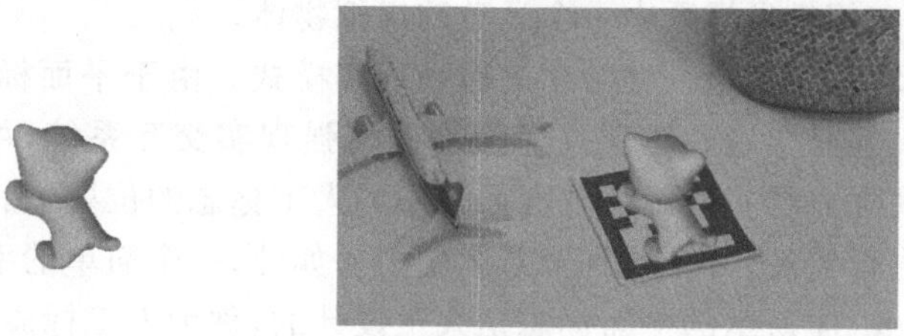

(d) 虚拟物体　(e) 标志上放置虚拟物体的增强现实场景

图 8.34　基于平面标志的增强现实系统

在 1998 年，Recomoto 实现了第一个基于平面标志的实时 3D 注册方法。平面标志通常采用人工设计的黑白图案，在视频中具有明显的特征，容易检测与匹配。平面标志通常打印到纸上，由纸平面建立的图像坐标系定义，平面标志图案中的每一个像素在纸上都有一个对应的坐标。然后，基于纸板所在平面建立场景的三维空间坐标系，坐标原点与轴向与图像的坐标相同，再根据右手原则，建立垂直于纸板平面的第三个维度。这是一个 3D 的局部空间，纸板位于 $Z=0$ 的平面上。当纸板放置在桌面上某一给定位置时，即可为现实场景定义一个坐标系，也为虚拟物体的嵌入起到了引导作用。

一般情况下，我们希望将虚拟物体放置在标志纸板上，这只需将虚拟物体的局部空间变换到平面标志的局部空间，这是一个刚体变换。一般情况下，刚体变换是一个 4×4 的矩阵，记为 $\boldsymbol{T}$，包含 3×3 的旋转矩阵 $\boldsymbol{R}$ 和 3×1 的平移向量 $\boldsymbol{t}$。由于涉及多个坐标系，我们采用下标 v、m、c 分别表示虚拟物体坐标系、场景坐标系和相机坐标系。这样，虚拟物体放置在标志上的变换 $\boldsymbol{T}_{vm}$ 有：

$$\boldsymbol{T}_{vm}=\begin{pmatrix}\boldsymbol{R}_{vm} & \boldsymbol{t}_{vm}\\ \boldsymbol{0}^{\mathrm{T}} & \boldsymbol{1}\end{pmatrix} \tag{8.1}$$

这样，虚拟物体就实现了在平面标志所在空间的注册。最为简捷的是物体不做任何旋转，也就是这里的 $\boldsymbol{R}_{vm}$ 为单位矩阵 $\boldsymbol{I}$。但是，平移量 $\boldsymbol{t}_{vm}$ 需要小心设置。当虚拟物体的局部坐标是以物体中心为原点时，即 $\boldsymbol{t}_{vm}=\boldsymbol{0}$，则相当于将虚拟物体的下半部分置于纸板之下，这通常是不合理的，在视觉上也会导致错误。一般需要选择恰当的 $\boldsymbol{t}_{vm}$，使得变换后的虚拟物体的底面位于 $Z=0$ 的平面上。一般情况下，这个变换矩阵 $\boldsymbol{T}_{vm}$ 一旦确定，即保持恒定。

在视频增强现实中，相机是自由运动的。要实现虚实融合，还需要确定虚拟物体与相机空间的变换关系。由于虚拟物体并不是真实存在的，我们借助平面标志作为工具来实现，如图 8.34(c)所示。若确定了相机空间与平面标志空间的变换关系：

$$\boldsymbol{T}_{mc}=\begin{pmatrix}\boldsymbol{R}_{mc} & \boldsymbol{t}_{mc}\\ \boldsymbol{0}^{\mathrm{T}} & \boldsymbol{1}\end{pmatrix} \tag{8.2}$$

则虚拟物体对相机空间的变换可由矩阵 $\boldsymbol{T}_{mc}\boldsymbol{T}_{vm}$ 表示。虚拟物体通过 $\boldsymbol{T}_{mc}\boldsymbol{T}_{vm}$ 坐标变换后，再绘制到图像上，就可以看到虚拟物体与平面标志绑定的效果了。由于相机的位姿不断变化，因此需要不断地对 $\boldsymbol{T}_{mc}$ 进行实时准确的估计，这通常由视觉跟踪器来实现。图 8.34(d)所示为在场景中添加的小猫，图 8.34(e)是根据相机跟踪结果绘制的虚实融合的结果图。

对 $\boldsymbol{T}_{mc}$ 的跟踪可通过视觉算法实现，目前的增强现实开发平台都提供了这样的算法。在绘制虚实融合图像时，还需要用到相机的内部参数矩阵，这通常用棋盘格预先标定。若要制作虚拟物体动画，可以在刚性变换 $\boldsymbol{T}_{vm}$ 之后，插入其运动变换矩阵 $\boldsymbol{T}_{mm}$，矩阵 $\boldsymbol{T}_{mc}\boldsymbol{T}_{mm}\boldsymbol{T}_{vm}$ 即可表示在相机坐标系中一个运动的虚拟物体。

视频增强现实是一种常用的增强现实模式。由于平面标志具有显著的特征，因此算法简单快速，容易实现。对于一个简易的增强现实交互系统，可利用手机的摄像头作为传感器，采用视觉方法实时确定现实场景中的人工标志的位姿，然后将虚拟物体放置在人工标志处，对其进行绘制，并合成到背景图像中。如此，一个简单的手机增强现实环境就实现了。

如图 8.34 所示的平面标志是人工设计的，称为人工标志。还有一种平面标志为含有视觉特征的图片，称为自然标志。自然标志通过特征点的检测与匹配来实现跟踪，也是非常实用的方法。

8.5.2 增强现实的实体交互

从 8.5.1 节所述不难发现，该算法是通过确定相机与平面标志的相对位姿关系实现虚拟物体的嵌入的，即使标志处于运动状态，只要它能被良好地跟踪，与标志空间位置绑定的虚拟物体就会随之一起运动，事实上起到了用实物(标志板)驱动虚拟物体的功能。在实际应用中，标志的运动由用户驱动，成为用户与虚拟物体交互的一种方式。由于标志是实物，因此也称为实物交互。

平面标志非常轻便，非常容易操纵，并且不易受环境影响。这种方式曾经用于大型博览会大型车辆的展示。如图 8.35 所示，在桌面上设置了标志，这里的标志属于自然标志。在移动终端上观察这些标志时，就可以看到绑定在相应标志上的展车模型；用户如果转动标志，或者绕着标志观察，移动终端上就会呈现所展示的车辆的不同侧面。在博览会这样的大场景中，还可以将融合画面呈现在大型屏幕上，以便讲解员更好地展示和讲解。

采用上述方式实现交互时，还可以有更多的方式，包括多个标志的组合等。如图 8.36 所示，桌面上放置了多个平面标志，每一个标志拥有独特的图案，用于点餐服务。由于采用规则排布的方式，因此可以方便地设定每一个标志的空间坐标。通过为每一个标志赋予一定的语义来实现复杂的交互。

图 8.35 基于自然标志的增强现实系统

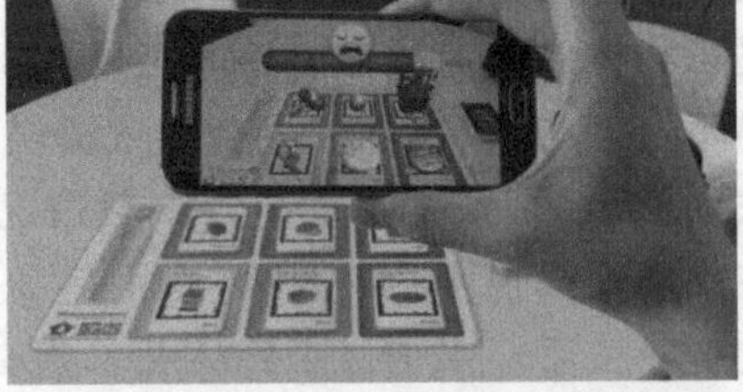

图 8.36 基于平面标志的增强现实系统

8.5.3 增强现实的呈现模式

增强现实最为重要的特征是虚拟物体与现实世界共存并保持一致性。最具沉浸感的增强现实环境也是采用头戴式显示器来呈现的，只是增强现实的头盔或眼镜需要同时观察到现实世界。增强现实的其他呈现方式与虚拟现实有更大的差异。

空间增强现实是一种独特的增强现实呈现技术。该方式通过投影仪或者其他光学装置将虚拟物体的图像投射在现实场景中的物体表面，或者在空间中形成虚像而产生增强现实的效果。例如，通过半透射半反射的装置来模拟手术过程，通过投影仪在实体模型上营造光线效果等。2003 年，美国 Raskar 等制作的秀盒就采用了这个原理。如图 8.37(a)所示，画面中心的角色是一个虚像，而其下的方盒是实物。之所以能够同时观察到二者，是由于周围有一层半透明半反射材质的台形盒子，实体上的光线透过台形盒的表面直接进入我们的眼睛，而虚像则在底座下面的显示器上生成，再经由台形盒表面的反射进入人眼。图 8.37(b)是采用投影仪营造的空间增强现实场景，展示中的轿车是一个白色三维实体模型，投影仪将不同外观轿车的真实颜色投影到实体模型上，观众无须佩戴头盔等设备，因此适用于大型静态场景，特别是观众多的情形，如博物馆和古建筑室内。一般将周围的光线调暗，虚实融合的效果会更好。

(a) 秀盒

(b) 投影仪营造的海底轿车和风景

图 8.37 空间增强现实

平板电脑或手持式设备等也可以用来呈现增强现实，一般采用内置摄像头拍摄的视频画面，通过实时的虚实融合呈现在显示屏幕上。不过在这种方式中，摄像头的位姿与用户的视点有一定差异，会失去一部分沉浸感。移动终端可由用户在现场自己操纵，由于智能手机、平板电脑或手持设备均配有摄像头和无线网络，还具有陀螺仪等惯导单元和触摸屏，移动性好，具有智能性，且方便、快捷、互动性能好，因此在增强现实的日常应用中极具优越性。这些设备构成了智能终端的主要组成。迄今，一些现象级的增强现实应用都是在智能手机上运行的，例如 Pokémon 游戏。

头盔显示器自然也是增强现实重要的呈现方式。如图 8.38 所示，微软发布的 Hololens 2 是增强现实智能眼镜，采用光学穿透式屏幕并实现全息呈现，画面清晰明亮。Hololens 配备了丰富的传感器，包括 4 台环境理解相机，其中左、右各两台，正前方还设有深度相机以及 RGB 相机。在 Hololens 的最顶端内嵌了全息处理单元，通过相机捕获的信息实时感知环境，实现空间定位和自然的交互，实时绘制虚拟物体，并实现虚实融合。由于配置有深度相机，人体的肢体语言理解准确，因此可实现流畅的手势交互。Hololens 还配备了麦克风与扬声器，因此还具备语音交互的能力。此外，Hololens 还配置了蓝牙和 WiFi，具有移动通信的能力。

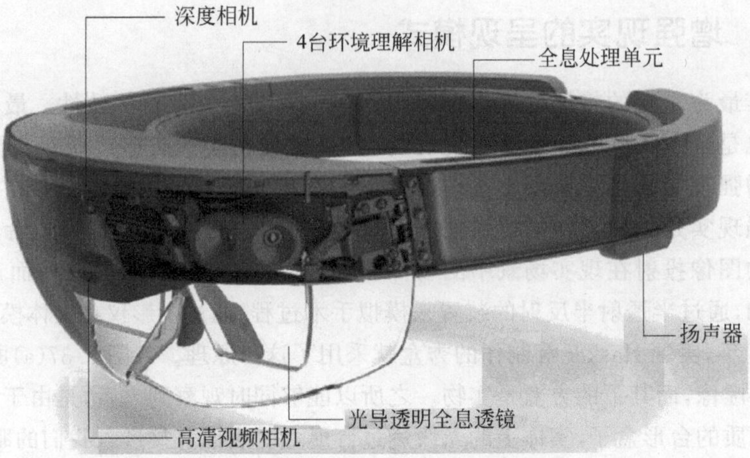

图 8.38 Hololens 2.0 的结构与配置

由于增强现实技术与现实世界的紧密联系，因此需要时刻感知和应对现实场景的变化，尤其是动态的变化。这是虚拟现实环境无须应对的。

8.5.4 增强现实虚实融合的一致性

增强现实的目标是以逼真的方式将虚拟物体嵌入现实场景中，因此必须与现实场景共享统一的几何空间、光照空间，并且能与现实场景和用户进行交互。

增强现实中的虚实融合首先是几何空间上的融合，嵌入现实场景的虚拟物体的大小、位置及姿态必须与现实场景保持一致，形成对现实场景的有效扩展，即保证增强现实的空间一致性。虚拟物体在现实场景进行注册时，其初始空间关系一般预先确定，例如在现场由用户交互指定，通过放置人工标志以及平面检测等手段可以更好地辅助这种关系的指定；对于动态的虚拟物体，其后续的空间注册则由跟踪器实现。当在虚实融合的场景画面中虚拟物体被现实中的物体遮挡时，需要对虚拟物体的某些部分进行消隐处理。遮挡关系不正确时，通常导致空间关系的混乱，如图 8.39(a)所示；图 8.39(b)是正确处理遮挡关系后的图像。这个问题在增强现实中称为遮挡问题(Occluded Problem)，是一个非常困难的问题，尤其在动态场景中。空间一致性是增强现实的重要基础，虚拟物体在增强现实环境中的晃动、漂移、错位等都会严重影响效果。

(a) 遮挡未处理的情景　　(b) 正确处理遮挡的情景

图 8.39 虚实融合中的遮挡处理

在保持空间一致性的前提下，虚拟物体的外观、阴影等就成为影响虚拟物体融入感的重要因素。倘若呈现在观察者眼前的虚拟物体的外观与真实场景的光照不一致，则很难令人信服其存在性。因此，在对虚拟物体进行绘制时需要采用全局光照模型和与现实场景一致的光源，并考虑其与现实场景之间光照的相互影响。虚拟物体在光照效果和阴影上与现实环境融合，称为增强现实的光照一致性。图 8.34(e)所示为采用简单光照模型渲染的虚拟物体，一望而知是计算机生成的。因此，虚拟物体的绘制必须基于现实场景的光照环境，并且采用全局光照明模型，这样绘制所得的图形与真实场景合成后的画面如图 8.40 所示，外观很逼真，继续仔细观察，可见在地面上有阴影投射，因此难以看出是虚拟物体。

(a) 放置了虚拟轿车和C&G 2011 Logo的校园场景

(b) 添加了虚拟操场的场景

图 8.40　不同光照条件下的虚实融合图像

增强现实场景虚实融合的真实感离不开自然的交互技术，其中用户能以现实生活中习以为常的方式与虚拟物体交互。而虚拟物体与现实场景的交互则受现实世界的物理环境和社会规则等多方面的约束，即交互一致性。例如，虚拟的球落在真实的地面会弹起、虚拟的人遇到真实的行人会避让、轿车的运动轨迹符合交通规则等，如图 8.41 所示。可见，交互一致性涉及智能技术，并需要满足增强现实计算的实时性。

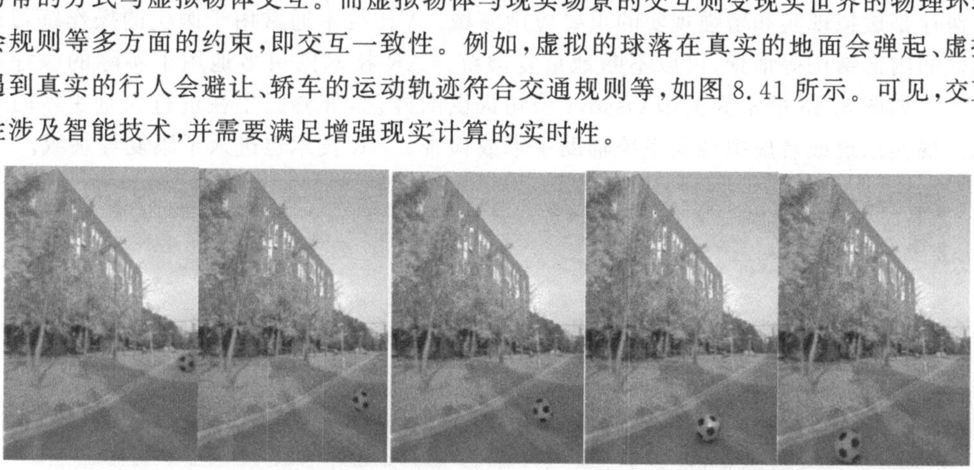

图 8.41　虚实融合中的光照一致性与交互一致性图像序列

增强现实要实现虚实融合，其关键是保持空间一致性、光照一致性和交互一致性。良好的虚实融合效果仍然是非常困难的，尤其是在动态场景中。需要提及的是，增强现实环境中含有现实场景，以此作为参照，用户的感官一般不太会出现眩晕等不适感。

8.6 虚拟现实与增强现实应用

虚拟现实和增强现实提供了一种新型的人机交互平台，经过数十年的发展，目前已在多个领域得到成功应用，展示出了巨大的应用前景。

8.6.1 VR/AR＋培训

很多操作或训练环境是非常危险并且需要耗费很高代价的。采用虚拟现实环境来进行培训，例如飞行训练、军事训练等，可以极大地降低成本，同时可以避免误操作导致的巨大风险。

虚拟现实技术最早应用于虚拟飞行培训。通过在座舱的前视窗口或飞行员头盔上显示虚拟场景，可给飞行员创造一个高保真的、安全的仿真飞行训练环境。而在战时，虚拟显示器上还可显示出真实战场场景的注解性信息，以增强飞行员对地面重要目标及当前敌我态势的理解。

(a) 虚拟画面　　(b) 现实画面

图 8.42　采用虚拟现实进行训练

增强现实在其他的操作培训中也非常有用。图 8.42 展示的是虚拟维修操作的训练实例，结合设备装配、维修、检修等真实场景，可提供实际操作的指导。在军事上，增强现实也可用于实战，在瞬息万变的战场中，实时提供战场态势、兵力部署等信息。

8.6.2 VR/AR＋医疗

医疗是虚拟现实和增强现实的重要应用领域。VR 技术通常用于医生的操作练习或查看病灶的内部结构等情景，可以不断地重复演练。AR 技术则更多地用于实际的医疗诊断或手术。如图 8.43 所示为美国 Ossovr 公司提供的样例，外科医生在进行大脑手术时可通过增强现实系统或者虚拟现实系统辅助手术或检查。AR 技术也进入了康复等领域。

图 8.43　用虚拟现实辅助手术和检查

8.6.3 VR/AR＋制造

智能制造是人工智能时代现代工业的新篇章。通过虚拟现实和增强现实技术，将数字化的工业数据与现代化的制造直接融合，可以极大地提高设计、装配、检修、维护等环节的效率。近年来，数字孪生技术在工业界受到广泛关注，该技术试图通过捕获现实世界真实发生的情况，构建一个与现实世界平行的虚拟世界，这样就可以采用虚拟现实技术来检讨和发现各个环节可能出现的问题，也可以采用增强现实技术使用孪生的数据指导现实的制造过程。例如，工程公司在建造某一大型结构前，通常会利用CAD软件进行规划，然而，实际建造结果却可能与原始规划不一致。如图8.44所示，为了便于进行差异检查(Discrepancy Check)，可将规划模型叠加到已建结构的实景上予以增强。

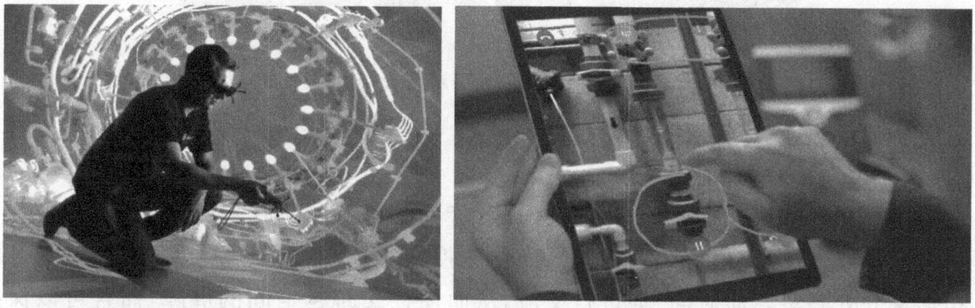

(a) 虚拟现实用于制造业培训　　(b) 增强现实用于制造业维修

图8.44　虚拟现实在制造业中的应用

8.6.4 VR/AR＋教育

虚拟现实与增强现实提供了一个崭新的教育工具。很多知识仅仅采用文字和图片无法充分表达，而通过与知觉系统多通道的直接交流，学生可以直观地学习知识，并通过互动加深对知识的理解。在教育行业，可以通过平面标志在书本中的图像上叠加视频动图，如在动物的图像上叠加动物行走或捕猎的视频。这样，教学不仅变得生动有趣，也更符合认知心理学的学习方案。若感知更为智能，甚至可以利用增强现实技术进行学习过程中的错误纠正，进行更高层面的交互学习。如图8.45所示，采用空间增强现实的方式给出学习提示：桌面的右上角有香蕉图案，左侧有英文拼写提示；学生在拼写对应的英文单词时，系统用线框提示拼写的错误；当拼写完全正确后，可以给出画面奖励。

图8.45　虚拟现实在教育中的应用

8.6.5 VR＋心理辅导

心理辅导也是虚拟现实技术的应用领域。由于虚拟环境是全封闭的人造环境，因此可以任意设置环境，有针对性地训练用户帮助他们克服心理上的缺点。例如，对于有恐高症的人，可以构建高空环境，如图8.46(a)所示。用户置身于这样的虚拟环境中，会自动感觉到恐惧，行走会变得异常困难。当用户适应这个环境以后，就会在一定程度上消除恐高的心理现象。其他的应用包括消除对于昆虫的恐惧感、训练自闭儿童等。图 8.46(b)给出了虚拟环境以及用户训练时的外观。

(a) 虚拟现实场景　　(b) 用户使用系统的场景

图 8.46　用虚拟现实进行心理训练

8.6.6　VR＋社交

社交是虚拟现实未来重要的应用场景。尽管网络可将相隔任何距离的人连接在一起，但是通常只是发送文字、语音或者视频。而在虚拟现实环境中，人与人交往时，大家可以通过虚拟形象共处一室，“面对面”地进行交流，从而使社交跨越空间的屏障，而且可以保护隐私。Facebook 已更名为 Metaverse，即元宇宙，就是源于对虚拟现实在社交领域应用前景的美好预期。如图 8.47 所示，Facebook 将虚拟现实用于社交的场景，其中图 8.47(b)展示了元宇宙中的社交场景。希望在不久的未来，虚拟社交会打破人们在空间上的距离，避免旅行上的舟车劳顿。

(a) 虚拟现实用于社交　　(b) Metaverse公司发布的工作间

图 8.47　虚拟现实用于社交

8.6.7　AR＋商贸

毫无疑问，增强现实技术在商贸领域展示了巨大的魅力。在电子商务时代，几乎每个人都有网上购物的经历。但网上展示的商品图片难以呈现顾客在现实使用的情景。采用增强现实技术可以仿真商品在现实场景中的使用，准确评估商品在实用中的适配程度和价值，例如所选衣服穿着后是否合身，是否能体现自己的风格，从而消除购买者的顾虑。图 8.48 展示的是 Amazon 公司提供给用户采用手机增强现实挑选候选家具的场景。

图 8.48　用增强现实挑选沙发

8.6.8　虚拟现实环境的开发

在虚拟现实的应用开发中，目前广泛采用的开发工具是 Unity3D。Unity3D 提供了快速构建和绘制虚拟场景的手段，也提供了对动画、交互等操作的支持，具有在各种操作系统中呈现虚拟景象的能力。

Unity3D 支持 iOS 和 Android，也支持 Windows 和 Mac。在 Unity3D 的开发平台上，各种智能眼镜或头盔都有标准接口接入，而各种体感设备也可通过标准接口接入。虚拟现实中广泛采用的 HTC Vive 有自己的定位系统，可以注册头盔以及交互工具，这些参数都可以接入 Unity3D，从而在 HTC Vive 头盔中显示和交互。体感设备 Kinect、RealSense 和 Leap Motion 中的传感数据也可以接入，以实现便利的交互。

增强现实的开发平台不仅需要构建和绘制虚拟物体，还需要提供对现实世界的感知信息，以实现虚实融合。增强现实的开发工具包提供了增强现实所需的诸如 SLAM、平面标志跟踪等功能，且大都可以嵌入 Unity3D 中，并以 Unity3D 为基础平台处理虚拟物体。谷歌和苹果公司发布的手机增强现实开发包 ARCore/ARKit，以及 PC 机上的增强现实开发包 Vuforia，都可嵌入 Unity3D 中使用。国内也有很多企业公布了相应的增强现实开发包，例如商汤科技、华为、上海视辰等。这些增强现实开发平台或开发包都是开放的并有相应的使用说明文档，这使产品级的虚拟现实或增强现实的应用开发变得非常便利。

习题

1. 虚拟现实与增强现实在概念上的共同点与差异是什么？二者的头盔都有什么特点？能够互换吗？

2. 虚拟现实注重环境的沉浸感，这个沉浸感是客观的还是主观的？从技术上如何使虚拟现实环境具有更好的沉浸感？

3. 产生立体视觉的原理和方式都有哪些？为什么裸眼的立体显示器非常困难？

4. 在虚拟现实环境中为什么常常产生眩晕感？

5. 虚拟现实的交互技术都有哪些常用设备和方式？

6. 增强现实的交互与虚拟现实的交互有什么差异？

第 9 章

CHAPTER 9

图形软件支撑平台和常用软件简介

9.1 常用图形支撑软件简介

大多数图形应用程序都建立在一定的图形支撑软件上，而并非直接从底层程序开始开发。为了便于各种图形应用程序的共享和相互调用，需要它们的图形支撑软件具有规范的接口(Application Programming Interface，API)。早在 20 世纪 80 年代，有关图形软件的标准就已引起人们的关注。采用标准图形函数编写的图形软件可方便地移植到不同的硬件平台，而无须极为烦琐的代码重写。1984 年，国际标准化组织(ISO)接受 GKS(Graphical Kernel System，图形核心系统)作为首个图形软件标准。GKS 针对二维图形而设计，为解决三维图形标准，随后开发了 PHIGS(Programmer's Hierarchical Interactive Graphics Standard)作为 GKS 的扩展。在 PHIGS 中，增加的主要功能有层次式物体造型、颜色规范、表面绘制以及图像操作等。PHIGS 被 ISO 接受为第二个图形软件标准。

9.1.1 OpenGL 简介

在 GKS 和 PHIGS 发展的同时，美国 SGI 公司的图形工作站在图形领域日益受到欢迎。SGI 图形工作站自带了一套称为 GL(Graphics Library)的图形支撑软件。GL 针对快速、实时图形绘制而设计，在图形领域得到广泛应用，不久就被扩展到其他硬件平台，成为事实上的图形标准。20 世纪 90 年代初，SGI 公司开发出了独立于硬件的 GL 版本——OpenGL。自 1992 年起，OpenGL 的开发受到 OpenGL ARB(Architecture Review Board)的监管，该机构由许多著名的图形公司和图形组织的代表组成(如 ATI、Compaq、Evans & Sutherland、Hewlett-Packard、IBM、Intel、Intergraph、nVidia、Microsoft、SGI 等)，其主要职责是建立与维护 OpenGL 规范。

OpenGL 提供了应用程序与图形硬件的接口，作为绘制与造型的底层软件库，OpenGL 的数百个基本函数覆盖了基本图形单元生成、图形属性定义、几何变换、光照计算等许多方面。从工作原理上讲，可将 OpenGL 理解为状态机。借助于 OpenGL，编程者可设置各种状态属性，包括景物当前的颜色、光照属性等，在绘制时，场景中的所有物体均按照状态机当前所设置的属性予以绘制。图 9.1 是 OpenGL 的绘制流水线，其中几何数据(顶点、线、多边形)经计算程序(Evaluators)进入顶点操作与像素装配阶段，而像素数据(像素、图像、位图)

的处理则沿另一条不同的路径。两类数据均需经过光栅化和片断操作步骤，最后写入帧缓存。

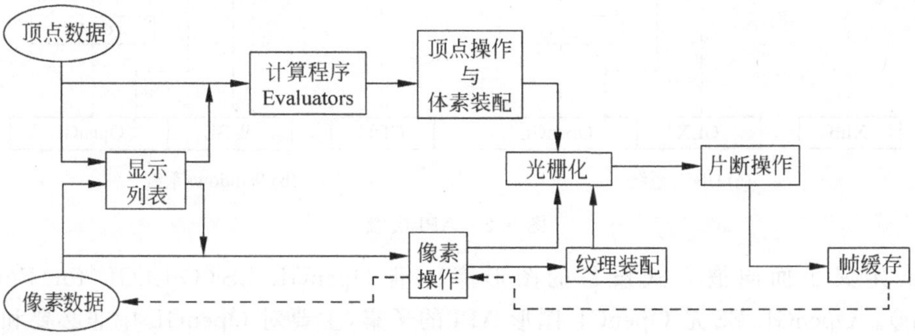

图 9.1 OpenGL 的绘制流水线

OpenGL 图形规范独立于程序语言。因此，针对特定的高级编程语言，需要进行语言绑定。这种绑定给出了利用该编程语言访问各种图形函数所需的语法。每种语言绑定均最大限度地利用了相应语言的能力以处理各种语法问题，如数据类型、参数传递、错误处理等。OpenGL 的 C 语言绑定和 C++ 语言绑定是一样的。OpenGL 也有针对其他高级编程语言(如 Java、Fortran、Ada)的绑定。

由于 OpenGL 独立于图形硬件而设计，因此 OpenGL 库只提供底层函数，使得编程者能够更多地灵活控制。借助于 OpenGL 提供的底层函数，可方便地构造更高层的绘制与造型图形库。事实上，作为 OpenGL 的重要补充，GLU 库(OpenGL Utility Library)提供了更高级的功能，例如：

(1) 二维图像缩放。

(2) 绘制圆球、圆柱体、圆盘等三维物体。

(3) 从单幅图像中自动生成 Mipmap。

(4) 支持 NURBS 曲线/曲面。

(5) 支持非凸多边形的三角化。

(6) 支持诸如投影变换矩阵等复杂的变换操作。

为了利用 OpenGL 显示图形，首先需要在计算机屏幕上设置显示窗口。显示窗口为屏幕上用来显示图形的矩形区域。由于 OpenGL 基本函数库仅包含独立于设备的图形函数，而窗口管理操作与所采用的计算机密切相关，因此不能直接采用 OpenGL 基本函数库建立显示窗口，而需借助特定的窗口系统。类似地，OpenGL 应用程序也采用相应窗口系统的输入与事件响应机制。针对不同的窗口系统，已经有不同的 OpenGL 扩展。例如，针对 X 窗口系统的 OpenGL 扩展 GLX 提供了一系列支持 X 窗口系统下的图形窗口操作函数，而 WGL 库提供了微软 Windows 系统下 OpenGL 与图形窗口的接口，如图 9.2 所示。值得一提的是，GLUT(OpenGL Utility Toolkit)库提供了一系列基本函数以支持窗口、菜单、用户输入等操作。GLUT 不仅易学易用，而且独立于平台，因此编程者无须或仅需少量的修改，即可将基于 GLUT 开发的应用程序从一个平台移植到另一个平台(如从 Windows 系统移植到 UNIX 系统)。

为适应手机、平板电脑等嵌入式设备对高性能图形计算的需求，非营利性技术联盟

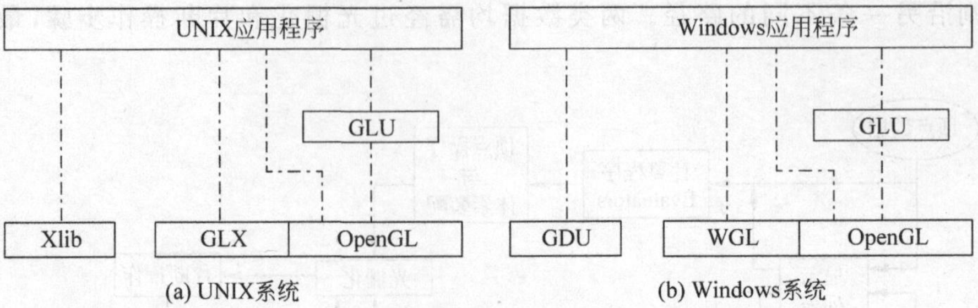

图 9.2 API层级

Khronos定义了面向嵌入式设备的图形库标准 OpenGL ES(OpenGL for Embedded Systems)。OpenGL ES是OpenGL图形API的子集,主要对OpenGL中非必要和低效能的功能进行了裁剪,比如不再支持Double型数据,不再支持四边形(GL_QUADS)、多边形(GL_POLYGONS)、glBegin/glEnd等图元与操作。与此同时,OpenGL ES也增加了一些可以提高效能的接口与功能,如对高性能定点浮点数的支持等。这些改进使其与OpenGL相比更加适用于运算能力较低的设备,目前在各大软硬件平台上都已经得到了广泛的支持和应用。

9.1.2 DirectX 简介

Windows操作系统下的应用程序可通过图形设备接口(Graphics Device Interface, GDI)函数调用发出诸如屏幕输出、打印机输出等绘图请求,由GDI将这些请求传给相应的设备驱动程序,完成在特定硬件上的输出。GDI可视为帮助编程者避免处理设备相关事务的抽象层。但是,GDI仅适用于一些较为简单的应用。对于游戏、三维动画等应用而言,GDI显得效率很低。OpenGL可视为GDI的一种有效替代,它使编程者能完全越过GDI并直接与图形硬件打交道。

为解决PC游戏应用中GDI效率低下以及其他一些问题,微软开发了DirectX图形支撑平台。DirectX试图实现对计算机硬件资源的"直接"存取以提高应用程序的效率。注意,OpenGL仅仅是一个图形库,而不支持声音、输入、网络,DirectX基于COM(Component Object Model)标准设计,其中包含许多组件,每一个组件服务于图形、声音、输入、网络等特定需求。图9.3给出了DirectX的主要组件及其与Win32应用程序、图形设备接口及硬件的关系。注意,GDI与DirectX两者均能直接和硬件打交道,且两者之间有接口。

从图9.3可以看出,DirectX采用硬件抽象层(Hardware Abstraction Layer, HAL)和硬件模拟层(Hardware Emulation Layer, HEL)两种驱动方式向硬件设备发出请求。HAL直接控制硬件,是DirectX中软件的最底层,由硬件制造商提供的硬件驱动程序组成。HEL构建于HAL之上。当DirectX初始化时,它检查硬件是否支持某种功能。假如硬件支持该功能,那么将由HAL获取硬件的功能,反之,将由HEL通过软件来模拟硬件的功能。例如,编程者在编程时调用DirectX的函数对位图进行旋转和比例缩放,在支持位图旋转与缩放的硬件上,该程序会调用硬件功能运行;而在不支持位图旋转与缩放的硬件上,HEL将通过软件算法模拟HAL的功能,用户在编程时无须考虑底层细节,而只需专注于所开发的应用程序。DirectX主要有如下组件。

• DirectX Audio:DirectX Audio是DirectSound组件和DirectMusic组件的组合,是

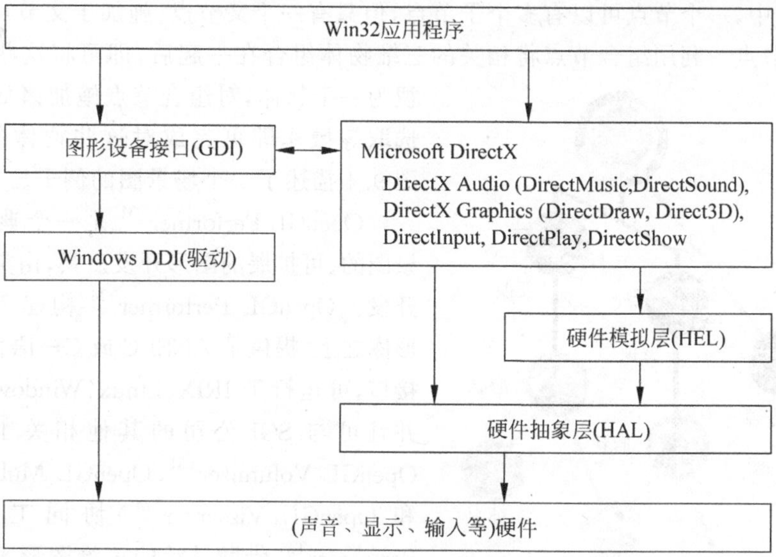

图 9.3 DirectX 的结构

DirectX 的音频组件。DirectX Audio 提供了实现动态声道(Dynamic Soundtrack)的完整系统,这种动态声道具有硬件加速、DLS(Downloadable Sounds)、DMOs(DirectX Media Objects)以及高级空间位置效果等。作为一个混合引擎,它可为游戏和其他多媒体中的三维声效提供支持。

• DirectX Graphics:DirectX Graphics 服务于图形编程,它将 DirectDraw 组件和先前 DirectX 版本中的 Direct3D 组件集成起来。这个组件中所包括的 Direct3D 扩展应用库 D3DX 可简化许多图形编程任务。
• DirectInput:DirectInput 支持许多输入设备,如鼠标、键盘、操纵杆,以及力反馈游戏设备等。这个组件跳过 Windows 的消息系统,直接与设备驱动程序对话,因此能提供游戏所需要的快速响应。
• DirectPlay:DirectPlay 是简化跨 Internet、LAN 或 Modem 的网络通信的一组工具,它为游戏提供了独立于协议的彼此通信的方式。DirectPlay 所提供的 lobbying 服务能简化多用户游戏的初始化过程,它支持可靠的通信协议以保证重要的游戏数据在网络上不会丢失。DirectPlay 可支持网络上的语音通信。
• DirectShow:DirectShow 用于对位于本机 Internet 服务器上的多媒体文件的高质量播放及捕获,它支持许多音频与视频格式,如 ASF(Advanced Streaming Format)、AVI(Audio-Video Interleaved)、DV(Digital Video)、MPEG(Motion Picture Experts Group)、MP3(MPEG Audio Layer-3)、WMA/WMV(Windows Media Audio/Windows Media Video)及 WAV。DirectShow 使得捕获视频、播放 DVD、编辑与混合视频以及硬件加速视频解码等成为可能。

9.1.3 基于场景图的图形开发工具

场景图(Scene Graph)主要是针对虚拟现实、三维游戏中实时图形绘制的要求而设计的数据结构,它依据场景中对象的逻辑和空间关系将其有效组织为图(Graph)或树结构。通常，在场景图中，一个节点可以有多个子节点，但只有一个父节点，施加于父节点的操作会自动传递到子节点。利用组合节点将相关的三维物体组合在一起后，即可将这些物体简单地视为一个物体，对组合节点施加诸如平移、旋转、选取等操作即可完成对这些物体的相关操作。图 9.4 描述了一个场景图的例子。

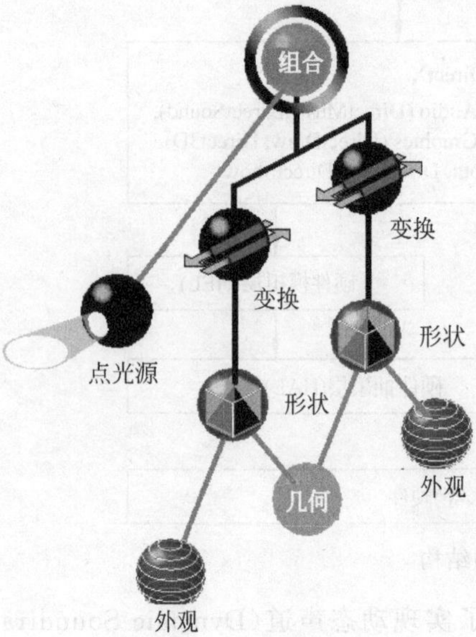

图 9.4 场景图示例

OpenGL Performer™ 是一个典型的基于场景图的、可扩展的图形开发工具，由美国 SGI 公司开发。OpenGL Performer™ 构建于 OpenGL 图形库之上，提供了 ANSI C 或 C++语言绑定的编程接口，可运行于 IRIX、Linux、Windows 操作系统，并且可与 SGI 公司的其他相关工具软件（如 OpenGL Volumizer™、OpenGL Multipipe™ SDK 和 OpenGL Vizserver™）协同工作。OpenGL Performer™ 借助灵活的三维图形工具集进行高性能图形绘制，在实时仿真、虚拟现实、数字娱乐等领域得到了广泛应用。

Open Scene Graph（通常称为 OSG）是一个高性能的、源码开放的、跨平台的三维图形开发工具。它基于场景图的概念构建于 OpenGL 之上，完全采用标准 C++ 编写，且提供了面向对象的框架，从而将开发人员从实现和优化底层图形调用中解放出来。OSG 带有数十个插件用于载入不同格式的三维数据和二维图像，它还有一套由许多单独的库构成的节点工具箱（Node Kits）用于支持粒子系统、带反走样的高质量文字、OpenGL 着色器语言、大规模地形数据库生成等。OSG 发展较快，在视景仿真、游戏、虚拟现实、科学计算可视化等领域均得到了成功应用。

9.1.4 面向游戏与虚拟现实应用的图形开发工具

1. Unity

Unity 是目前使用广泛的跨平台游戏引擎，支持包括 Windows、macOS、Android、iOS 等在内的二十余种不同的平台。Unity 最早发布于 2005 年，主要作为 2D 和 3D 游戏引擎以及集成开发环境。经过多年的发展，其应用范围目前已经扩展到了包括虚拟现实、增强现实、影视动画等在内的诸多行业。Unity 底层采用 C++ 编写，开发者可以在集成开发环境中采用 C# 进行开发，其集成开发环境如图 9.5 所示。

Unity 的场景构建工具对二维和三维场景都有良好的支持。其内置地形功能可以方便地构建场景地图并添加景观，调整景观的高度或外观，并为其添加树木、草地等。利用 Unity 的 ProBuilder 工具可以快速设计 3D 模型，建立结构复杂的地形特征、车辆和武器的原型，或者制作自定义碰撞几何体、触发区域或导航网格等。ProBuilder 不仅针对简单几何体进行了优化，同时也可以对复杂几何体的细节进行编辑和调整。

Unity 的渲染器支持可编程渲染管线、高清渲染管线、通用渲染管线、后期处理、着色器等功能，光照模型可以支持全局光照、渐进光照贴图以及光线跟踪等。Unity 的图形功能是

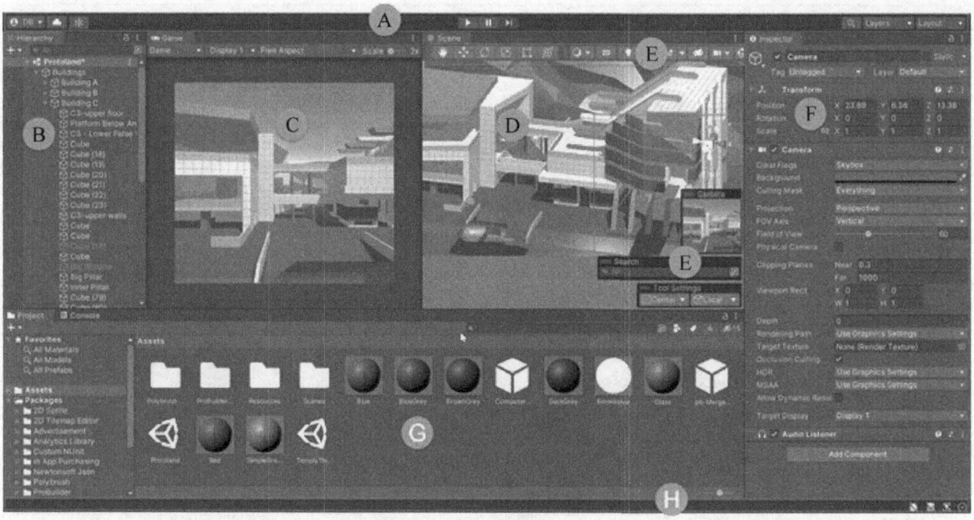

图 9.5　Unity3D 集成开发环境

高度可定制的，可以采用 C# 脚本对渲染管线进行编辑控制，同时针对不同计算能力的设备进行了优化。后期处理功能可以实现包括反走样、景深、运动模糊、镜头失真、色差、色彩分级和色调映射、渐变和抖动等效果。

Unity 的动画工具包括可重定位动画、动画播放的事件调用、复杂状态机、层次结构和过渡效果、面部动画工具等，并且对基于二维逆向运动学(IK)的骨骼绑定、二维动画、时间线等具有良好的支持。其特效系统支持粒子系统等常见的特效制作工具，并且可以采用可视化的方式对特效进行编辑调整。

除上述基本的图形功能外，在 Unity 的集成开发环境中还可以方便地定义和控制音视频、用户界面、资源工作流程、资源数据库、预制组件等，同时具有较为完善的工具进行程序调试和性能优化。其跨平台特性使得在特定平台上开发的游戏也可以发布到其他平台，大大减少了开发者的工作量。

2. Vega Prime™ 简介

Vega Prime 是美国 MultiGen-Paradigm 公司推出的高性能实时三维应用开发环境，主要应用于实时视景仿真和虚拟现实等领域。它构建于 SGI OpenGL Performer 的基础之上，由 C++应用程序接口和图形用户界面(GUI)配置工具 Lynx Prime 构成，如图 9.6 所示，采用 Vega 场景图 VSG(Vega Scene Graph)组织三维场景。

虚拟现实应用程序在运行时往往需要确定许多与场景定义及绘制相关的参数，如构成场景的三维物体几何及其运动方式、图形窗口、图形通道、观察者方位等。在 Vega Prime 中，这些数据存放在 ADF(Application Definition File)中。由于用户可采用 Lynx Prime 以直观的方式编辑 ADF 文件，因此可以用简单的操作迅速地创建、编辑和运行较为复杂的虚拟现实应用程序。图 9.7 是采用 Vega Prime 生成的实时仿真场景。

Vega Prime 具有良好的跨平台兼容性和可选模块的通用性，支持多种数据输入格式，其中典型的是 MultiGen-Paradigm 公司定义的 OpenFlight 文件格式(文件扩展名为.flt)。先采用高效建模工具(如 MultiGen Creator™、AutoDesk Maya™ 等)建立三维场景，再载入 Vega Prime 进行实时漫游，可大大减少虚拟现实应用的开发时间。

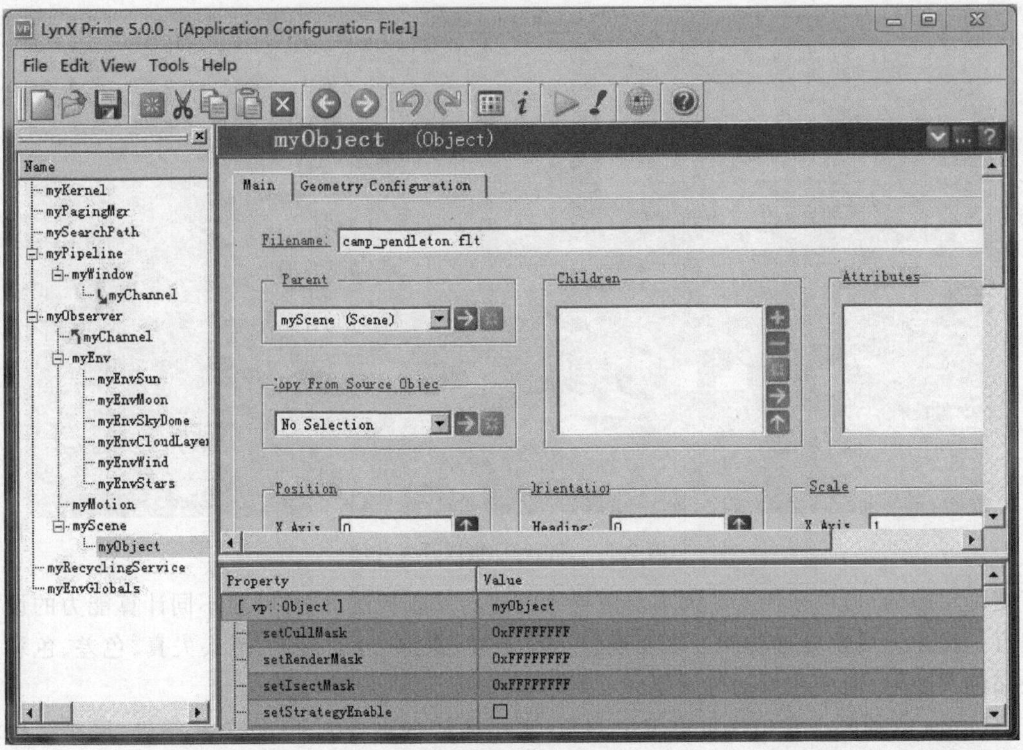

图 9.6 Lynx Prime 图形用户界面

图 9.7 采用 Vega Prime 生成的实时仿真图片

3. CAVELib^{TM} 简介

CAVELib^{TM} 是面向沉浸式虚拟环境的常用的图形应用支撑软件，其目的是对图形底层库(OpenGL 和 OpenGL performer)及相关的虚拟现实交互设备进行有效封装，开发人员只需通过比较简单的函数调用即可创建较为复杂的虚拟环境，以支撑高级应用需求。

CAVELib^{TM} 提供了构建虚拟环境的基本模块，如创建图形窗口和视区(Viewport)、以观察者为中心的透视计算、多图形通道显示、多进程与多线程编程、机群同步(Cluster Synchronization)与数据共享、立体视图、网络协同等。此外，CAVELib^{TM} 支持一系列广泛使用的虚拟现实交互外设(如六自由度定位跟踪器、数据手套等)，能有效支持三维用户交互,且支持以观察者为中心的透视计算,使观察者获得更好的视觉体验。

CAVELib™ 独立于硬件平台,基于 CAVELib™ 的虚拟现实应用程序可运行于 IRIX、Solaris、Windows 以及 Linux 操作系统,并且无须重新编译,只要在运行时通过简单的配置即可在一系列不同的显示系统(如 CAVE®、FLEX™、ImmersaDesk®、Reality Center®、HMD 以及其他类似的显示设备)下正常工作。

与 OpenGL 和 OpenGL Performer 一样,CAVELib™ 也采用回调(Callback)机制。CAVELib 中有 3 类回调:显示(Display)、帧更新(Frame Update)和初始化(Initialization)回调。

用户的图形程序作为显示回调函数传递给 CAVELib™,随后 CAVELib™ 的显示循环将针对每一帧待绘制的视图调用一次显示回调函数,即在每一帧针对每个图形卡的每个图形通道(Channel),针对每个视点调用一次显示回调函数。以一个 4 面 CAVE 环境为例,如果采用主动立体显示模式,则显示回调函数将在每一帧被调用 8 次。这个方法使得 CAVELib™ 可以为用户处理所有必要的透视投影计算和同步显示问题,而不必考虑所采用的虚拟现实设备。

应用程序的显示回调函数可通过将其函数指针传给 CAVEDisplay()定义。类似地,帧回调函数可由 CAVEFrameFunction()定义,初始化回调函数可由 CAVEInitApplication()定义。

9.2 网络图形开发

Internet 技术的出现及快速发展对图形技术提出了新的要求。三维图形的定义不仅要适合网络中各种不同的显示设备,还需要考虑文件的大小以便于网络传输,此外,还要尽可能地满足用户交互的需求。针对网络图形的开发需要,已经出现了一些图形技术标准规范。本节将对其中的 VRML、X3D 和 Java3D 进行简单介绍。

9.2.1 WebGL 简介

WebGL(Web Graphics Library)是一个基于 JavaScript 的网络图形接口,用于在任何兼容的网页浏览器中绘制二维和三维图形。WebGL 可以看作 JavaScript 对 OpenGL ES 接口的绑定,通过将两种技术结合可以为 HTML 5 提供硬件加速渲染,从而使得 Web 应用可以借助系统显卡来展示三维场景和模型,而无须再开发专用的渲染插件。此外,作为网页画布的一部分,WebGL 元素可以与其他 HTML 元素混合,并与页面的其他部分或页面背景进行合成,因此基于 WebGL 可以较为方便地创建具有复杂三维结构的网站页面,甚至是设计三维网页游戏等。

WebGL 是从 Mozilla 员工 Vladimir Vukićević 的 Canvas 3D 实验项目演变而来的。Vukićević 在 2006 年首次展示了 Canvas 3D 的原型。到 2007 年底,Mozilla 和 Opera 都已经做出了各自的实现。2009 年初,非营利性技术联盟 Khronos 成立了 WebGL 工作组,基于 OpenGL ES 2.0 开发了 WebGL 规范。2011 年 3 月,WebGL 规范的 1.0 版本正式发布,并很快得到了谷歌、苹果、Mozilla、Opera 的支持。WebGL 2.0 版本的开发始于 2013 年,最终于 2017 年 1 月定稿。该规范基于 OpenGL ES 3.0,对 WebGL 1.0 的许多可选扩展进行

了正式支持,并提供了很多新的接口和功能。

与 OpenGL ES 2.0 一样,WebGL 没有提供在 OpenGL 1.0 中引入的固定功能 API。如果需要这些功能,开发者必须通过提供着色器代码和在 JavaScript 中配置数据绑定来实现。WebGL 中的着色器直接用 GLSL 表达,并作为文本字符串传递给 WebGL API。WebGL 实现将这些着色器指令编译成 GPU 代码。通过 API 发送的每一个顶点以及栅格化到屏幕上的每一个像素,都会执行这些代码。

WebGL 较为完美地解决了在网页中进行三维显示的问题,并且可以与 HTML 脚本很好地融合,因此目前已经得到了主要浏览器的良好支持。不过,由于 WebGL 原生提供的接口较为底层,对于前端开发者具有较大的学习难度,在实际项目中往往基于 WebGL 的第三方框架和引擎来实现想要的功能。

9.2.2 VRML 与 X3D 简介

VRML(Virtual Reality Modeling Language)是一种在 Internet 上描述三维虚拟世界的、开放的、可扩展的场景描述语言。VRML 源于 SGI 公司基于 OpenGL 的、面向交互式三维图形应用的工具包 Open Inventor,它对 Open Inventor 的文件格式进行了扩展,允许用户通过 JavaScript 和 Java 编写施加动作的脚本程序,以支持复杂的三维物体运动和用户交互。目前普遍使用的是在 1997 年 4 月发布的 VRML 2.0(VRML 97)规范。

为了便于从简单的部件出发构造复杂的物体或大规模虚拟世界,VRML 文件采用层次式场景图组织三维场景。VRML 场景图是一个有向非循环图(Directed Acyclic Graph, DAG),由节点(Node)构成。一个节点可以包含除自身外的其他节点作为子节点。VRML 2.0 中定义了 50 余种节点类型,包括几何基本体素、外观属性、声音及其属性,以及各种组合节点等。节点数据存储在域(Field)中,VRML 2.0 中有 20 余种域,既可用于存储单个数据,也可用于存储数组等组合数据。

VRML 2.0 定义了事件(Event)作为消息传递机制以支持场景图中节点间的彼此通信。每种节点类型均定义了事件的名称与类型,这样该类节点的实例即可依照定义产生或接收事件,而 ROUTE 声明则定义事件产生器与接收器间的事件传递路径。

传感器(Sensor)是 VRML 中实现动画和用户交互的基本元素。TimeSensor 节点以时间为序产生事件,是所有运动行为的基础。其他传感器随着用户的交互输入产生事件,是用户交互的基础。需要指出的是,传感器仅仅产生事件,它们必须通过 ROUTE 声明与其他节点组合在一起才能对场景施加影响。

物体的运动行为可由脚本(Script)节点刻画。在事件产生器和事件接收器间可插入脚本节点。VRML 2.0 规范定义了针对 Java 和 JavaScript 语言的脚本节点绑定。VRML 中的 Interpolator 节点作为内置的脚本,可进行简单的运动计算。

为了支持分布式场景,VRML 2.0 中采用了两种基本技术。其一,通过内联(inline)节点可在一个 VRML 文件中引入存储在互联网任何地方的其他 VRML 文件。其二,EXTERNPROTO 声明允许从互联网的任何地方获取新的节点定义。更一般地说,作为 VRML 的可扩展机制,EXTERNPROTE 允许节点定义在 VRML 文件的外部。

用户创建 VRML 三维虚拟世界的形式有多种。对于较为简单的三维场景,可通过手工编辑的方式建立;对于复杂的三维场景,可借助造型及动画软件等工具(如 Maya、3ds Max)

建立,并通过该软件工具将所建立的三维场景输出为 VRML 文件;此外,还可通过格式转换工具将以其他格式存储的三维场景转换成 VRML 格式。当然,用户也可以自行编写程序创建 VRML 虚拟世界。由于 VRML 文件所描述的三维场景往往需要占用较多的系统资源,为了建立易于浏览和维护的 VRML 虚拟世界,需要限制景物多边形网格模型及纹理的复杂性,并合理地利用诸如层次细节、引用及内联等方法,以提高所建立的 VRML 场景的性能。

VRML 文件的后缀为 wrl。与在 HTML 文件中嵌入二维图像类似,可通过< EMBED >标记将 VRML 虚拟世界嵌入 HTML 文件(如< EMBED SRC = "myVirtualWorld. wrl" WIDTH=500 HEIGHT=400 ALIGN=middle >),并通过常用的 Internet 浏览器(如 Internet Explorer、Mozilla、Opera)的 VRML 插件(如 Cortona)浏览所建立的三维虚拟世界。

X3D 是针对 VRML97 ISO 规范的修订,它吸收了图形硬件、数据压缩和数据安全等技术的最新进展,在一个可扩展的架构下尽可能地提供好的视觉效果和性能。X3D 采用 XML 编码的场景图使三维图形得以集成到 Web 服务架构和分布式环境中。X3D 与 VRML 兼容。与 VRML 相比,X3D 具有许多优点,例如 X3D 采用 XML 编码以便于与其他应用集成,这是 X3D 能够与 Web 服务及分布式网络集成、支持跨平台应用的关键;X3D 场景与环境可以在不同的用户之间有预见性地运行;X3D 是组件化的;X3D 的场景创作(Authoring)界面更为简单且功能一致;X3D 二进制格式能进行加密和压缩;等等。因此可以说,X3D 是一个更为成熟和精细的 ISO 标准,它可以有效地支持二维/三维图形、CAD 数据、动画、视/音频、基于鼠标/键盘的用户交互、导航、用户定义的对象、脚本、网络、物理仿真等。

9.2.3 Java 3D 简介

Java 3D 是美国 Sun 公司推出的用于处理、控制和绘制三维场景的编程接口,支持三维物体生成(或载入其他软件生成的三维物体)、光照、纹理映射、透明效果、雾化效果、动画、物体变形、立体图像、碰撞检测以及用户与三维场景交互等。作为 Java 2 SDK 标准的扩充,Java 3D 对 OpenGL 和 DirectX 等底层图形库进行了有效封装,因此使用比较方便。用它编写的程序可运行在不同的平台和 Internet 之上。

Java 3D 中最重要的概念是虚拟空间(Virtual Universe)。虚拟空间采用场景图结构进行组织,是场景图的根节点,其中包含三维物体的形状和外观描述、灯光、虚拟相机等。每一个 Java 3D 应用程序都必须定义一个虚拟空间以描述三维场景,并绘制出图像。一般情况下,利用 Java 3D 应用程序显示三维场景的基本步骤如下:

(1) 建立包含三维场景的虚拟空间。

(2) 建立一个可包含一组三维物体的群组(Group)数据结构。

(3) 向群组中加入物体。

(4) 设置观察物体的虚拟相机。

(5) 将群组加入虚拟空间。

关于 Java 3D 的一个较全面的教程及示例程序可以从 http://www.java3d.org/找到。感兴趣的读者可从美国 Sun 公司的网站下载安装 Java 和 Java 3D。一旦安装完成,可采用以下命令编译应用程序：

```
javac FileName.java
```

然后可以用 java FileName 运行程序。其中 FileName 必须与文件中定义的类的名称相同。

9.3 计算机三维动画软件 3ds Max 简介

3ds Max 是 Autodesk 公司的三维建模、绘制、三维动画软件，已在游戏开发、设计、可视化、影视特效制作等领域广泛使用。在建模方面，除了支持创建基本体素、布尔运算、自由曲面等传统造型方法外，还支持隐式曲面、多分辨率多边形网格、粒子系统等，造型手段较为灵活。随着新版本的不断推出，它所能表示的场景的复杂度也越来越高。在绘制方面，由于已具备较为完善的光线跟踪功能且集成了 Mental Ray 高级绘制引擎，与其早期的版本相比，新版本在画面绘制质量上有了巨大飞跃，通过网络并行绘制可快速生成画面。在三维动画方面，能很好地支持关键帧动画，具有良好的运动曲线编辑功能和动画预览功能，此外，还具有针对角色动画的逆运动学求解以及复杂布料运动求解等高级功能。图 9.8 所示为 3ds Max 8 的界面。

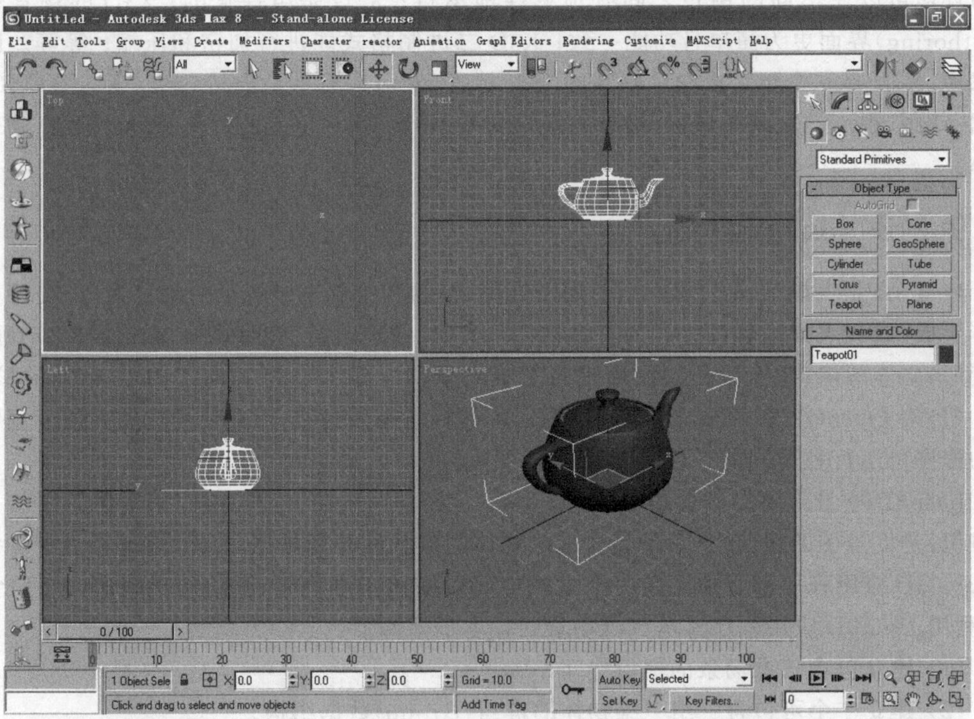

图 9.8　3ds Max 8 的界面

毋庸讳言，3ds Max 在现有的三维动画软件中仍处于相对低端的地位。自 20 世纪 80 年代起，先后产生了许多著名的三维动画创作工具，如 Wavefront（1981 年）、Alias（1982 年）、Softimage（1986 年）、Alias | Wavefront（1995 年）、Maya（1998 年），其中 Maya 和 Softimage 至今仍占据高端地位。但值得指出的是，曾经是 SGI 公司主力三维产品的 Maya

现已易帜 Autodesk 公司，使 Autodesk 同时拥有 3ds Max 和 Maya 两大动画创作工具，它们与实时角色动画工具 MotionBuilder 和真实感三维可视化工具 VIZ 一起构成了 Autodesk 三维产品组合，为用户建立三维应用提供了相对完整的解决方案。

习题

1. 理解 OpenGL 的绘制流水线。
2. HAL 和 HEL 在 DirectX 结构中分别起什么作用？
3. 什么是场景图？用场景图组织三维场景有什么优点？
4. 学习 OSG 编程。
5. 了解基于 WebGL 进行网页三维显示的基本流程与方法。
6. 什么是 VRML？什么是 X3D？X3D 在哪些方面比 VRML 有了较大改进？
7. 在 Java3D 中，如何导入现有的几何体文件？
8. 学习至少一种三维动画创作工具，如 3ds Max、Maya 或 Softimage|XSI。

参考文献

图书资源支持

感谢您一直以来对清华版图书的支持和爱护。为了配合本书的使用，本书提供配套的资源，有需求的读者请扫描下方的“书圈”微信公众号二维码，在图书专区下载，也可以拨打电话或发送电子邮件咨询。

如果您在使用本书的过程中遇到了什么问题，或者有相关图书出版计划，也请您发邮件告诉我们，以便我们更好地为您服务。

我们的联系方式：

地　　址：北京市海淀区双清路学研大厦 A 座 714

邮　　编：100084

电　　话：010-83470236　010-83470237

客服邮箱：2301891038@qq.com

QQ：2301891038（请写明您的单位和姓名）

资源下载：关注公众号“书圈”下载配套资源。

资源下载、样书申请

书圈

图书案例

清华计算机学堂

观看课程直播